新编高等院校计算机科学与技术规划教材

编译原理与技术
练习解答与实验指导

（第 2 版）

李劲华　赵　赟　陈　宇　编著

U0350064

北京邮电大学出版社
·北京·

内 容 简 介

本书是《编译原理与技术》教材的配套参考书,其内容、知识点和题目都是根据相关课程的范围和难度组织和设计的。

全书共分为 2 个部分:第 1 部分按照课本《编译原理与技术》的章节,首先简要地总结每章的知识要点,然后分析典型题目的解题思路,并给出题解规范,最后对教材中每道练习给出参考答案与题解分析。第 2 部分是实验指导,包括对编译器中部分功能的手工编程实现,以及编译工具 LEX 和 YACC 的使用。

本书针对性强、选题范围广、难易适当,不仅可以作为计算机及相关专业编译课程的教学、学习和实验参考书,而且对编译课程的相关考试也具有参考价值。

图书在版编目(CIP)数据

编译原理与技术练习解答与实验指导/李劲华,赵赟,陈宇编著. -- 2 版. -- 北京:北京邮电大学出版社,2014.2

ISBN 978-7-5635-3800-3

Ⅰ.①编… Ⅱ.①李… ②赵… ③陈… Ⅲ.①编译程序—程序设计—高等学校—教学参考资料 Ⅳ.①TP314

中国版本图书馆 CIP 数据核字(2013)第 308800 号

书　　　名:编译原理与技术练习解答与实验指导(第 2 版)
责任著作者:李劲华　赵　赟　陈　宇　编著
责 任 编 辑:张珊珊
出 版 发 行:北京邮电大学出版社
社　　　址:北京市海淀区西土城路 10 号(邮编:100876)
发 行 部:电话:010-62282185　传真:010-62283578
E-mail:publish@bupt.edu.cn
经　　　销:各地新华书店
印　　　刷:北京源海印刷有限责任公司
开　　　本:787 mm×1 092 mm　1/16
印　　　张:16.5
字　　　数:409 千字
印　　　数:1—3 000 册
版　　　次:2008 年 10 月第 1 版　2014 年 2 月第 2 版　2014 年 2 月第 1 次印刷

ISBN 978-7-5635-3800-3　　　　　　　　　　　　　　　　定　价:34.50 元

· 如有印装质量问题,请与北京邮电大学出版社发行部联系 ·

前　　言

　　编译原理与技术是计算机专业的一门核心课程，在计算机的本科教育中占有十分重要的地位。该课程的特点是理论概念十分抽象，符号处理算法诸多。对学生的理解能力、抽象能力、分析能力、动手能力以及综合运用知识解决问题的能力等方面都提出了较高的要求。对于这门专业课，大多数编译课本都在例题方面十分"吝啬"，而且，国内外编译教材中的例子基本雷同。这些都使得学生在学习这门课时普遍感到内容抽象，难以掌握，对练习题无从下手。

　　另外，目前大多数编译教材都没有配备相应的实验指导，仅提供了上机练习题目；有些教材提供的实验内容过于庞大复杂，更适合作为课程设计采用，难以作为实验题目使用。任课教师往往需要自己设计和编写实验指导材料，使得教与学都不方便。

　　编者认为，阅读模仿、动手练习和上机实践是学习和掌握计算机知识的重要途径。不同类型的练习有助于学生从不同的角度和层次理解概念、原理、算法和系统。为此，我们编写了本书，作为《编译原理与技术》课本的配套参考书。

　　全书共分为两个部分。第 1 部分按照课本《编译原理与技术》(本书中简称"教材")的章节，首先简要列举了每章的知识点、难点和重点，然后对精选和自编的一些典型题目给出了不同的解题思路、详细步骤以及解答规范，最后，对教材中每章后面的练习给出了参考答案，还对其中较难的题目进行了解题分析。精选的例题包括近年来国内重点院校研究生入学考题。通过这些练习，有助于学生理解概念，掌握枯燥的理论和抽象的算法，开阔解题思路，进而掌握编译原理与技术的基础知识。

　　第 2 部分的实验指导包含 5 个实验题目，由简到难，题目既有编译功能的手工代码编写，也有编译工具的使用，还有阅读与理解有关的编译程序，以便满足不同层次的教学需求。任课教师可以根据实际需要和兴趣，选择或改编实验题目。为了使读者能够顺利完成实验,本书不仅给出了阅读文献和实验指南,还有上机调试过的实验代码(请任课教师向作者免费索取)。

本书由李劲华执笔完成,赵赟编写了实验指导和部分上机题目,丁洁玉、逄瑞娟和朱梅霞解答了部分练习,陈宇参与了第 2 版全书的编辑,在此表示感谢。

由于编者水平有限,书中难免存在一些疏误和不妥之处,恳请广大读者批评、指正。

编 者

目　　录

第 1 章　概　　论

1.1　基本知识总结

本章概述编译程序与编译过程,主要知识点如下。

1. 编译程序的基本概念。

(1) 编译程序定义;

(2) 编译程序与解释程序;

(3) 编译程序的类型;

(4) 编译的前端、后端与"趟"的概念。

2. 编译的主要过程、编译程序的参考模型及各个模块的基本功能。

3. 编译程序的自展、移植和辅助工具开发技术。

4. 编译程序在计算机系统中的作用和关系。

重点:有关编译程序的概念、基本组成及编译过程。

难点:全面理解编译程序、"趟"的概念及移植技术 T 形图的应用。

1.2　典型例题解析

解释如图 1-1 所示的 T 形转换图的含义。

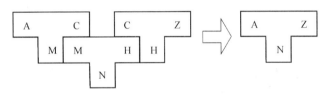

图 1-1　T 形图的例子

【解答】

在机器 M 上运行的编译器把源语言 A 翻译成语言 C,在机器 N 上运行的编译器把机器 M 的语言翻译成语言 H,在机器 H 上运行的编译器则把语言 C 翻译成语言 Z。这样,就可以在机器 N 运行编译器,把语言 A 翻译成语言 Z。

1.3　练习与参考答案

1. 为什么高级程序语言需要编译程序?

【解答】

编译程序是计算机系统经典、核心的系统软件。按照现在的计算机体系结构和组成原理以及软件开发的理论和实践，高级程序语言仍将是开发计算机应用系统的关键技术，与之不可分离的是高级程序语言的编译程序。用高级编程语言（如 Fortran、Pascal、Ada、Smalltalk、C、C++、C♯ 和 Java）编写程序方便而且效率高，但是，计算机需要把高级编程语言的程序翻译成机器语言代码或汇编程序才能运行。而编译程序正好实现上述功能，所以高级程序语言需要编译程序。

2. 解释下列术语：源程序，目标程序，翻译程序，编译程序，解释程序。

【解答】

源程序：用高级语言编写的程序。

目标程序：机器语言或汇编语言的程序。

翻译程序：将源语言程序翻译成目标语言程序的程序。

编译程序：源程序是用高级语言编写的，经翻译后生成目标程序，使之可以在计算机上运行，这样的翻译程序称为编译程序。

解释程序：在翻译过程中不产生目标程序，而是一边翻译一边运行源程序，即解释程序的同时处理源程序和源程序要加工的数据。

3. 简单叙述编译程序的主要工作过程。

【解答】

把计算机高级编程语言翻译成计算机可以执行的代码的工作包括一系列的活动和任务，是一个复杂的完整过程。计算机程序的编译过程类似，一般划分为 5 个阶段：词法分析、语法分析、语义分析及中间代码生成、代码优化、目标代码生成。

词法分析的任务是逐步地扫描和分解构成源程序的字符串，识别出一个一个的单词符号。词法分析的工作主要包括识别出程序中的单词符号，在编译程序符号表中查找并登记单词符号及其信息，如单词符号的类型、内部表示、数值等。

语法分析的任务是在词法分析基础上，根据语言的语法规则把单词符号串分解成各类语法单元，例如"短语"、"子句"、"语句"、"程序段"、"函数"和"程序"等。

语义分析的任务是检查程序语义的正确性，解释程序结构的含义。语义分析完成之后，编译程序通常就依据语言的语义规则，利用语法制导技术把源程序翻译成某种中间代码。

代码优化的主要任务是对前一阶段产生的中间代码进行等价变换，以便产生速度快、空间小的目标代码。

目标代码生成的主要任务是把（经过优化处理的）中间代码翻译成特定的机器指令或汇编程序。

4. 编译程序的典型体系结构包括哪些构件，主要关系如何，请用辅助图示意。

【解答】

编译程序的典型体系结构包括词法分析器、语法分析器、语义分析与中间代码生成器、优化器、目标代码生成器以及错误处理和符号管理模块。它们的关系如图 1-2 所示。

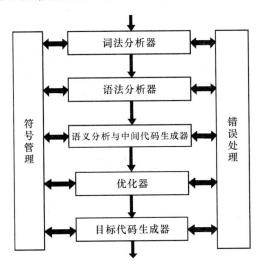

图 1-2　编译程序的典型体系结构

5. 编译程序的开发有哪些途径？了解你熟悉的高级编程语言编译程序的开发方式。

【解答】

除了手工从头到尾编写编译程序以外，还有下列 3 种常用的开发方法。

（1）编译程序的自展技术

对于具有自编译性的高级编程语言，可以运用自展技术来构造编译程序。

（2）编译程序的移植技术

编译程序可以采用移植技术产生，即用宿主计算机上的高级语言编写一个能在另外类型目标机上运行的编译程序。

（3）编译工具

为了缩短编译程序的开发时间，保证编译程序的正确性，已经研究和开发了编译程序的自动生成工具。其中词法分析生成器和语法分析生成器最为成熟，获得了广泛的研究和应用。本书第 2 章介绍的 LEX 是一个通用的词法分析生成器，它输入的是描述单词结构的正规式，输出的就是词法分析程序。另外一个经典的编译工具是语法分析生成器 YACC(Yet Another Compiler Compiler)，它接受 LALR(1)语法，生成一个相应的 LALR(1)语法分析器，而且可以和 LEX 连接使用。

已经广泛使用的 Java 语言就有许多开发方法，例如，JavaCC(Java Compiler Compiler) 是 Sun Microsystem 公司提供的一个 Java 语言的词法和语法分析器的自动生成器，它产生的是递归下降分析器，是 100％纯 Java 代码，无须修改就可以在各种 Java 兼容的平台上运行。有关该工具的介绍和使用可以在下面网站中找到：https://javacc.dev.java.net/。

Jikespg 是 Jikes parser generator 的缩写，是 IBM 公司开发的一个 LALR 语法分析器的自动生成器，已经应用在 IBM 的 Java 编译器 Jikes 中，既可以产生 C++代码，也可以产生 Java 代码。Jikes 是一个开源的 Java 语言编译器，本身是用 C++编写实现。

6. 运用编译技术的软件开发和维护工具有许多类,简单叙述每一类的主要用途。

【解答】

编译技术和方法也已经应用在其他软件开发工具和环境当中,目前的集成化软件开发环境中都包括编译程序、面向语言的编辑程序、程序格式化输出等工具。下面是其他一些典型的工具。

(1) 语法制导编辑器

这类工具运用程序语言的语法知识,在用户编写程序的时候按照词法和语法分析的信息提供智能的帮助,包括自动地提供关键字及其匹配的关键字、左右括号的配对、对象的属性和操作等。例如,在 C 语言环境下用户输入了关键字 do 以后,语法制导编辑器就自动地输入 do-while 的结构,包括关键字 while;在 Java 语言的环境下,用户引用对象 student 时,在输入了 student 之后系统就提供可以选择的属性或操作。这样就可以使编程人员专注于算法的设计和实现,不用记忆语言的细节。最典型的通用语法制导编辑器是自由软件 EMACS,只要给它设置某个语言的语法结构,EMACS 就可以作为该语言的智能正文编辑器。

(2) 程序调试工具

编译程序只可以发现静态的语法和语义错误,要进一步了解程序的动态错误,看程序的执行结果与编程人员的设想是否一致,程序的执行是否实现了预计的算法和功能,就需要程序调试工具。调试的目的是根据程序的异常,追踪和确定错误在程序中的具体位置,并且修改程序、消除错误。例如,调试工具可以根据语义分析后生成的中间代码,在虚拟机中一步一步(单步)地执行程序,观察程序的状态或程序中特定变量值的变化。

(3) 程序测试工具

程序测试是为了发现错误而执行程序的过程,基于编译技术的测试辅助工具可以分为静态分析器和动态测试工具。静态分析器就是采用编译中的全局控制流和数据流分析技术,无须运行源程序来进行分析,以发现诸如"对变量未赋值就引用"、"赋值后没有引用",或"多余的源代码"等错误。动态测试工具是在源程序的适当位置插入某些信息,用测试数据运行程序并记录程序运行时的实际路径;或者输入符号(而不是具体的数值),执行符号运算,把运行结果与期望的结果进行比较,从而发现程序运行时的错误。

(4) 程序理解工具

在软件测试、软件维护以及软件的再向工程和逆向工程等工作中,需要人们理解和分析程序,得到需要的软件信息,这类工具称为程序理解工具。利用编译技术的语法分析、语义分析和流分析,可以得到程序中各类名字(例如变量、函数、类)的定义、使用以及交叉引用关系。程序切片技术可以根据感兴趣的一组程序变量,静态地分析程序,抽取并显示程序中与这些变量相关的语句,缩小了程序规模,方便了程序的阅读、理解和测试。

7. 了解一个真实编译系统的组成和基本功能。

【解答】

本题的目的是,要求读者对实际使用的编译系统从本课程的知识出发,在理论上加深认识,以便更好地运用和掌握编译系统及其理论。下面简单描述一个 Java 语言的编译系统 GJC。

GJC 是 Sun Hotspot J2SE 中的 Java 编译器,可以在 Sun 公司的网站上通过授权获得 Hotspot 虚拟环境的全部代码,GJC 是 J2SE 中的一部分。图 1-3 示意了 GJC 的体系结构。

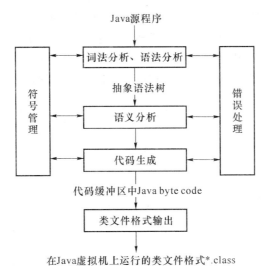

图 1-3　GJC 编译程序的典型构成

词法分析和语法分析在编译器的一遍扫描中完成。语法分析程序 Parser 调用词法分析程序 Scanner,得到一个单词符号序列,对其分析并建立抽象语法树作为输出的结果。GJC 采用了递归下降的 LL 分析方法。语义分析程序 Env 作为编译器中独立的一趟,在遍历抽象语法树的过程中执行语义分析,包括类的完整性检查、确定类的参数以及类中定义符号的范围。作为编译器中独立的一趟,代码生成器 Gen 遍历抽象语法树,为每一种语言结构产生并输出中间代码 Java byte code。符号表(Symtab)管理部分完成 Java 程序中各种类符号的维护,用在语义分析和代码生成的功能部分。错误处理程序主要是诊查和报告 Java 程序中语法和语义的错误,功能分布在 GJC 的各处。

8. 简单说明学习编译程序的意义和作用。

【解答】

编译程序构造的原理和技术一直属于最近公布的 ACM/IEEE Computing Curriculum 2004 的核心知识域,是计算机科学必备的专业基础知识,它所建立的理论、技术和方法值得深入研究和学习。

第一,编译构造正确地建立了研究的问题领域和研究方式:分析输入内容、构造一个语义表示并合成输出。对于不同的源语言,可以用一个单一的语义表示,产生出不同的目标语言,运行在不同的环境中。而且,编译构造可以划分成便于控制和管理的阶段,每个阶段的工作结果正好对应编译程序的子系统或模块。编译程序的这种分析-合成模式以及解释程序的解释模式已经成为软件开发领域最成功的设计模式和软件架构,在软件开发中获得了广泛的应用。

第二,针对编译程序构造的某些部分已经开发了标准的形式化技术,依据它们研制的编译程序生成工具,极大地减轻了编译程序的构造工作,使得编译程序成为计算机系统最可靠的基础软件之一。

第三,编译程序包含许多普遍使用的数据结构和算法,例如散列法(哈希算法)、栈机制、堆机制、垃圾收集、集合算法、表驱动算法、图算法等。尽管其中的每一种都可以独立地学习,但是,在诸如编译程序这样一个有意义的环境中学习将更有教育意义。

第四,编译程序的许多构造技术已经得到了广泛的应用。许多应用程序非常接近于编译程序,已经采用了编译构造的部分技术,例如读入格式化的数据、文件转换问题等。

第五,学习编译原理和技术还有助于理解程序设计语言,编写优秀的软件。

9. 如果机器 H 上有 2 个编译:一个把语言 A 翻译成语言 B,另一个把 B 翻译成 C,那么可以把第一个编译的输出作为第二个编译的输入,结果在同一类机器上得到从 A 到 C 的编译。请用 T 形图示意过程和结果。

【解答】

图 1-4 显示了在机器 H 上把源语言 A 翻译成目标语言 C 的编译程序的构造过程和结果。

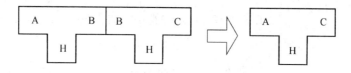

图 1-4　在机器 H 上从 A 到 C 的编译程序的构造过程

第 2 章 词法分析

2.1 基本知识总结

本章介绍词法分析的设计原理,主要知识点如下。

1. 设计词法分析器应考虑的一些问题:

(1) 词法分析器的功能、输入和输出,识别单词的表示;

(2) 词法分析器的两种实现模式;

(3) 词法分析器与符号表的关系;

(4) 输入的预处理;

(5) 超前搜索与最长匹配。

2. 基于状态转换图的词法分析器的手工实现。

3. 符号的基本概念:字母,字母表,符号串,闭包。

4. 正规表达式与语言的正规集。

5. 有限状态自动机 FA:

(1) 确定有限状态机 DFA 与非确定有限状态机 NFA 的定义,识别语言的含义;

(2) DFA 和 NFA 的等价性,ε-闭包的计算,最小子集法;

(3) 可区分状态,DFA 的最小化算法;

(4) 正规式向 FA 的转换。

6. 词法分析器的自动生成工具 LEX。

重点:词法分析器的功能,超前搜索与最长匹配的概念,符号串的运算,状态转换图的实现,正规表达式的概念和应用,有限状态机的概念和应用,ε-闭包运算,NFA 向 DFA 转换的算法,正规式向 FA 的转换规则,DFA 的最小化算法。

难点:正规表达式的等价转换,使用正规表达式描述语言,使用 FA 描述语言,ε-闭包运算,可识别状态的概念,正规式向 FA 的转换。

2.2 典型例题解析

1. 理解下列正规表达式,说明它们所表示的语言。

(1) $(aa|bb)^+$。

(2) $(1|01)^*(0|\varepsilon)$。

(3) $1^*01^*0(1|0)^*$。

(4) $a(aa)^*bb(bb)^*(cc)^*c$。

【分析】 这类题目的目的在于使读者理解正规表达式的含义,用自然语言或集合等数学形式描述出来。不同的表达方式不尽相同,基本要求是表达出相应语言的主要特点。为了理解正规式,可以把它展开,从简单到复杂,归纳总结、精练表达。

【解答】

(1) 正则闭包的基础是一个或运算符号连接的 2 个子表达式,其中每个子正规式有 2 个相同的符号。所以,该正规表达式的语言是 a 和 b 都是成对出现的{a, b}上的符号串。或者该正规表达式的语言是{a, b}上由 aa 或 bb 组成的符号串。

(2) 该正规式可以分成 2 个连接的正规式 $(1|01)^*$ 和 $(0|\varepsilon)$,其中 $(1|01)^*$ 表示的语言或者为空,或者长度至少是 1,结尾是 1,而且没有连续的 0。而 $(1|01)^*0$ 表示的语言长度至少是 1,结尾是 0,不含连续的 0。所以,$(1|01)^*(0|\varepsilon)$ 表达的语言是长度或者为空(不含连续的 0),或者至少是 1,不含连续 0 的 0 和 1 的串。简言之,该正规表达式的语言是不含连续 0 的{0,1}上的符号串。

(3) 如果 $1^*01^*0(1|0)^*$ 中含闭包的 3 个子正规式都是空的话,那么该正规式的语言是 00;如果这些子正规式不是空,那么,该正规式的语言就包含形如 $'\cdots01\cdots10\cdots'$ 的子串,其中两个 0 之间的 1 的个数是任意的。即不管哪个闭包取空值,$1^*01^*0(1|0)^*$ 都是至少有 2 个 0。所以,该正规式的语言是:至少有 2 个 0 的{0,1}上的符号串。

(4) 逐个看由一种字母组成的子正规式的含义。$a(aa)^* = \{a, aaa, aaaaa, \cdots\}$,即含有奇数个 a 的串;$bb(bb)^* = \{bb, bbbb, bbbbbb, \cdots\}$ 是含有偶数个 b 的串,$(cc)^*c = \{c, ccc, ccccc, \cdots\}$ 是含有奇数个 c 的串。所以,该正规式的语言是奇数个 a、偶数个 b 以及奇数个 c 连接而成的串。或者,该正规式所表示的语言是 $\{a^{2n+1}b^{2k}c^{2m+1} \mid n \geq 0, k \geq 1, m \geq 0\}$。

2. 给出描述下列语言的正规表达式。

(1) $\{a^n b^m \mid n \geq 1, m \geq 1\}$。

(2) 在{0, 1}上不以 0 开头的、以 11 结尾的字符串集合。

(3) 最多只含 2 个 a 的{a, b}上的语言。

【解答】

(1) 该语言是任意个 a 后跟任意个 b 的符号串,产生该语言的正规式为 a^+b^+。

(2) 根据题目分析,要求的正规式包含 3 个连接的子正规式:第一个正规式为 1,最后一个正规式为 11,它们之间可以是任意的 0 和 1 的子串,即 $(1|0)^*$。所以,最终结果是 $1(1|0)^*11$,再考虑一个特殊的符号串 11,就得到最终的结果 $11|1(1|0)^*11$。

(3) 分析 1:本题可以分别构造不含 a 的子串、只含一个 a 的子串以及只含 2 个 a 的子串,然后把它们用"或"运算连接起来就得到最终的结果。不含 a 的子串是 b^*,只含一个 a 的子串是 b^*ab^*,只含 2 个 a 的子串是 $b^*ab^*ab^*$。综合这 3 个子串,得到所要求的正规表达式为 $b^*|b^*ab^*|b^*ab^*ab^*$。

分析 2:含 2 个 a 的子串是 $b^*ab^*ab^*$,若第一个或第二个 a 没有,则成为只含一个 a 的子串;若 2 个 a 都没有,则 $b^*ab^*ab^*$ 就成为不含 a 的子串。有一个或没有 a 的正规式为 $a|\varepsilon$。所以,本题求的正规式就是 $b^*(a|\varepsilon)b^*(a|\varepsilon)b^*$。它也可以从 $b^*|b^*ab^*|b^*ab^*ab^*$ 化简得到。

3. 分别将下列非确定有限状态机确定化并最小化。

【分析】 非确定有限状态机确定化的基本方法是子集法,基本步骤是:首先确定起始状态及其闭包的状态子集作为新的起始状态,利用闭包运算和移动函数,不断生成新的状态子集和转换函数,并通过转换矩阵表示出来;对新的转换矩阵中的状态子集重新命名,可选地画出状态转换图。最小化就是合并无法区分的状态,并且合并相应的转换函数或转移,对新的转换矩阵中的状态重新命名,可选地画出状态转换图。

确定化和最小化是证明有限状态机的等价性的一个基本技术,也可以应用在正规表达式的等价性证明。

(1) 非确定有限状态机如图 2-1 所示。

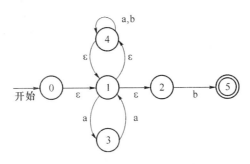

图 2-1 非确定有限状态机

【解答】
起始状态是 0,从它开始经过 ε 所能达到的状态集合——状态 0 的 ε 闭包是{0,1,2,4},以它作为构造状态转换矩阵的起始状态。然后分别构造{0,1,2,4}经过 a 或 b 所能达到状态集合。{0,1,2,4}经过 a 到达的状态集合就是其中的每个状态在面临 a 时的转移状态,只有状态 1 经过 a 后到达状态 3,结果是{3}。然后对它计算 ε 闭包,得{3,1,2,4}。同样,对{0,1,2,4}找出经过 b 到达的状态集,然后再计算 ε 闭包,得{4,1,2,5}。

继续对{3,1,2,4}和{4,1,2,5}计算转移后的闭包。最终构造状态转换矩阵的过程如表 2-1 所示,其中包含状态 0 的状态子集是起始状态;含有状态 5 的状态子集是终结状态。重新命名后的转换矩阵如表 2-2 所示,其中状态 1 是起始状态;状态 3 是终结状态。

表 2-1 确定化的状态转换矩阵

	I_a	I_b
{0,1,2,4}	{3,4,1,2}	{4,1,2,5}
{3,4,1,2}	{3,4,1,2}	{4,1,2,5}
{4,1,2,5}	{3,4,1,2}	{4,1,2,5}

表 2-2 重新命名的状态转换矩阵

	I_a	I_b
1	2	3
2	2	3
3	2	3

对表 2-2 所示的 DFA 进行最小化:把状态划分成终结状态子集{3}和非终结状态子集{1,2}。由于{1,2}$_a$={2}⊂{1,2},{1,2}$_b$={3},所以,状态 1 和状态 2 不可区分,故得到最小化的 DFA 如表 2-3 所示,其中 1 是起始状态;2 是终结状态。

表 2-3 最小化后的状态转换表

	I_a	I_b
1	1	2
2	1	2

（2）非确定的有限状态机如图 2-2 所示。

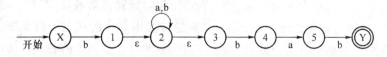

图 2-2　非确定的有限状态机

【解答】

构造的状态转换矩阵如表 2-4 所示,其中含有状态 X 的状态子集是起始状态;含有 Y 的状态子集是终结状态。重新命名后的转换矩阵如表 2-5 所示,其中状态 1 是起始状态;状态 6 是终结状态。

表 2-4　确定化的状态转换矩阵

	I_a	I_b
{X}		{1,2,3}
{1,2,3}	{2,3}	{2,3,4}
{2,3}	{2,3}	{2,3,4}
{2,3,4}	{2,3,5}	{2,3,4}
{2,3,5}	{2,3}	{2,3,4,Y}
{2,3,4,Y}	{2,3,5}	{2,3,4}

表 2-5　重新命名的状态转换矩阵

	I_a	I_b
1		2
2	3	4
3	3	4
4	5	4
5	3	6
6	5	4

对表 2-5 所示的 DFA 进行最小化:把状态划分成终结状态子集{6}和非终结状态子集 $J_1=\{1,2,3,4,5\}$。由于$\{5\}_b=\{6\}$,而$\{1,2,3,4\}_b=\{2,4\}\subset\{1,2,3,4\}$,所以可以把 J_1 划分成 $J_2=\{1,2,3,4\}$ 和{5}。考查 J_2,由于$\{4\}_a=\{5\}$,而$\{1,2,3\}_a=\{3\}\subset\{1,2,3\}$,所以可以把 J_2 划分成 $J_3=\{1,2,3\}$和{4}。考查 J_3,由于$\{2,3\}_b=\{4\}$,而$\{1\}_b=\{2\}\subset\{2,3\}$,所以可以把 J_3 划分成 $J_4=\{2,3\}$和{1}。考查 J_4,由于$\{2,3\}_b=\{4\}$,$\{2,3\}_a=\{3\}\subset\{2,3\}$,所以{2,3}不可区分。重新命名上述状态子集分别为状态 1,2,3,4,5,得到最小化的 DFA 如表 2-6 所示,其中 1 是起始状态;5 是终结状态。

表 2-6　最小化后的状态转换表

{1}	{2,3}	{4}	{5}	{6}
1	2	3	4	5

	I_a	I_b			I_a	I_b
1		2	4		2	5
2	2	3	5		4	3
3	4	3				

相应的 DFA 的图形表示如图 2-3 所示。

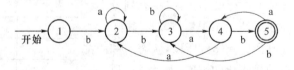

图 2-3　例 3(2)最小化的 DFA

（3）非确定的有限状态机如图 2-4 所示,其中 X 是起始状态;Y 是终结状态。

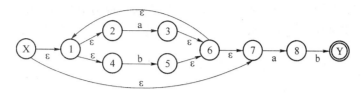

图 2-4　非确定的有限状态机

【解答】

构造的状态转换矩阵如表 2-7 所示,其中含有状态 X 的状态子集是起始状态;含有 Y 的状态子集是终结状态。重新命名后的转换矩阵如表 2-8 所示,其中状态 0 是起始状态;状态 3 是终结状态。

表 2-7　确定化的状态转换矩阵

	I_a	I_b
0:{X,1,2,4,7}	{3,6,7,1,2,4,8}	{5,6,7,1,2,4}
1:{3,6,7,1,2,4,8}	{3,6,7,1,2,4,8}	{5,6,7,1,2,4,Y}
2:{5,6,7,1,2,4}	{3,6,7,1,2,4,8}	{5,6,7,1,2,4}
3:{5,6,7,1,2,4,Y}	{3,6,7,1,2,4,8}	{5,6,7,1,2,4}

表 2-8　重新命名的状态转换矩阵

	I_a	I_b
0	1	2
1	1	3
2	1	2
3	1	2

对表 2-8 所示的 DFA 进行最小化:把状态划分成终结状态子集 {3} 和非终结状态子集 $J_1=\{0,1,2\}$。由于 ${\{1\}}_b=\{3\}$,而 ${\{0,2\}}_b=\{2\}\subset\{0,2\}$,所以可以把 J_1 划分成 $J_2=\{0,2\}$ 和 $J_2=\{1\}$。考查 J_2,由于 ${\{0,2\}}_a=\{1\}$,而 ${\{0,2\}}_b=\{2\}\subset\{0,2\}$,所以状态 0 和 2 不可区分。重新命名上述状态子集分别为状态 0,1,2,即得到最小化的 DFA 如表 2-9 所示,其中 0 是起始状态;2 是终结状态。

相应的 DFA 的图形表示如图 2-5 所示,其中 0 是起始状态;2 是终结状态。

表 2-9　最小化后的状态转换表

{0,2}	{1}	{3}
0	1	2

	I_a	I_b
0	1	0
1	1	2
2	1	0

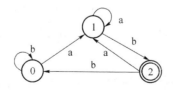

图 2-5　例 3(3) 最小化的 DFA

4. 证明下面不同形式的正规表达式等价:$(AB)^*A=A(BA)^*$。

【分析】 证明正规式的等价有2种方法:第1种是利用正规式的定义以及有关的性质和定律,按照代数方式证明;第2种是把每个正规式都转换为等价的有限状态机,利用有限状态机的等价性来证明正规表达式的等价性,其中要进行确定化、最小化、化简处理。

【解答】

证明方法1:

$$(AB)^* A = ((AB)^0 | (AB)^1 | (AB)^2 | \cdots) A =$$
$$\varepsilon A | (AB)^1 A | (AB)^2 A | (AB)^3 A | \cdots = \qquad (分配律)$$
$$A\varepsilon | A(AB)^1 | A(BA)^2 | A(BA)^3 | \cdots = \qquad (结合律)$$
$$A(\varepsilon | (AB)^1 | (BA)^2 | (BA)^3 | \cdots) = A(BA)^*, \qquad (分配律)$$

即 $(AB)^* A = A(BA)^*$。

证明方法2:

(1) 构造 $(AB)^* A$ 的 NFA 如图 2-6 所示(X 是起始状态;Y 是终结状态)。

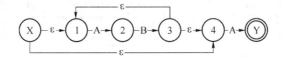

图 2-6 $(AB)^* A$ 对应的 NFA

对图 2-6 的 NFA 确定化的过程如表 2-10 所示。

表 2-10 确定化的状态转换表

	I_A	I_B
{X, 1, 4}	{2, Y}	
{2, Y}		{3, 1, 4}
{3, 1, 4}	{2, Y}	

由于{X, 1, 4}和{3, 1, 4}的状态不可区分,可以合并,并且重新命名它们为1,命名{2, Y}为2,得到化简的最小的 DFA 如图 2-7 所示。

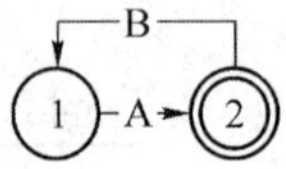

图 2-7 $(AB)^* A$ 对应化简的 DFA

(2) 构造 $A(BA)^*$ 的 NFA 如图 2-8 所示(X 是起始状态;Y 是终结状态)。

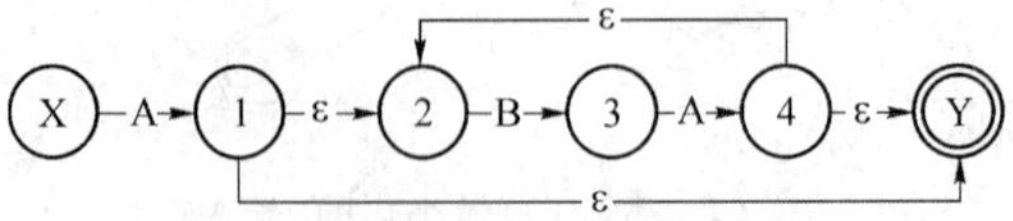

图 2-8 $A(BA)^*$ 对应的 NFA

对图 2-8 的 NFA 确定化的过程如表 2-11 所示。重新命名后的状态转换矩阵如

表2-12所示,其中 X 是初始状态;1和2是终结状态。由于状态集{1,2}对于 A 和 B 都不可区分,{X,3}对于 A 和 B 也不可区分,所以,{1,2}可以合并为状态2,{X,3}合并为状态1。

<table>
<tr><td colspan="3">表 2-11　确定化的状态转换矩阵</td></tr>
</table>

	I_A	I_B
{X}	{1, 2, Y}	
{1, 2, Y}		{3}
{3}	{4, 2, Y}	
{4, 2, Y}		{3}

表 2-12　重新命名的状态转换矩阵

	I_A	I_B
X	1	
1		3
3	2	
2		3

最终得到化简的最小的 DFA 如图2-9所示(1是起始状态;2是终结状态)。

图 2-9　A(BA)* 对应化简的 DFA

由于图2-7和图2-9完全一样,故这2个有限状态机等价。分别和它们等价的2个正规式也等价,即(AB)*A＝A(BA)*。

5. 构造出能够识别或产生下列语言的确定有限状态机。

(1) 它接受{a,b}上所有 a 的后面都跟一个 b 的符号串。

(2) {x|x∈{a,b}$^+$ 且 x 以 a 开头以 b 结尾}。

(3) {a,b}上不含形如 aa 和 bb 的串。

(4) 接受{0,1}上能被3整除的二进制数。

【分析】　有限状态机与正规表达式所识别和产生的语言等价,都是正规集或正规语言。对某个语言构造等价的有限状态机的问题通常有2种解答方法:第一种是深刻理解有限状态机的定义,直接构造出识别一个语言的有限状态机;第二种方法是首先为描述的语言构造一个正规式,然后把正规式转换为等价的有限状态机。无论采用哪种方法,对于同一语言,可能得出形式上不尽相同但是等价的有限状态机。

(1) 它接受{a,b}上所有 a 的后面都跟一个 b 的符号串。

【解答】

方法1:

① 假设起始状态是0,分别考虑它可以面临的2个输入符号 a 和 b。若读进字母 a,进入了一个新的状态1,还必须读进一个 b,进入一个新的状态2(它是一个终结状态);在状态0若读进了一个字母 b,则可以进入一个终结状态,与状态2没有区别。特别地指出,空串也是该语言的一个句子,即状态0也是终结状态。

② 根据题目要求,在状态1就不能再读入字母 a。

③ 在状态2读进 a 后,必须再读进一个 b,即先到状态1,再回到状态2;在状态2可以读

进无数个 b。

由上述分析得到的 DFA 如图 2-10 所示。

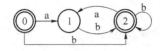

图 2-10   经分析直接构造的 DFA

化简:把状态分为终结态{0,2}和非终结态{1}。由于{0,2}$_a$={1},{1,2}$_b$={2}⊂{1,2},所以{0,2}不可区分。重新命名这 2 个状态集合,将{0,2}用{0}代替,得到图 2-11 所示的最小化的 DFA 即为所求。

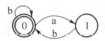

图 2-11   化简后的 DFA

方法 2:

该语言的正规式为(b|ab)*,对它构造的 NFA 过程如图 2-12 所示,其中 1 代表起始状态。

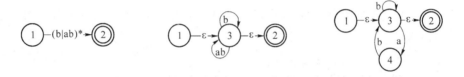

图 2-12   (b|ab)* 对应的 NFA 的过程

将上述 NFA 确定化的转换矩阵如表 2-13 所示。重新命名后的状态转换矩阵如表 2-14 所示,其中 1 是初始状态;1 和 2 是终结状态。

表 2-13   确定化的状态转换矩阵

	I_a	I_b
{1, 3, 2}	{4}	{3, 2}
{4}		{3, 2}
{3,2}	{4}	{3, 2}

表 2-14   重新命名的状态转换矩阵

	I_a	I_b
1	3	2
3		2
2	3	2

化简过程如下:先将状态分为终结态{1,2}和非终结态{3}。考查{1,2}$_b$={2}⊂{1,2},{1,2}$_a$={3}⊂{3},不可区分。重新命名上述状态子集,将{1,2}用{1}代替,将{3}用{2}代替,得到图 2-13 所示的最小化的 DFA 即为所求(1 是起始状态,也是终结状态)。

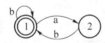

图 2-13   化简后的 DFA

(2) $\{x \mid x \in \{a,b\}^+$ 且 x 以 a 开头以 b 结尾$\}$。

【解答】

直接构造 DFA,要点如下。

① 假设起始状态为 0,它只能读进 a(进入状态 1),不能读进 b。

② 在状态 1 下,可以读进无数个 a,状态保持不变;若读进 b,则进入新的接受状态 2。

③ 在状态 2 下,可以读进无数个 b,状态保持不变;若读进 a,则进入必须再读进一个 b 的状态 1。

由此得到需要构造的 DFA 如图 2-14 所示(0 是起始状态;2 是终结状态)。

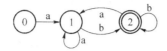

图 2-14 例 5(2)的 DFA

(3) {a,b}上不含形如 aa 和 bb 的串。

【解答】

直接构造 DFA,要点如下。自动机启动并读入一个符号后,就必须读入另外的、不同于进入当前状态的一个符号,即需要交替读入符号。由此得到需要构造的 DFA 如图 2-15 所示(0 是起始状态,1 和 2 都是终结状态)。

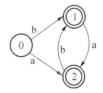

图 2-15 例 5(3)的 DFA

若状态 0 也是终结状态,则可以接收空的符号串。

(4) 接受{0,1}上能被 3 整除的二进制数。

【解答】

有限状态机没有记忆能力,要完成的任务只能通过状态转换来完成。用 3 除一个整数,只有 3 种余数:0、1 和 2。其中只有余数是 0 时才满足题目要求。这样就确定了所求的有限状态机只有 3 个状态,假如就用 0、1 和 2 表示,而且状态 0 既是起始状态又是终结状态。下面就只考虑对每个状态在面临 0 和 1 时所转换的状态,即所在状态表示的二进制数后添加 0 和 1 时分别被 3 除所得的余数的情况。

在状态 0:后跟 0 所得的数仍可被 3 整除,后跟 1 所得的数被 3 除的余数为 1。

在状态 1:后跟 0 所得的数被 3 除的余数为 2,后跟 1 所得的数被 3 除的余数为 0。

在状态 2:后跟 0 所得的数被 3 除的余数为 1,后跟 1 所得的数被 3 除的余数为 2。

所以,接受{0,1}上能被 3 整除的二进制数的 FA 如图 2-16 所示。

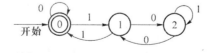

图 2-16 接受{0,1}上能被 3 整除的二进制数的 FA

6. 写出 LEX 正规式所匹配的字符串。

(1) [A−Za−z][0−9 A−Za−z]*。

(2) '{'['[^}]]*'}'。

(3) \'([^' \n] \'\')+\'。

【解答】

这类题目要求掌握简单的 LEX 形式的正规式含义。

(1) 匹配由数字和字母组成的标识符。

(2) 由一对花括号'{}'包含的不含'}'的任意的符号串。

(3) 由单引号括起来的长度大于 0 的符号串,其中若出现单引号,则必定成双。

2.3　练习与参考答案

1. 词法分析器的主要任务是什么?

【解答】

词法分析是编译过程的第一个阶段,它的主要任务是逐个地扫描构成源程序的字符流,把它们翻译成有意义的单词序列,提供给语法分析器。输出的单词符号常常表示成如下的二元式:<单词种别,单词本身的值>。

2. 下列各种语言的输入字母表是什么?

(1) C,

(2) Pascal,

(3) Java,

(4) C#。

【解答】

这 4 个语言的输入字母表都是一切可以打印字符组成的集合。

3. 可以把词法分析器写成一个独立运行的程序,也可以把它写成一个子程序,请比较各自的优劣。

【解答】

把词法分析安排为一个独立运行的程序的好处是,使得编译程序结构清晰、条理化而且便于高效地实现;在设计高级语言时能独立地研究词法与语法 2 个方面的特性:增强编译程序的可移植性。

把词法分析器设计成一个子程序,每当语法分析需要一个单词的时候,就调用该子程序。词法分析器在每次得到调用时,就从源程序文件中读入一些字符,直到构成一个单词返回给调用的语法分析器。在这种相对独立模式下,词法分析器和语法分析器被设计在同一遍扫描中,而省去了存放单词的终结文件。当用递归下降分析等技术实现一趟编译程序的时候,往往采用这种相对独立的模式。

4. 用高级语言编写一个对 C# 或 Java 程序的预处理程序,它的作用是每次调用时都把下一个完整的句子送到扫描缓冲区,去掉注释和无用的空格、制表符、回车、换行。

【解答】

下面是用 C 语言编写的预处理程序。

```
#include <iostream>
```

```cpp
# include <fstream>
# include <string>

using namespace std;

const int BUFFER_SIZE = 80;

//define global variables
char buffer[BUFFER_SIZE];//store characters which would be precessed
int curPos,curSize;
char ch;
ifstream inFile;
ofstream outFile;

char getChar()
{
    int ch;
    if(curPos == curSize)
            if(! inFile)
                ch = EOF;
            else
            {
                inFile. read(buffer,BUFFER_SIZE);
                curSize = inFile. gcount();
                if (curSize<BUFFER_SIZE)buffer[curSize] = EOF;
                curPos = 0;
            }
    ch = buffer[curPos++];
    return ch;
}

void processBlank()
{
    outFile<<' ';
    do{
        ch = getChar();
    }while( ch==' ' || ch == '\t' || ch == '\r' || ch == '\n');
    curPos-- ;
}
```

```cpp
void processQuote()
{
    while(1){
        outFile≪ch;
        ch = getChar();
        if( ch == '"'){
            outFile≪ch;
            return;
        }
        if( ch == EOF) return;
    }
}


void processLineComment()
{
    do{
        ch = getChar();
    }while(ch! = 10);
}


void processBlockComment()
{
    while(1){
        if(ch = getChar() == ' * '){
            ch = getChar();
            if(ch == '/')     return;
            else curPos -- ;
        }
    }
}


void main()
{
    string fileName;
    char tempCh;

    cout≪'Input file name:';
    cin≫fileName;
```

```
inFile. open(fileName. c_str());
outFile. open('test_out. txt');
curPos = 0;
curSize = curPos;


ch = getChar();
while(ch! = EOF){
    switch(ch){
        case ' ' :
        case '\n':
        case '\r':
        case '\t':
            processBlank();
            break;
        case '"' :
            processQuote();
            break;
        case '/' :
            tempCh = ch;
            ch = getChar();
            if((ch! = '/') & & (ch! = '*')){
                        outFile≪tempCh≪ch;
            }else{
                if(ch == '/')     processLineComment();
                if(ch == '*')       processBlockComment();
            }
            break;
        default:
            outFile≪ch;
            break;
    }
    ch = getChar();
}

inFile. close();
outFile. close();
cout≪'PreProcess Completed!'≪endl;
return;
}
```

5. 用高级语言实现教材中图 2-5 所示的 Pascal 语言数的状态转换图。

【解答】

参考答案 1:根据教材的方法编写的算法。

```
int state = 0
while (state = 1,2,3,4,5,6,7,8) {
switch state {
    case 1：
            switch ch {
                case ' + '：state = 2; getchar(ch);
                case ' - '：state = 2; getchar(ch);
                case isdigit(ch)：state = 3; getchar(ch);
                default：reporterror();
            }
case 2：
case 3：
            switch ch{
                case isdigit(ch)：state = 3；getchar(ch);
                case 'E'：state = 6；getchar(ch);
                default：state = 9；getchar(ch);
            }
case 4：if(isdigit(ch)) {state = 5; getchar(ch);}
case 5：
            switch ch{
                case 'E'：state = 6; getchar(ch);
                case isdigit(ch)：state = 5; getchar(ch);
                default：state = 9；getchar(ch);
            }
case 6：
            switch ch{
                case ' + '：state = 7; getchar(ch);
                case ' - '：state = 7; getchar(ch);
                case isdigit(ch)：state = 8; getchar(ch);
            }
case 7：if(isdigit(ch)) {state = 8；getchar(ch);}
case 8：if(isdigit(ch)) {state = 8; getchar(ch);}
                        else getchar(ch);
        }
case 9：return;
default：reporterror();
}
```

参考答案 2:用 C 语言实现的程序。

```c
#include<stdio.h>
#include<math.h>
#include<iostream.h>
#include<stdlib.h>
#include<time.h>

char * string = 'for(int i=0;i<10;i++)sum += i*3.14';
char * startp, * endp;

/* read a character from the string */
char readch()
{
    char ch = * endp;
    endp++ ;
    return ch;
}

/* Error report */
void reportError()
{
    startp = endp;
}

/* display a digit in the string */
void showNum()
{
    endp-- ;
    char * p = startp;
    while(p! = endp)
    {
        printf('%c', *p);
        p++ ;
    }
    printf('\n');

    startp = endp;
}
```

```c
/ * process the end of string * /
void processEnd()
{
    endp -- ;
    if(startp != endp)
    {
        char * p = startp;
        while(p! = endp)
        {
            printf('%c', *p);
            p++ ;
        }
        printf('\n');
    }
}


void isNum()
{
    char ch = 0;
    int state = 1;
    while(state != 9)
    {
        ch = readch();
        if(ch == 0)
        {
            processEnd();
            return;
        }

        switch(state)
        {
            case 1:
                if((ch>= '0') & & (ch<= '9')) state = 3;
                else if((ch == '+') || (ch == '-')) state = 2;
                else
                {
                    reportError();
                    return;
                }
```

```
                break;

case 2:
case 4:
case 7:
        if((ch>='0')&&(ch<='9')) state++;
        else
        {
            reportError();
            return;
        }
        break;

case 3:
        if((ch>='0')&&(ch<='9')) state=3;
        else if(ch=='.') state=4;
        else if((ch=='e')||(ch=='E')) state=6;
        else
        {
            showNum();
            return;
        }
        break;

case 5:
        if((ch>='0')&&(ch<='9')) state=5;
        else if((ch=='e')||(ch=='E')) state=6;
        else
        {
            showNum();
            return;
        }
        break;

case 6:
        if((ch>='0')&&(ch<='9')) state=8;
        else if((ch=='+')||(ch=='-')) state=7;
        else
```

```
                    {
                        reportError();
                        return;
                    }
                    break;

                case 8:
                    if((ch>='0') & &(ch<='9')) state=8;
                    else
                    {
                        showNum();
                        return;
                    }
                    break;
            }
        }
}

int main(int argc,char * * argv)
{
    startp=endp=string;
    while( * endp ! = 0)
        isNum();

    return 0;
}
```

6. 用高级语言编程实现图 2-6 所示的小语言的词法扫描器。

【解答】

请参考本书后面的实验指导部分。

7. 用自然语言描述下列正规式所表示的语言。

(1) $0(0|1)^*0$。

(2) $(((\epsilon|0)1)^*)^*$。

(3) $(a|b)^*a(a|b|\epsilon)$。

(4) $(A|B|\cdots|Z)(a|b|\cdots|z)^*$。

(5) $(aa|b)^*(a|bb)^*$。

(6) $(0|1|\cdots|9|A|B|C|D|E)(t|T)$。

【解答】

(1) 在字母表{0,1}上,所有以 0 开头和结尾的串;

(2) 在字母表{0,1}上,任意个 1 或任意个 01 重复出现的串;

(3) 在字母表{a,b}上,所有以 a,aa 或 ab 结尾的串;

(4) 以一个大写字母开头并只含一个大写字母的符号串;

(5) 基本形如 $b^* a^{2n} b^* a^* b^{2m} a^*$,即在字母表{0,1}上的任意符号串。

另外一种方法是构造出 FA,确定化后,根据 DFA 描述所表示的语言。

(6) 所有以大写或小写字母 t 结尾的 2 位符号,其中第一位是 0~9 的 10 个数字和 A~E 的大写字母。

或者该语言是:

{0t,1t,2t,3t,4t,5t,6t,7t,8t,9t,At,Bt,Ct,Dt,Et,0T,1T,2T,3T,4T,5T,6T,7T,8T,9T,AT,BT,CT,DT,ET}。

8. 为下列语言写正规式。

(1) 所有以小写字母 a 开头和结尾的串。

(2) 所有以小写字母 a 开头或者结尾(或同时满足这 2 个条件)的串。

(3) 所有表示偶数的串。

(4) 所有不以 0 开始的数字串。

(5) 能被 5 整除的十进制数的集合。

(6) 没有出现重复数字的全体数字串。

【解答】

(1) $a | a(a | b | c | \cdots | z)^* a$。

(2) $a(a | b | c | \cdots | z)^* | (a | b | c | \cdots | z)^* a$。

(3) $(0 | 1 | 2 | \cdots | 9)^* (0 | 2 | 4 | 6 | 8)$。

(4) $(1 | 2 | 3 | \cdots | 9)(0 | 1 | 2 | \cdots | 9)^*$。

(5) $(0 | 1 | 2 | \cdots | 9)^* (0 | 5)$。

(6) 最简单的解答是,对由 n 个数字组成的输入字母表,把不含重复数字的数的长度从 1 到 n 全部用或运算连接起来。共有 $\sum_{i=1}^{n} P_n^i$ 个不含重复数字的数(其中 P_n^r 表示从 n 个不同元素中取出 r 个不同元素的排列的个数)。

9. 试构造下列正规式的 NFA,并且确定化,然后最小化。

(1) $(a | b)^* a(a | b)$。

(2) $(a | b)^* a(a | b)^*$。

(3) $ab((ba | ab)^* (bb | aa))^* ab$。

(4) $00 | (0 | 1)^* | 11$。

(5) $1(0 | 1)^* 01$。

(6) $1(1010)^* | 1(010)^* 1^* 0$。

【解答】

（1）首先，根据转换规则构造出 NFA，如图 2-17 所示，其中 S 是起始状态，Z 是终结状态）。

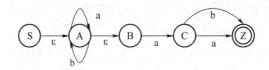

图 2-17　练习 9(1)的 NFA

其次，把 NFA 确定化，DFA 的状态转换矩阵如表 2-15 所示。重新命名后的状态转换矩阵如表 2-16 所示，其中 1 是初始状态，4 和 5 是终结状态。

<table>
<tr><td colspan="3">表 2-15　确定化的状态转换矩阵</td></tr>
<tr><td></td><td>I_a</td><td>I_b</td></tr>
<tr><td>1：{S,A,B}</td><td>{A,B,C}</td><td>{A,B}</td></tr>
<tr><td>2：{A,B,C}</td><td>{A,B,C,Z}</td><td>{A,B,Z}</td></tr>
<tr><td>3：{A,B}</td><td>{A,B,C}</td><td>{A,B}</td></tr>
<tr><td>4：{A,B,C,Z}</td><td>{A,B,C,Z}</td><td>{A,B,Z}</td></tr>
<tr><td>5：{A,B,Z}</td><td>{A,B,C}</td><td>{A,B}</td></tr>
</table>

表 2-16　重新命名的状态转换矩阵		
	I_a	I_b
1	2	3
2	4	5
3	2	3
4	4	5
5	2	3

将 DFA 最小化：初始划分 Ⅱ＝{{1,2,3},{4,5}}，由于状态 1 和 3 输入 a 都到达 2，输入 b 都到达 3，而状态 2 输入 a 到达状态 4，输入 b 到达 5，所以状态{1,2,3}划分成{1,3}和{2}，同理把{4,5}划分为{4}和{5}。最终划分{{1,3},{2},{4},{5}}。所以最小化的 DFA 如图 2-18 所示。

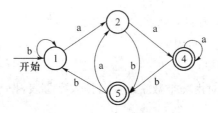

图 2-18　练习 9(1)等价的 DFA

（2）(a|b)* a(a|b)*。

【解答】

根据转换规则构造出 NFA，如图 2-19 所示，其中 S 是起始状态，E 是终结状态。

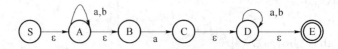

图 2-19　练习 9(2)的 NFA

其次，把 NFA 确定化，DFA 的状态转换矩阵如表 2-17 所示。重新命名后的状态转换矩阵如表 2-18 所示,其中 1 是初始状态,3 和 4 是终结状态。

<table>
<tr><th colspan="3">表 2-17 确定化的状态转换矩阵</th></tr>
<tr><th></th><th>I_a</th><th>I_b</th></tr>
<tr><td>1:{S,A,B}</td><td>{A,B,C,D,E}</td><td>{A,B}</td></tr>
<tr><td>2:{A,B}</td><td>{A,B,C,D,E}</td><td>{A,B}</td></tr>
<tr><td>3:{A,B,C,D,E}</td><td>{A,B,C,D,E}</td><td>{A,B, D,E}</td></tr>
<tr><td>4:{A,B, D,E}</td><td>{A,B,C,D,E}</td><td>{A,B, D,E}</td></tr>
</table>

<table>
<tr><th colspan="3">表 2-18 重新命名的状态转换矩阵</th></tr>
<tr><th></th><th>I_a</th><th>I_b</th></tr>
<tr><td>1</td><td>3</td><td>2</td></tr>
<tr><td>2</td><td>3</td><td>2</td></tr>
<tr><td>3</td><td>3</td><td>4</td></tr>
<tr><td>4</td><td>3</td><td>4</td></tr>
</table>

将 DFA 最小化:初始划分 $\Pi = \{\{1,2\},\{3,4\}\}$,由于状态 1 和 2 输入 a 都到达 3,输入 b 都到达 2,所以状态 1 和 2 不可区分。同样分析得状态 3 和 4 不可区分。最小化的 DFA 如图 2-20 所示。

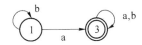

图 2-20 练习 9(2)等价的 DFA

(3) ab((ba|ab)*(bb|aa))* ab。

【解答】

根据转换规则构造出 NFA,如图 2-21 所示。

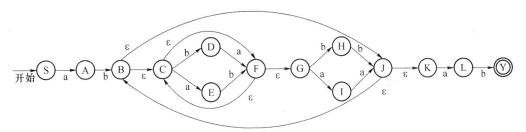

图 2-21 练习 9(3)的 NFA

其次,把 NFA 确定化,DFA 的状态转换矩阵如表 2-19 所示。重新命名后的状态转换矩阵如表 2-20 所示,其中 1 是初始状态,6 是终结状态。

<table>
<tr><th colspan="3">表 2-19 确定化的状态转换矩阵</th></tr>
<tr><th></th><th>I_a</th><th>I_b</th></tr>
<tr><td>1:{S}</td><td>{A}</td><td></td></tr>
<tr><td>2:{A}</td><td></td><td>{B,C,F,G,J,K}</td></tr>
<tr><td>3:{B,C,F,G,J,K}</td><td>{E,I,L}</td><td>{D,H}</td></tr>
<tr><td>4:{E,I,L}</td><td>{J,K, B,C,F,G}</td><td>{F,C,G,Y}</td></tr>
<tr><td>5:{D,H}</td><td>{F,C,G}</td><td>{J,K,B,C,F,G}</td></tr>
<tr><td>6:{C,F,G,Y}</td><td>{E,I}</td><td>{D,H}</td></tr>
<tr><td>7:{C,F,G}</td><td>{E,I}</td><td>{D,H}</td></tr>
<tr><td>8:{ E,I}</td><td>{J,B,C,F,G,K}</td><td>{F,G,C}</td></tr>
</table>

<table>
<tr><th colspan="3">表 2-20 重新命名的状态转换矩阵</th></tr>
<tr><th></th><th>I_a</th><th>I_b</th></tr>
<tr><td>1</td><td>2</td><td></td></tr>
<tr><td>2</td><td></td><td>3</td></tr>
<tr><td>3</td><td>4</td><td>5</td></tr>
<tr><td>4</td><td>3</td><td>6</td></tr>
<tr><td>5</td><td>7</td><td>3</td></tr>
<tr><td>6</td><td>8</td><td>5</td></tr>
<tr><td>7</td><td>8</td><td>5</td></tr>
<tr><td>8</td><td>3</td><td>7</td></tr>
</table>

将 DFA 最小化:初始划分为{1,2,3,4,5,7,8}和{6}。考虑{1,2,3,4,5,7,8}:由于状态 4 在输入 b 时到达 6,所以{1,2,3,4,5,7,8}可以划分为{1,2,3,5,7,8}和{4}。考虑{1,2,3,5,7,8}:由于状态 3 在输入 a 时到达 4,所以{1,2,3,5,7,8}可以划分为{1,2,5,7,8}和{3}。考虑{1,2,5,7,8}:由于状态 8 输入 a 时到达 3,所以{1,2,5,7,8}状态 8 可以分离出来,成为{1,2,5,7}和{8}。考虑{1,2,5,7}:由于状态 7 在输入 a 时到达 8,所以{1,2,5,7}可以划分为{1,2,5}和{7}。考虑{1,2,5}:可以发现,这 3 个状态都是有区别的。所以,表 2-20 所示就是最小化的 DFA 的状态转换矩阵,如图 2-22 所示。

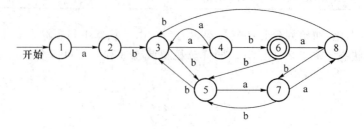

图 2-22　练习 9(3)等价的 DFA

(4) 00|(0|1)*|11。

【解答】

根据转换规则构造出 NFA,如图 2-23 所示。

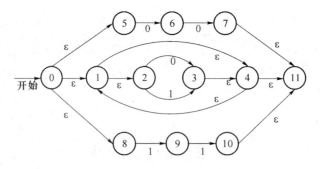

图 2-23　练习 9(4)的 NFA

其次,把 NFA 确定化,DFA 的状态转换矩阵如表 2-21 所示。重新命名后的状态转换矩阵如表 2-22 所示,其中 1 是初始状态,所有状态都是终结状态。

表 2-21　确定化的状态转换矩阵

	I_0	I_1
1:{0,1,2,4,5,8,11}	{6,3,4,1,2,11}	{9,3,4,1,2,11}
2:{1,2,3,4,6,11}	{1,2,3,4,7,11}	{1,2,3,4,11}
3:{1,2,3,4,9,11}	{1,2,3,4,11}	{1,2,3,4,10,11}
4:{1,2,3,4,7,11}	{1,2,3,4,11}	{1,2,3,4,11}
5:{1,2,3,4,11}	{1,2,3,4,11}	{1,2,3,4,11}
6:{1,2,3,4,10,11}	{1,2,3,4,11}	{1,2,3,4,11}

表 2-22　重新命名的状态转换矩阵

	I_0	I_1
1	2	3
2	4	5
3	5	6
4	5	5
5	5	5
6	5	5

将 DFA 最小化:所有状态都不可区分,可以合并,得到最小化的 DFA 如图 2-24 所示。

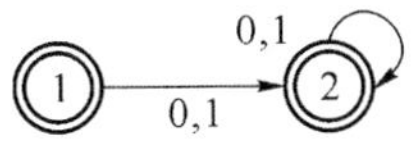

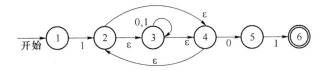

图 2-24　练习 9(4)等价的 DFA

(5) 1(0|1)* 01。

【解答】

首先,根据转换规则构造出 NFA,如图 2-25 所示。

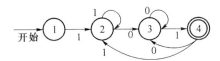

图 2-25　练习 9(5)的 NFA

其次,把 NFA 确定化,DFA 的状态转换矩阵如表 2-23 所示。重新命名后的状态转换矩阵如表 2-24 所示,其中 1 是初始状态,4 是终结状态。它已经是最小化的 DFA,状态转换图如图 2-26 所示。

表 2-23　确定化的状态转换矩阵

	I_0	I_1
1：{1}		{2,3,4}
2：{2,3,4}	{2,3,4,5}	{2,3,4}
3：{2,3,4,5}	{2,3,4,5}	{2,3,4,6}
4：{2,3,4,6}	{2,3,4,5}	{2,3,4}

表 2-24　重新命名的状态转换矩阵

	I_0	I_1
1		2
2	3	2
3	3	4
4	3	2

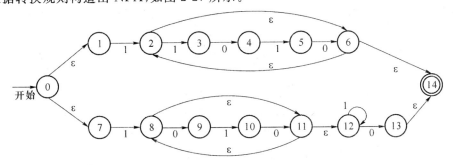

图 2-26　练习 9(5)等价的 DFA

(6) 1(1010)* |1(010)* 1* 0。

【解答】

根据转换规则构造出 NFA,如图 2-27 所示。

图 2-27　练习 9(6)的 NFA

其次,把 NFA 确定化,DFA 的状态转换矩阵如表 2-25 所示。重新命名后的状态转换矩阵如表 2-26 所示,其中 S 是初始状态,含有 NFA 状态 14 的、重新命名的状态 A、B、E、I 和 J 都是终结状态。

<table>
<tr><td colspan="3">表 2-25　确定化的状态转换矩阵</td></tr>
<tr><td></td><td>I_0</td><td>I_1</td></tr>
<tr><td>S：{0,1,7}</td><td></td><td>{2,6,14,8,11,12}</td></tr>
<tr><td>A：{2,6,14,8,11,12}</td><td>{9,13,14}</td><td>{3,12}</td></tr>
<tr><td>B：{9,13,14}</td><td></td><td>{10}</td></tr>
<tr><td>C：{3,12}</td><td>{4,13,14}</td><td>{12}</td></tr>
<tr><td>D：{10}</td><td>{8,11,12}</td><td></td></tr>
<tr><td>E：{4,13,14}</td><td></td><td>{5}</td></tr>
<tr><td>F：{8,11,12}</td><td>{9,13,14}</td><td>{12}</td></tr>
<tr><td>G：{5}</td><td>{2,6,14}</td><td></td></tr>
<tr><td>H：{12}</td><td>{13,14}</td><td>{12}</td></tr>
<tr><td>I：{2,6,14}</td><td></td><td>{3}</td></tr>
<tr><td>J：{13,14}</td><td></td><td></td></tr>
<tr><td>K：{3}</td><td>{4}</td><td></td></tr>
<tr><td>L：{4}</td><td></td><td>{5}</td></tr>
</table>

<table>
<tr><td colspan="3">表 2-26　重新命名的状态转换矩阵</td></tr>
<tr><td></td><td>I_0</td><td>I_1</td></tr>
<tr><td>S</td><td></td><td>A</td></tr>
<tr><td>A</td><td>B</td><td>C</td></tr>
<tr><td>B</td><td></td><td>D</td></tr>
<tr><td>C</td><td>E</td><td>H</td></tr>
<tr><td>D</td><td>F</td><td></td></tr>
<tr><td>E</td><td></td><td>G</td></tr>
<tr><td>F</td><td>B</td><td>H</td></tr>
<tr><td>G</td><td>I</td><td></td></tr>
<tr><td>H</td><td>J</td><td>H</td></tr>
<tr><td>I</td><td></td><td>K</td></tr>
<tr><td>J</td><td></td><td></td></tr>
<tr><td>K</td><td>L</td><td></td></tr>
<tr><td>L</td><td></td><td>E</td></tr>
</table>

将 DFA 最小化:初始划分为非终结状态组{S,C,D,F,G,H,K,L}和终结状态组{A,B,E,I,J}。考虑{A,B,E,I,J}:由于状态 A 在输入 0 到达状态 B,其余状态没有定义,所以 A 可以划分出来;又因为 J 对于任何输入都没有定义,也可以划分出来。这样{A,B,E,I,J}就划分成为{A}、{J}和{B,E,I},目前{B,E,I}不可区分。

考虑非终结状态组{S,C,D,F,G,H,K,L}:由于状态 S 在输入 1 后到达终结状态 A,状态 L 在输入 1 后到达终结状态 E,状态 H 在输入 0 后到达终结状态 J,而状态 C、F 和 G 在输入 0 后分别到达状态 E、B 和 I,都包含在{B,E,I}内,所以,终结状态组{S,C,D,F,G,H,K,L}可以划分为{S}、{L}、{H}、{C,F,G}和{D,K}。

继续考虑{D,K}:状态 D 和 K 在输入 0 时可以区分。

继续考虑{C,F,G}:状态 C 和 F 在输入 1 时进入状态 H,而状态 G 没有定义,所以可以划分成{C,F}和{G}。

再次考虑{B,E,I}和{C,F}:由于状态 B、E 和 I 在输入 1 时分别进入 3 个不同的状态 D、G 和 K,所以,状态 B、E 和 I 有区别。进而状态 C 和 F 是可以区分的。

即表 2-26 所示的状态转换矩阵就是最小化的 DFA,状态转换图如图 2-28 所示。

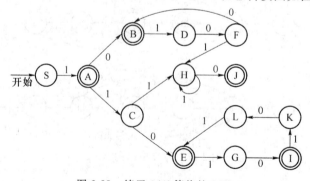

图 2-28　练习 9(6)等价的 DFA

10. 请分别使用下面的技术证明$(a|b)^*$、$(a^*|b^*)^*$及$((a|\varepsilon)b^*)^*$这3个正规式是等价的。

(1) 仅用正规式的定义及其代数性质。

(2) 从正规式构造的最小DFA的同构来证明正规式的等价。

【解答】

需要应用下面等价的表达形式：$L(A)^* = L((A)^*) = (L(A))^*$。

(1) 首先证明$(a|b)^* = (a^*|b^*)^*$。

因为$L(a) \subseteq L(a^*) \subseteq L(a^*) \bigcup L(b^*)$，$L(b) \subseteq L(b^*) \subseteq L(a^*) \bigcup L(b^*)$，

所以$L(a) \bigcup L(b) \subseteq L(a^*) \bigcup L(b^*)$，即$L(a|b) \subseteq L(a^*|b^*)$，于是$(L(a|b))^* \subseteq (L(a^*|b^*))^*$。

① 利用基本等式，可以得到：$L(a|b)^* \subseteq L(a^*|b^*)^*$。

又因为$L(a^*) \subseteq L(a|b)^*$，$L(b^*) \subseteq L(a|b)^*$，

所以$L(a^*) \bigcup L(b^*) \subseteq L(a|b)^*$，即$L(a^*|b^*) \subseteq L(a|b)^*$。

② 利用基本等式，可以得到：$L(a^*|b^*)^* \subseteq (L(a|b)^*)^* = L(a^*|b^*)^*$。

由①和②得结论1：$L(a|b)^* = L(a^*|b^*)^*$，所以，$(a|b)^* = (a^*|b^*)^*$。

其次，证明$(a|b)^* = (ab^*|b^*)^* = ((a|\varepsilon)b^*)^*$。

因为$L(a) \subseteq L(a) \bigcup L(b) \subseteq L(a|b) \subseteq L(a|b)^*$，同理，$L(b^*) \subseteq L(a|b)^*$。

所以$L(a)L(b^*) \subseteq (L(a|b)^*)^2$，故$L(a)L(b^*) \bigcup L(b^*) \subseteq (L(a|b)^*)^2 \bigcup L(a|b)^*$。

由此得$(L(a)L(b^*) \bigcup L(b^*))^* \subseteq (L(a|b)^* \bigcup (L(a|b)^*)^2)^* \subseteq (L(a|b)^*)^*$。

③ 即$L(ab^*|b^*)^* \subseteq (L(a|b)^*)^* = L((a|b)^*)$。

又因为$L(a) \subseteq L(ab^*) \bigcup L(b^*)$，同理，$L(b) \subseteq L(ab^*) \bigcup L(b^*)$，

所以$L(a) \bigcup L(b) \subseteq L(ab^*) \bigcup L(b^*)$，即$L(a|b) \subseteq L(ab^*|b^*)$。

④ 因而$(L(a|b))^* = L((a|b)^*) \subseteq (L(ab^*|b^*))^* = L(ab^*|b^*)^*$。

由③和④得结论2：$L((a|b)^*) = L(ab^*|b^*)^*$，所以，$(a|b)^* = (ab^*|b^*)^*$。

综合结论1和结论2可知，$(a|b)^* = (a^*|b^*)^* = ((a|\varepsilon)b^*)^*$。

(2) 首先，为$(a|b)^*$构造的NFA如图2-29所示(其中X是起始状态；Y是终结状态)。

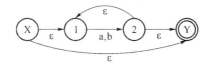

图2-29 练习10(2)的NFA

对这个NFA的确定化得到的转换矩阵如表2-27所示。重新命名后得到的转换矩阵如表2-28所示，其中X是起始状态，X和Y都是终结状态。

表2-27	确定化得到的转换矩阵	
	I_a	I_b
$\{X,1,2,Y\}$	$\{1,2,Y\}$	$\{1,2,Y\}$
$\{1,2,Y\}$	$\{1,2,Y\}$	$\{1,2,Y\}$

表2-28	重新命名后得到的转换矩阵	
	I_a	I_b
X	Y	Y
Y	Y	Y

其次,为$(a^* | b^*)^*$构造的NFA如图2-30所示(其中X是起始状态;Y是终结状态)。

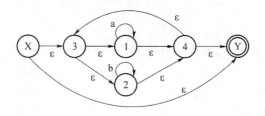

图 2-30 练习 10(2)的 NFA

对这个NFA的确定化得到的转换矩阵如表2-29所示。重新命名后得到的转换矩阵如表2-30所示,其中X是起始状态,X和Y都是终结状态。

<table>
<tr><td colspan="3">表 2-29 确定化得到的转换矩阵</td></tr>
<tr><td></td><td>I_a</td><td>I_b</td></tr>
<tr><td>{X,3,1,2,4,Y}</td><td>{1,2,3,4,Y}</td><td>{1,2,3,4,Y}</td></tr>
<tr><td>{1,2,3,4,Y}</td><td>{1,2,3,4,Y}</td><td>{1,2,3,4,Y}</td></tr>
</table>

<table>
<tr><td colspan="3">表 2-30 重新命名后得到的转换矩阵</td></tr>
<tr><td></td><td>I_a</td><td>I_b</td></tr>
<tr><td>X</td><td>Y</td><td>Y</td></tr>
<tr><td>Y</td><td>Y</td><td>Y</td></tr>
</table>

最后,为$((a|\varepsilon)b^*)^*$构造的NFA如图2-31所示(其中X是起始状态;Y是终结状态)。

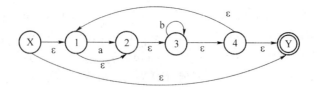

图 2-31 练习 10(2)的 NFA

对这个NFA的确定化得到的转换矩阵如表2-31所示。重新命名后得到的转换矩阵如表2-32所示,其中X是起始状态,X和Y都是终结状态。

<table>
<tr><td colspan="3">表 2-31 确定化得到的转换矩阵</td></tr>
<tr><td></td><td>I_a</td><td>I_b</td></tr>
<tr><td>{X,1,2,3,4,Y}</td><td>{1,2,3,4,Y}</td><td>{1,2,3,4,Y}</td></tr>
<tr><td>{1,2,3,4,Y}</td><td>{1,2,3,4,Y}</td><td>{1,2,3,4,Y}</td></tr>
</table>

<table>
<tr><td colspan="3">表 2-32 重新命名后得到的转换矩阵</td></tr>
<tr><td></td><td>I_a</td><td>I_b</td></tr>
<tr><td>X</td><td>Y</td><td>Y</td></tr>
<tr><td>Y</td><td>Y</td><td>Y</td></tr>
</table>

比较表2-28、表2-30及表2-32可知,它们的转换矩阵完全一样,所以它们所代表的DFA等价,因而正规表达式$(a|b)^* = (a^* | b^*)^* = ((a|\varepsilon)b^*)^*$。

11. 构造有限自动机M,使得

(1) $L(M) = \{a^n b^m | n \geqslant 1, m \geqslant 0\}$;

(2) $L(M) = \{a^{2n} b^{2m} c^{2k} | n \geqslant 0, m \geqslant 0, k \geqslant 0\}$;

(3) 它能识别$\Sigma = \{0, 1\}$上0和1的个数都是偶数的串;

(4) 它能识别字母表$\{0, 1\}$上的串,但是串不含2个连续的0和2个连续的1;

（5）它能接受形如 $\pm d^{+}$、$\pm d^{+} \cdot d^{+}$ 和 $\pm d^{+} \cdot d^{+} E \pm d^{+}$ 的数，其中 $d=\{0,1,2,3,4,5,6,7,8,9\}$；

（6）它能识别 $\{a, b\}$ 上不含子串 aba 的所有串。

【解答】

（1）分别为 $a^{n}(n \geqslant 1)$ 和 $b^{m}(m \geqslant 0)$ 构造的 FA 如图 2-32(a) 和图 2-32(b) 所示，把它们合并后得到的 FA 如图 2-32(c) 所示，图 2-32(d) 是所求的 DFA。

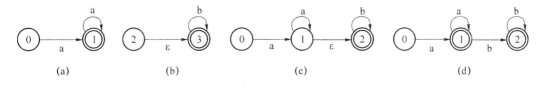

(a)　　　　　　(b)　　　　　　(c)　　　　　　(d)

图 2-32　练习 11(1) 的有限自动机

对图 2-32(c) 采用子集方法进行确定化，对应的 DFA 的转换矩阵如表 2-33 所示。重新命名后的 DFA 的转换矩阵如表 2-34 所示，其状态转换图如图 2-32(d) 所示（其中 0 是起始状态；1 和 2 是终结状态）。

表 2-33　对应的 DFA 的转换矩阵

	I_a	I_b
$\{0\}$	$\{1,2\}$	
$\{1,2\}$	$\{1,2\}$	$\{2\}$
$\{2\}$		$\{2\}$

表 2-34　重新命名后的 DFA 的转换矩阵

	I_a	I_b
0	1	
1	1	2
2		2

（2）$L(M)=\{a^{2n} b^{2m} c^{2k} \mid n \geqslant 0, m \geqslant 0, k \geqslant 0\}$。

【解答】

对于 $n \geqslant 0, m \geqslant 0, k \geqslant 0$，分别为 a^{2n}、b^{2m} 和 c^{2k} 构造的 FA 如图 2-32(a)、图 2-32(b) 和图 2-32(c) 所示，把它们合并后得到的 FA 如图 2-33(d) 所示。

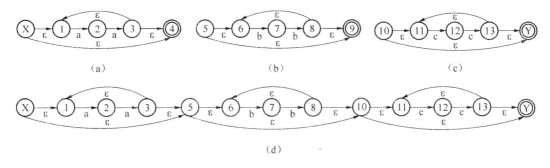

(a)　　　　　　(b)　　　　　　(c)

(d)

图 2-33　练习 11(2) 的 DFA

对图 2-33(d) 采用子集法进行确定化，对应的 DFA 的转换矩阵如表 2-35 所示。重新命名后的 DFA 的转换矩阵如表 2-36 所示，起始状态是 1，终结状态是 1、5、6 和 7。对应的状态转换图如图 2-34 所示。

表 2-35　对应的 DFA 的转换矩阵

	I_a	I_b	I_c
{X,1,5,6,10,11,Y}	{2}	{7}	{12}
{2}	{3,1,5,6,10,11,Y}		
{7}		{8,6,10,11,Y}	
{12}			{13,11,Y}
{3,1,5,6,10,11,Y}	{2}	{7}	{12}
{8,6,10,11,Y}		{7}	{12}
{13,11,Y}			{12}

表 2-36　重新命名后的 DFA 的转换矩阵

	I_a	I_b	I_c			I_a	I_b	I_c
1	2	3	4		5	2	3	4
2	5				6		3	4
3		6			7			4
4			7					

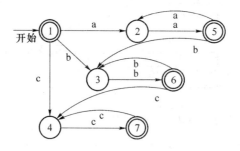

图 2-34　练习 11(2)的 DFA

(3) 能识别 Σ＝{0，1}上 0 和 1 的个数都是偶数的串的 DFA。

【解答】

分析：考虑需要多少个状态，以及每个状态可能读进的字母。

假设起始状态为[0]，没有读进任何字母（因而也是接受状态），可以读进 0 或 1。读进一个 0、但没有读进一个 1 后进入一个新状态[1]，读进一个 1、但没有读进一个 0 后进入另一个新状态[2]。

在状态[1]，若读进一个 0，则进入的状态表示已经读进了偶数个 0、还没有读进 1，可以接受已经读进的串，即可以重新开始，故此时进入状态[0]；若读进一个 1，则进入的状态表示已经分别读进了奇数个 0 和 1，这是一个新状态，表示为[3]。

同样可以分析在状态[2]，若读进一个 1，则回到初始状态；若读进一个 0，则进入状态[3]。

在状态[3]，表示已经分别读进了奇数个 0 和 1。若读进一个 0，则表示已经读进了偶数个 0 和奇数个 1，这正是状态[2]的含义；若读进一个 1，则表示已经读进了奇数个 0 和偶数个 1,这正是状态[1]的含义。

由此得到的有限状态机如图 2-35 所示,其中 0 既是起始状态又是接受状态。

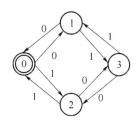

图 2-35　练习 11(3)的 DFA

(4) 它能识别字母表{0,1}上的串,但是串不含 2 个连续的 0 和 2 个连续的 1。

【解答】

参考典型例题解析中例 5(3)的分析。结果如图 2-36 所示。

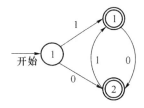

图 2-36　练习 11(4)的 DFA

(5) 能接受形如$\pm d^+$、$\pm d^+ \cdot d^+$和$\pm d^+ \cdot d^+ E \pm d^+$的数的 FA,其中 d={0,1,2,3,4,5,6,7,8,9}。

【解答】

所求的 DFA 如图 2-37 所示。

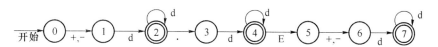

图 2-37　练习 11(5)的 DFA

(6) 能识别{a, b}上不含子串 aba 的所有串。

【解答】

构造要点是,自动机一旦出现了读进 ab 之后,就不能再读进 a。结果如图 2-38 所示。

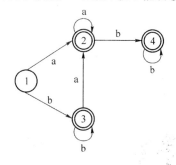

图 2-38　练习 11(6)的 DFA

12. 分别将下列 NFA 确定化,并画出最小化的 DFA,如图 2-39 所示。

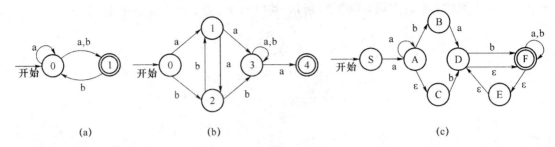

(a) (b) (c)

图 2-39 练习 12 的 NFA

【解答】

(1) 确定化的过程如表 2-37 所示。初始状态集合只包含状态 0,对它求移动 a 的闭包得 {0,1},移动 b 的闭包得{1};继续对{0,1}求移动 a 的闭包得{0,1},移动 b 的闭包得{0,1}; 继续对{1}求移动 a 的闭包得{},移动 b 的闭包得{0}。重新命名后 0 是初始状态,1 和 2 是 终结状态。

化简:初始划分包括非终结状态组{0}和终结状态组{1,2}。考查:由于{1,2}$_b$={0,2}, 所以状态 1 和 2 是可区分的。最终的结果就是如表 2-38 所示的 DFA。

表 2-37 确定化的状态转换矩阵

	I_a	I_b
0:{0}	{0,1}	{1}
1:{1}		{0}
2:{0,1}	{0,1}	{0,1}

表 2-38 重新命名的状态转换矩阵

	I_a	I_b
0	2	1
1		0
2	2	2

(2) 确定化的过程如表 2-39 所示。重新命名后的状态转换矩阵如表 2-40 所示,其中 0 是初始状态,5 和 7 是终结状态。

表 2-39 确定化的状态转换矩阵

	I_a	I_b
0:{0}	{1}	{2}
1:{1}	{2,3}	
2:{2}		{1,3}
3:{2,3}	{3,4}	{1,3}
4:{3}	{3,4}	{3}
5:{3,4}	{3,4}	{3}
6:{1,3}	{2,3,4}	{3}
7:{2,3,4}	{3,4}	{1,3}

表 2-40 重新命名的状态转换矩阵

	I_a	I_b
0	1	2
1	3	
2		6
3	5	6
4	5	4
5	5	4
6	7	4
7	5	6

化简:初始划分包括非终结状态组{0,1,2,3,4,6}和终结状态组{5,7}。考查{0,1,2,3,4, 6},由于{0,1,2,3,4,6}$_a$={1,3,5,7},所以{0,1,2,3,4,6}可以拆分,把面临 a 时进入{5,7}的分 为一组,故{0,1,2,3,4,6}可以划分为:{0,1,2}和{3,4,6}。

考查{0,1,2}，由于{0,1,2}$_a$={1,3}，{1,3}不在当前划分中，而状态2对a没有定义。所以{0,1,2}中的每个状态都是可区分的。

考查{3,4,6}，由于{3,4,6}$_a$={5,7}，{3,4,6}$_b$={6,4}⊂{3,4,6}，所以{3,4,6}不可区分。

考查{5,7}，由于{5,7}$_a$={5}⊂{5,7}，{5,7}$_b$={4,6}⊂{3,4,6}，所以{5,7}不可区分。

重新命名如下：{0}为0，{1}为1，{2}为2，{3,4,6}为3，{5,7}为4，得到化简的DFA，如图2-40所示。

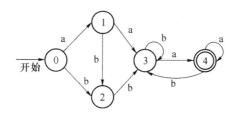

图 2-40　练习12(2)的DFA

（3）确定化的过程如表2-41所示。重新命名后的状态转换矩阵如表2-42所示，其中0是初始状态，2和3是终结状态。

表 2-41　确定化的状态转换矩阵

	I_a	I_b
0: {S}	{A,C}	
1: {A,C}	{A,C}	{B,D,F,E}
2: {B,D,F,E}	{D,F,E}	{D,F,E}
3: {D,F,E}	{D,F,E}	{D,F,E}

表 2-42　重新命名的状态转换矩阵

	I_a	I_b
0	1	
1	1	2
2	3	3
3	3	3

化简：状态2和3是不可区分的，可以合并。最终的结果就是如图2-41所示的DFA。

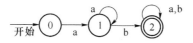

图 2-41　练习12(3)的DFA

13. 下面是URL的一个极其简化的扩展正规式的描述：

letter→[A-Za-z]

digit→[0-9]

letgit→letter| digit

letgit_hyphen→letgit |_

letgit_hyphen_string→letgit_hyphen|letgit_hyphen letgit_hyphen_string

label→letter (letgit_hyphen_string? letgit)?

URL→(label.)* label

（1）请将这个URL的扩展正规式改写成只含字母表{A, B, 0, 1, _, .}上符号的正规式；

（2）构造出识别(1)更简化的URL串的有限自动机。

【解答】

(1) 为了简化书写,本题缩小了字母表,要求读者理解扩展正规式和正规定义的概念和应用。求解过程是逐步地用正规式替换正规式名字:

letgit→A|B|0|1

letgit_hyphen→A|B|0|1|_

letgit_hyphen_string→(A|B|0|1|_)⁺

label→(A|B) ((A|B|0|1|_)* (A|B|0|1))*

URL→((A|B) ((A|B|0|1|_)* (A|B|0|1))*.)* (A|B) ((A|B|0|1|_)* (A|B|0|1))*

URL 的正规式是((A|B) ((A|B|0|1|_)* (A|B|0|1)) *.)* (A|B) ((A|B|0|1|_)* (A|B|0|1))*。

(2) 为上述正规式构造的 NFA 如图 2-42 所示。

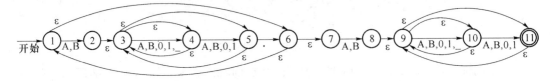

图 2-42　练习 13(2)的 NFA

确定化的过程如表 2-43 所示。

表 2-43　NFA 向 DFA 的变换过程

	对各自输入字母的闭包					
	A	B	0	1	_	.
1: {1,6,7}	{2,3,4,5,8,9,10,11}	{2,3,4,5,8,9,10,11}				
2: {2,3,4,5,8,9,10,11}	{3,4,5,9,10,11}	{3,4,5,9,10,11}	{3,4,5,9,10,11}	{3,4,5,9,10,11}	{3,4,9,10}	{6,7,1}
3: {3,4,5,9,10,11}	{3,4,5,9,10,11}	{3,4,5,9,10,11}	{3,4,5,9,10,11}	{3,4,5,9,10,11}	{3,4,9,10}	{6,7,1}
4: {3,4,9,10}	{3,4,5,9,10,11}	{3,4,5,9,10,11}	{3,4,5,9,10,11}	{3,4,5,9,10,11}		

重新命名后的 DFA 如表 2-44 所示,其中 1 是起始状态,状态 2 包含了状态 3,可以合并,重新命名为 2,它是终结状态。最终化简的识别 URL 的 DFA 如图 2-43 所示。

表 2-44　确定化的状态转换矩阵

	各自输入字母的闭包					
	A	B	0	1	_	.
1	2	2				
2	3	3	3	3	4	1
3	3	3	3	3	4	1
4	3	3	3	3		

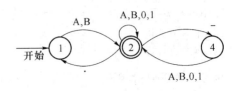

图 2-43　最小化的 DFA

14. 用某种高级语言实现:

(1) 将正规式转换成 NFA 的算法;

(2) 将 NFA 确定化的算法;

（3）将 DFA 最小化的算法。

【解答】

（1）将正规式转换成 NFA 的算法。

设 Σ 表示正规式的字母表；TAB 表示存放 NFA 的有向弧线表（包括 ε 弧线）；K 表示状态计数器；T 表示已到达状态单元（并非 NFA 状态单元）；O 表示起始状态号；$ 表示输入正规式的终止符。

START1：K：= 0；T：= 0；ST0：= 0；q：= 0；

将一输入符号读进 a 中；

Repeat

While a ∈ Σ do

    Begin

      将下一输入符号读入 sym；

      If sym = ′.′ Then Begin

        将有向弧 $(T) \xrightarrow{\varepsilon} (K+1)$，$(K+1) \xrightarrow{\varepsilon} (K+1)$ 和 $(K+1) \xrightarrow{\varepsilon} (K+2)$ 送入 TAB 表中；

        将 K：= K + 2；T：= K；

        将下一符号读入 a 中

      End

      Else Begin

        将弧 $(T) \xrightarrow{\varepsilon} (ST1)$ 送入 TAB 中；

        K：= K + 1；T：= K；

        a：= sym

      End

    End；{of while}

While a = ′|′ do

    Begin

      If q = 0 Then Begin ST1：= T；q：= 1 End

      Else Begin

        将弧 $(T) \xrightarrow{\varepsilon} (ST1)$ 送入 TAB；

        T：= ST0；

        将下一符号读入 a 中

      End

    End {of while}

While a = ′（′ do

    Begin

      将 ST0，ST1，q 压入 STACK 栈；

      将弧 $(T) \xrightarrow{\varepsilon} (K+1)$ 送入 TAB；

      K：= K + 1；T：= K；

      ST0：= K；q：= 0；

将下一符号读入 a 中

End {of while}；

While a＝'（' do

    Begin

      If q＝1 Then

        Begin 将弧 (T) —ε→ (ST1) 送入 TAB；T：＝ST1 End；

      将下一符号读入 sym；

    If sym≠'．' Then a：＝sym

    Else Begin

      将弧 (T) —ε→ (ST0)，(ST0) —ε→ (K+1) 送入 TAB；

      K：＝K＋1；T：＝K；

      将下一符号读入 a 中

    End；

    弹出 STACK 顶端内容分别送入 ST0，ST1，q

  End {of while}；

Until a＝'*'；

If q＝1 Then Begin

    将弧 (T) —ε→ (ST1) 送入 TAB；

    T：＝ST1

End；

（2）将 NFA 确定化的算法，首先是计算 ε_closure,然后再利用它把 NFA 转换为 DFA。

① 求 ε_closure(T)的算法如下：

Procedure ε_closure(T)；

Begin

  T 的所有状态压入 STACK 栈；

  ε_closure(T)：＝T；

  While STACK≠空 Do

  Begin

    弹出 STACK 顶端状态 S；

    For 从 S 经由 ε 弧到达的所有状态 t Do

      If t ε_closure(t) Then

      Begin

        t 送入 ε_closure(T)；

        t 压入 STACK 栈

      End

    End

  End；

② 确定化算法如下：

```
Begin
    Input：建立字母表 ∑ ；全部状态表 N；
    求 y：= ε_closure(S0)并置为无标志送入 D；
    While D 中具有无标志 X = {S1,S2,…,Sn}存在 Do
Begin
        对 X 置标志；
        For 每个输入符号 a Do
        Begin
            求 T：从状态 Si(Si∈X,i=1,…,n)经由 a 弧(跳过前面的 ε 弧)到达的状态集合；
            y：= ε_closure(T)；
            If (y∈D) AND (y≠∅) Then 置 y 为无标志并送入 D；
            If y≠∅ Then 从 x 到 y 画一条弧 (X)——a——>(Y)
        End ﹛of for﹜
    End ﹛of while﹜
End
```

(3) DFA 最少化的算法。

假定 DFA 有 N 个状态，用${}_i$表示已分解了的状态子集；用${}_i'$表示临时分解的状态子集；而 M 是根据定义不断扩大的非等价的状态子集个数；P 是在 M 扩大前的非等价的状态子集个数。只有当 M 不再扩大时，有 $P = M$，其算法可描述如下：

```
Begin
        {}1：= ∅；{}2：= ∅；
        For i：= 1 To n Do
            If Si 是终态 Then {}1：= {}1 + {Si}
            Else{}2：= {}2 + {Si}；
        M：= 2；
        Repeat
            P：= M；
            i：= 1；
            Repeat
                input(A)；
                For k：= 1 To M + 1 Do {}k'：= ∅；
                For {}I 中的所有状态 Ski Do
                    If f{Ski, A} = ∅ Then {}'m+1 ：= {}'m+1 + {Sk}
                    Else If f(Ski, A) = Si1 Then
                        For i：= 1 To M Do
                            If Sj1∈{}1 Then {}'1：= {}'1 + {Sj1}
                i：= 1；j：= 0；
                Repeat
```

$$\text{If}\{\}'1\neq\varnothing \text{ Then } j:=j+1;$$

$$i:=i+1$$

$$\text{Until } i=m+i;$$

$$\text{If } j\neq1 \text{ Then}$$

$$\text{Begin}$$

把$\{\}i$分解为$\{\}'1,\{\}'2,\cdots,\{\}'j$,

$$\{\}I:=\{\}'1;\{\}M+1:=\{\}'2;\cdots;$$

$$\{\}m+j-1:=\{\}'i;$$

$$M:=M+j$$

$$\text{End}$$

$$i:=i+1$$

$$\text{Until } i=M$$

$$\text{Until } P=M$$

End.

15. 描述下列语言词法记号的正规表达式:

(1) 描述 C 浮点数的正规表达式;

(2) 描述 Java 表达式的正规表达式。

【解答】

(1) C 浮点型文字常量可以被写成科学计数法形式或普通的十进制形式。使用科学计数法,指数可写作'e'或'E'。浮点型文字常量在缺省情况下被认为是 double 型,单精度文字常量由值后面的'f'或'F'来指示。类似地,扩展精度中值后面跟的'l'或'L'来指示。后缀'f'、'F'、'l'和'L'只能用在十进制形式中。

C 浮点数的例子:3.14159F,0.1f,12.345L,0.0,3el,1.0E-3,2.,1.0L

利用扩展的正规式与正规式定义,可以得到如下的 C 浮点数的正规表达式:

digit→ [0-9]

digits→(digit) +

sign→+|−

fraction→. digits

exponent→(e|E) sign? digits

suffix→f|F|l|L

float→sign? (digit (fraction)? exponent|digits (fraction)?) (suffix)?

(2) Java 表达式的语法表示有很多种,下面给出一个表示供读者参考。为了便于阅读,首先使用了正规式的名称,然后再逐步给出了相应的正规定义。

expression→ numeric_expression

|testing_expression

|logical_expression

|string_expression

|bit_expression

|casting_expression

|creating_expression
|literal_expression
|´null´
|´super´
|´this´
|identifier
|(´(´ expression ´)´)
|(expression((´(´ [arglist] ´)´) |(´[´ expression ´]´)|(´.´ expression)
|(´,´ expression)|(´instanceof´(class_name|interface_name))))
numeric_expression→((´−´|´++´|´−−´)expression)|(expression(´++´|´−−´))
|(expression (´+´|´+=´|´−´|´−=´|´*´|´*=´|´/´|´/=´|´%´|´%=´)
expression)

testing_expression→(expression(´>´|´<´|´>=´|´<=´ |´==´|´!=´)
expression)

logical_expression→(´!´ expression) | (expression (´ampersand´|´
ampersand=´

|´|´|´| =´|´^´|´^ =´|(´ampersand´ ´ampersand´)|´|| =´|´%´|´% =´)
expression)

|(expression ´?´ expression ´:´ expression)
|´true´|´false´
string_expression→(expression(´+´|´+=´) expression)
bit_expression→(´~´ expression) | (expression (´>>=´|´<<´|´>>´|´>>>´)
expression)
casting_expression→ ´(´ type ´)´ expression
creating_expression→´new´(class_name ´(´ [arglist] ´)´
|type_specifier [´[´ expression ´]´](´[´ ´]´)* |´(´ expression ´)´)
literal_expression→ integer_literal|float_literal|string|character
identifier→ [a..z]| $ |_(´[a..z]| $ |_|[0..9]|unicode character over 00C0)*
type→ type_specifier(´[´ ´]´)*
type_specifier→´boolean´|´byte´ |´char´|´short´ |´int´ |´float´ |´long´|´double´
|class_name|interface_name
arglist→ expression (´,´ expression) *
class_name→ identifier| package_name ´.´ identifier
interface_name→ identifier|package_name ´.´ identifier
integer_literal→ ([0..9]) + |([0..7])* |(0|x| [0..9]| [a..f]) + ´l´?
float_literal→ decimal_digits ´.´ decimal_digits? exponent_part? float_type_suffix?
|´.´ decimal_digits? exponent_part? float_type_suffix?
|decimal_digits? exponent_part? float_type_suffix?
string→ ´´´´ character* ´´´´

character→ ´based on the unicode character set´

decimal_digits→[0..9]+

exponent_part→(e|E) (+|−)? decimal_digits

float_type_suffix→f|d

16. Pascal 语言的注释允许 2 种不同的形式:花括弧对{…},以及括弧星号对(*…*)。

(1) 构造一个识别这 2 种注释形式的 DFA。

(2) 用 LEX 的符号构造它的一个正规式。

【解答】

(1) 构造的 NFA 如图 2-44 所示。

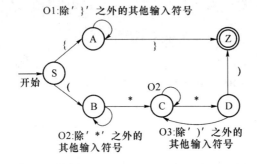

图 2-44 练习 16(1)的 DFA

(2) LEX 正规式:PascalNote→´{´[^}]*´}´|´(´´*´[^*]*´*´´)´

17. 写一个 LEX 输入源程序,它把 C 语言程序中(注释除外)的保留字全部转换成大写字母。

【解答】

本题可以当作上机实验题来完成,下面是一个 LEX 输入源程序。

```
%%
auto        printf(´AUTO´)
break       printf(´BREAK´)
case        printf(´CASE´)
char        printf(´CHAR´)
const       printf(´CONST´)
continue    printf(´CONTINUE´)
default     printf(´DEFAULT´)
do          printf(´DO´)
double      printf(´DOUBLE´)
else        printf(´ELSE´)
enum        printf(´ENUM´)
extern      printf(´EXTERN´)
```

```
float       printf('FLOAT')
for         printf('FOR')
goto        printf('GOTO')
if          printf('IF')
int         printf('INT')
long        printf('LONG')
register    printf('REGISTER')
return      printf('RETURN')
short       printf('SHORT')
signed      printf('SIGNED')
sizeof      printf('SIZEOF')
static      printf('STATIC')
struct      printf('STRUCT')
switch      printf('SWITCH')
typedef     printf('TYPEDEF')
union       printf('UNION')
unsigned    printf('UNSIGNED')
void        printf('VOID')
volatile    printf('VOLATILE')
while       printf('WHILE')

% %

yywrap()
{
    return(1);
}
```

第3章　程序语言的语法描述

3.1　基本知识总结

本章介绍形式语言的基本概念和理论,主要知识点如下。

1. 上下文无关文法的形式定义、产生式、终结符、非终结符。

2. 有关文法的基本概念:

(1) 推导、直接推导、归约;

(2) 语法树与分析树;

(3) 句子、句型、语言。

3. 文法的二义性及其消除。

4. 文法的等价性,基本的等价变换:

(1) 拓广文法;

(2) 提取左公共因子;

(3) 消除左递归。

5. 形式语言的分类。

6. 语法分析的基本问题以及两类主要的分析策略。

重点:推导与归约,句子推导的分析树表示,文法类型与语言,二义性文法的识别与消除,为语言构造文法,左递归的消除,正规式和正规文法的关系,语法分析的含义。

难点:为语言构造文法,描述一个文法所产生或识别的语言,文法二义性的消除,左递归的消除,正规式和正规文法之间的等价变换。

3.2　典型例题解析

1. 有关句子、句型、最左推导、最右推导和分析树的题目。

【分析】　解答这类题目要求读者理解和掌握有形式语言的基本概念,按照定义即可解答,没有、也无须特殊的方法或技巧。

要注意句子和句型的区别。最左推导是指它的每一步中最左的非终结符都要被替换的推导。最右推导是指它的每一步中最右的非终结符都要被替换的推导。一般而言,分析树可与多个推导相对应,所有这些推导都表示与被分析串有相同的基础结构,但可能找出那个与分析树唯一相关的推导。最左推导和与其相关的分析树的内部节点的前序遍历的编号相对应;而最右推导则和后序遍历的编号相对应。

(1) 说明符号串 aabacbb,bbacc,abacbb 和 aabbabb 是否是文法 G3-1[S]:S→aSb|P,P→bPc| bQc,Q→Qa|a 的句子。

【解答】

对于符号串 aabacbb,由于存在下列推导:

S⇒aSb⇒aaSbb⇒aaPbb⇒aabQcbb⇒aabacbb,故 aabacbb 是文法 G3-1[S]的句子。

考查 bbacc 的推导,S⇒P⇒bPc⇒bbQcc⇒bbacc,所以它是文法 G3-1[S]的句子。

对于符号串 abacbb,尝试推导,S 只有一个选择:S⇒aSb⇒aPb,此时选择 P→bPc 得 abPcb,结尾的两个符号 cb 与要求的符号串不一样;选择 P→bQc,也是如此。由于符号串 abacbb 不能由文法 G3-1[S]推导出来,故它不是文法 G3-1[S]的句子。

考查符号串 aabbabb 的推导:S⇒aSb⇒aaSbb⇒aaSbb⇒aaPbb,对于这个唯一可能的推导,可选的 P→bPc 或 P→bQc 都将产生出终结符 c。所以,文法 G3-1[S]不能推导出符号串 aabbabb,即 aabbabb 不是文法 G3-1[S]的句子。

(2) 已知文法 G3-2[S]:S→ A|SaA|＋, A→B|A＋B|aB, B→]S* |[。

请写出符号串[＋]＋a[* a[的最左推导、最右推导和分析树。

【解答】

最左推导:S⇒SaA⇒AaA⇒A＋BaA⇒B＋BaA⇒[＋BaA⇒[＋]S* aA⇒[＋]SaA* aA⇒[＋]＋aA* aA⇒[＋]＋aB* aA⇒[＋]＋a[* aA⇒[＋]＋a[* aB⇒[＋]＋a[* a[。

最右推导:S⇒SaA⇒SaB⇒Sa[⇒Aa[⇒A＋Ba[⇒A＋]S* a[⇒A＋]SaA* a[⇒A＋]SaB* a[⇒A＋]Sa[* a[⇒A＋]＋a[* a[⇒B＋]＋a[* a[⇒[＋]＋a[* a[。

根据最左推导构造语法分析树的过程如图 3-1 所示,图 3-1(o)即为所求。

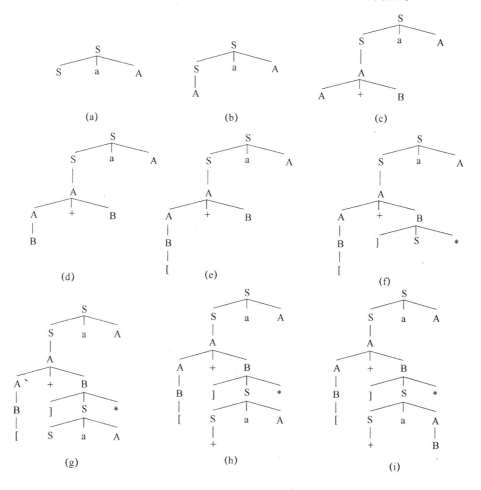

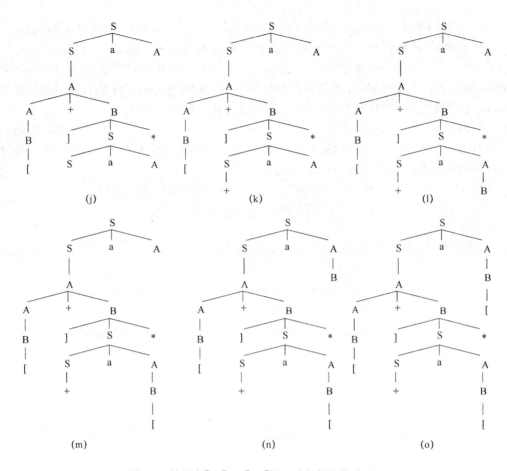

图 3-1　符号串[＋]＋a[＊a[语法分析树的构造过程

2. 为语言构造文法。

【分析】 为使用集合等数学符号或者自然语言描述的语言构造形式文法如同软件设计,充满了艺术性和科学性。读者需要理解给定语言,掌握文法产生式的概念,逐步积累为语言设计文法的经验。本章重点为上下文无关语言构造文法。下面的例题由简到难,说明常见的、基本语言结构的文法。一般步骤如下:

(1) 通过语言的若干例子研究句子的特点;

(2) 根据句子的特点寻找合适的产生式;

(3) 构造完整的文法;

(4) 简单验证文法能否产生要求的句子。

严格来说,解决这类问题需要完成 2 个部分:

(1) 设计并证明文法 G 产生的每个字符串都在语言 L 中;

(2) 证明 L 中的每个字符串都能由 G 产生。

简单起见,通常只为语言设计一个文法,有时验证一些句子,不进行严格的证明。

(1) 为语言 L3-1＝{a, ab, ba, b}构造文法。

【解答】

对于只由确定的有限句子组成的语言,最简单的文法构造方式就是用产生式列举出所有的句子。这类问题同时也说明了字母表,构造的文法如下。

G3-3-1[S]：S→a，S→ab，S→ba，S→b。

也可以详细一点，分别为每个字母符号构造一个产生式的文法如下。

G3-3-2[S]：S→A，S→AB，S→BA，S→B，S→a，S→b。

这个例子同时也说明，如同程序设计，对同一个问题设计的文法不是唯一的。

（2）为语言 L3-2＝{a，aa，…，a···a}＝{a^n|n≥1}＝a^+ 构造文法。

【解答】

这类语言的句子虽然也是有限的，但是，句子的具体个数不确定，所以，不能简单地用产生式列举出每个句子。分析每个句子可以发现：长度为 k 的句子是用 a 连接长度为 $k-1$ 的句子，由此得出一个递归的产生式 A→aA。递归的基础是长度为 1 的句子 a，故需要 A→a。于是得到语言 L3-2 的一个文法是 G3-4-1 [A]：A→a|aA。

可以通过推导简单验证语言 L3-2 中的句子 a^6 能否由文法 G3-4-1 识别，推导如下：

A⇒aA⇒aaA⇒aaaA⇒aaaaA⇒aaaaaA⇒aaaaaa。

当然，也可用左递归产生式得到文法是 G3-4-2[A]：A→a|Aa。

如果允许语言含空符号串 ε，如语言 L3-3＝{ε，a，aa，…，a···a}＝{a^n|n≥0}＝ a^*，则需要空产生式，相应的一个文法是 G3-5 [A]：A→ε|a|aA，或 A→ε|aA。

（3）为语言 L3-4＝{$a^m b^n$|m，n≥1}构造文法。

【解答】

语言 L3-4 中的句子可以看作是由 2 个无关语言中句子 a^+ 和 b^+ 连接而成，参照例 2(2) 的文法得到语言 L3-4 的一个文法 G3-6 [S]：S→AB，A→ a|Aa，B→ b|Bb。

但是，对语言 L3-5＝{$a^n b^n$|n≥1}，其中任何一个句子的 a 和 b 的个数一样，由 a 组成的符号串与由 b 组成的符号串相互关联，故文法 G3-6 不合适：它产生的语言是 L3-5 的超集。分析语言 L3-5 的句子 $a^k b^k$＝$aa^{k-1} b^{k-1}b$，可以看出它和语言 L3-2 更类似，如果把 ab 看成一个整体，得语言 L3-5 的一个文法 G3-7 [S]：S→ab|aSb。

那么，识别语言 L3-6＝{$a^n b^n c^n$|n≥1}的文法是什么呢？

该语言的每个句子分别由字母 a、b 和 c 的符号串组成，每个部分字母的个数一样，相互关联，文法 G3-6 的类型不合适，文法 G3-7 的类型也不合适。语言 L3-6 不能用上下文无关文法表示，必须用上下文有关文法产生，即产生式的左部不能简单地用单个非终结符，而必须使用多个符号，以便产生关联，即上下文有一定的关系。下面是产生语言 L3-6 的一个文法 G3-8 [S]：S→ aSBc，cB→ Bc，SB→ b，SBB→ bb，BB→ bb。下面看几个句子：

S⇒aSBc⇒abc；

S⇒aSBc⇒aaSBcBc⇒aaSBBcc⇒aabbcc；

S⇒aSBc⇒a^2bcBc⇒a^3bcBcBc⇒a^3bcBBcc⇒a^3bBcBcc⇒a^3bBBc³⇒a^3bBBc³⇒$a^3 b^3 c^3$。

对于任意的 k≥1，反复运用产生式 cB→ Bc 就可以得到 $a^k SB^k c^k$，如果 k 是奇数，需要使用 SB→b 一次，使用 BB→bb 的次数是$(k-1)/2$；如果 k 是偶数，需要使用 SBB→bb 一次，使用 BB→bb 的次数是$(k-2)/2$。得不到句型 $a^k SB^k c^k$，就推导不出句子，即文法 G3-8 不可能产生 $a^n b^n c^n$(n≥1)之外的句子。

（4）为能够识别成对括号{}的语言构造文法，句子的形式如{}，{}{}，{{}}等。

【解答】

分析该语言可知：①它的句子无穷多；②括号{}可以并列；③括号{}可以嵌套。所以，该文法必须采用递归产生式，能够产生并列和嵌套的成对括号{}及其混合形式。由此得到一个文法 G3-9 [S]：S→ {}|{S}|SS。读者可以验证它能识别的句子。

这个文法是计算机程序语言的一个典型抽象,可以表示 C 或 Java 语言中的成对括号{},也可以把花括号改成圆括号(),引号″,或者是 Pascal 语言的配对 begin 和 end 等。

3. 写出文法所产生或识别的语言。

【分析】 这类问题的严格解答也包括两部分:

(1) 证明由 G 产生的每个字符串都在 L 中;

(2) 证明 L 中的每个字符串都能由 G 产生。

一般而言,只需用自然语言或集合等数学语言描述一个文法所产生的形式语言即可。可以先从文法推导一些句子,研究和发现规律,然后精练、准确地描述出来,最后,再验证一些句子。

(1) 给出文法 G3-10 [S]所产生的语言:

① S→Be;

② B→eC|Af;

③ A→Ae|e;

④ C→Cf;

⑤ D→fDA。

【解答】

运用产生式尝试推导一些句子:S⇒Be⇒eCe⇒eCfe,可以看出,非终结符 C 无法推导出只有终结符的符号串,所以产生式②中的第一个候选式和产生式④无用。

再尝试②的第二个候选式:S⇒Be⇒Afe⇒Afe⇒…⇒e^mfe,m>1,可以得出句子。

产生式⑤也没有在推导任何句子的过程中使用。

故文法 G3-10 [S]所产生的语言是{ e^mfe|m≥1}。

(2) 文法 G3-11 [S]:S→ ABS|AB, AB→BA, A→a, B→b 所产生的语言是什么?

【解答】

从 S 的产生式可以看出,该语言由自然数个 AB 组成。产生式 AB→BA 表示 A 和 B 的位置可以互换。最后两个产生式表示 A 最终被 a 替换,B 用 b 替换。所以,G3-11 的语言是:由大于 0 的、个数相等的 a 和 b 所组成的符号串。

读者可以验证如下几个典型的句子:abab、abba、aabb、bbaa 和 aabbba。

顺便说一下,由于有产生式 AB→BA,故按照 Chomsky 定义该文法是上下文有关文法。

4. 证明文法的二义性,把二义文法改造为等价的非二义文法。

【分析】 证明一个文法是二义性有 3 种基本方法,都是找到一个句子,然后分别证明(1)它有 2 个不同的最左推导;(2)或它有 2 个不同的最右推导;(3)或它有 2 个不同的分析树。

解决二义性的核心是:对每个二义性情况制定规则,指出在二义性情况下选择哪一个产生式。一些常见的非二义性规则包括算符优先、最长匹配原则、最近嵌套原则、按照产生式排列的自然顺序。这些规则可以隐含在等价改造非二义文法中,也可以隐含在后面两章学习的分析过程中。有时,简单地提取左因子也可以消除文法的二义性。

从语法分析树的底层向上分析,越是底层优先级越高,越是顶层优先级越低。

(1) 证明文法 G3-12[S]:S→S;S|A, A→a 是二义文法,并改造为等价的非二义文法。

【解答】

对于句子 a;a;a,存在如下 2 个不同的最左推导。

最左推导 1:S⇒S;S⇒A;S⇒a;S⇒a;S;S⇒a;A;S⇒a;a;S⇒a;a;A⇒a;a;a。

最左推导 2:S⇒S;S;S⇒S;A;S;S⇒a;S;S⇒a;A;S⇒a;a;S⇒a;a;A⇒a;a;a。

故该文法是二义性的。

该文法表示程序的顺序结构,a 抽象地表示语句。该文法的二义性表现在推导 3 个或以上的语句 a 时,是先推导前 2 个还是后 2 个语句,或者归约时优先归约哪 2 个语句。按照一般习惯,若规定根据自然顺序执行语句,即以自然顺序推导,则可以得到非二义文法 G'3-12 [S]:S→S;a|A,A→a。可以验证,句子 a;a;a 的最左推导唯一。

类似地,若规定顺序语句是右结合,即后面的 2 个语句先归约,则可得另外一个不同的非二义性文法。

(2) 证明逻辑表达式的文法 G3-13 [B]:B→B∧B|B∨B|∼B|(B)|b 是二义文法,并改造为等价的非二义文法。

【解答】

对于句子 b∧b∨b,存在如下 2 个不同的最右推导。

最右推导 1:B⇒B∨B⇒B∨b⇒B∧B∨b⇒B∧b∨b⇒b∧b∨b。

最右推导 2:B⇒B∧B⇒B∧B∨B⇒B∧B∨b⇒B∧b∨b⇒b∧b∨b。

故该文法是二义性的。

这个句子表明,逻辑运算符'∧'和'∨'优先顺序的差异,导致了该文法的二义性。再分析句子 b∧b∧b 则可以发现,与运算符 ∧ 的不同结合性也导致了文法的二义性;或运算符'∨'类似。从这些分析可以得出,需要对逻辑运算指定唯一的优先规则:根据通常的计算规则,变元 b、单目非运算符'∼'和括号'()'的优先级最高,应该首先计算,新增一个非终结符 F 得到产生式:

F→ b|∼B|(B)

其次,与运算符'∧'比或运算符'∨'优先,而且 ∧ 或 ∨ 都服从左结合律,新增一个非终结符 T 得到产生式:B→ B∨T|T,T→ T∧F|T。

加入了这些优先规则后得到的文法 G'3-13 [B]:

B→ B∨T|T,T→ T∧F|T,F→ b|∼B|(B)

是非二义性的。

读者可以思考:如果 ∧ 或 ∨ 都改为右结合律,产生同样语言的非二义文法是什么呢?

5. 消除下列文法的左递归。

(1) A→ BaC|CbB,B→ Ac|c,C→ Bb|b

(2) A→ Ba|Aa|c,B→ Bb|Ab|d

【分析】 消除文法左递归的目的是为了确定语法分析过程,特别是应用在自底向上的语法分析算法中。消除直接左递归的算法是基础,间接左递归的消除首先是要把文法转换成不含间接左递归,然后消除直接左递归。由于改造含间接左递归的非终结符的顺序的不同,可能产生不一样的不含任何左递归的文法,但它们是等价的。

(1) 该文法含有间接左递归,需要按照一定的顺序消除直接左递归。

【解答】

答案 1:把 B 的候选式代入产生式 A,即把凡是在 A 的产生式中出现的 B 分别用 B 的每个候选式替换,A→ (Ac|c)aC|Cb(Ac|c),进行运算后得

A→ AcaC|caC|CbAc|Cbc。

消除直接左递归得

$A \to caCA' \mid CbAcA' \mid CbcA', A' \to caCA' \mid \varepsilon$。

把 A 的候选式代入产生式 B 中，得

$B \to (caCA' \mid CbAcA' \mid CbcA')c \mid c$，即 $B \to caCA'c \mid CbAcA'c \mid CbcA'c \mid c$。

再把它代入 C 的产生式中，得

$C \to CbAcA'cb \mid CbcA'cb \mid caCA'cb \mid cb \mid b$。

消除直接左递归得

$C \to caCA'cbC' \mid cbC' \mid bC', C' \to bAcA'cbC' \mid bcA'cb\ C' \mid \varepsilon$。

转换后，没有使用 B 的产生式，最终得到等价的不含左递归的文法如下：

$A \to caCA' \mid CbAcA' \mid CbcA'$;

$A' \to caCA' \mid \varepsilon$;

$C \to caCA'cbC' \mid cbC' \mid bC'$;

$C' \to bAcA'cbC' \mid bcA'cb\ C' \mid \varepsilon$。

答案 2：把 A 代入到 B 的产生式，得到

$B \to BaCc \mid CbBc \mid c$。

消除直接左递归得

$B \to CbBcB' \mid cB', B' \to aCcB' \mid \varepsilon$。

继续代入到 C 的产生式中，得到

$C \to CbBcB'\ b \mid cB'b \mid b$。

消除 C 的直接左递归，得到

$C \to cB'bC' \mid bC', C' \to bBcB'bC' \mid \varepsilon$。

最终得到等价的不含左递归的文法如下：

$A \to BaC \mid CbB$;

$B \to CbBcB' \mid cB'$;

$B' \to aCcB' \mid \varepsilon$;

$C \to cB'bC' \mid bC'$;

$C' \to bBcB'bC' \mid \varepsilon$。

（2）该文法既含有直接左递归，又含有间接左递归，需要按照一定的顺序消除直接左递归。

【解答】

答案 1：首先，消除 A 的左递归，得到

$A \to BaA' \mid cA', A' \to aA' \mid \varepsilon$。

其次，用上述 A 的产生式替换 B 产生式中的 A，得到

$B \to Bb \mid (BaA' \mid cA')b \mid d$，即为 $B \to Bb \mid BaA'b \mid cA'b \mid d$。

消除直接左递归得

$B \to cA'bB' \mid dB', B' \to bB' \mid aA'bB' \mid \varepsilon$。

最终得到等价的不含左递归的文法如下：

$A \to BaA' \mid cA'$,

$A' \to aA' \mid \varepsilon$,

$B \to cA'bB' \mid dB'$,

$B' \to bB' \mid aA'bB' \mid \varepsilon$。

答案 2:首先,消除 B 的左递归,得到 B→AbB′|dB′,B′→bB′|ε。

然后,用上述 B 的产生式替换 A 产生式中的 B,得到

A→AbB′a|Aa|dB′a|c。

消除 A 的直接左递归得到

A→dB′aA′|cA′,A′→bB′aA′|aA′|ε。

改造后的文法中没有使用 B 的产生式,可以消除,最终得到等价的不含左递归的文法如下:

A→dB′aA′|cA′,

A′→bB′aA′|aA′|ε,

B′→bB′|ε。

6. 构造语言$\{a^n b^m | n \geq 0, m \geq 1\}$的正规文法。

【分析】 相对于上下文无关文法,正规文法对产生式的形式增加了限制。本题有 2 种解答方法:方法 1 是根据题目直接构造要求的文法类型;方法 2 是利用正规文法与正规表达式的等价关系,首先从语言构造等价的正规表达式,然后利用转换规则得到正规文法。

【解答】

方法 1:这个语言是由典型的两部分组成。它们没有任何联系,而且每一部分都有基本模式:

对于$n \geq 0$,产生语言a^n的文法是 A→aA|ε;

对于$m \geq 1$,产生语言b^m的文法是 B→bB|b;

所以,语言$\{a^n b^m | n \geq 0, m \geq 1\}$的正规文法是:S→AB,A→aA|ε,B→bB|b。

方法 2:该语言对应正规表达式 $A = a^* b^+ = a^* bb^*$。利用转换规则,得 A→aA|B,其中 $B = bb^*$。对 B 应用规则,得 B→bB|b。故所求的正规文法是:A→aA|B,B→bB|b。

3.3　练习与参考答案

1. 对于文法 G3.26[E]。

E→T|E+T|E−T。

T→F|T＊F|T/F。

F→(E)|i。

证明(i+T)＊i 是它的一个句型。

【解答】

因为存在推导序列:E⇒T⇒T＊F⇒F＊F⇒(E)＊F⇒(E+T)＊F⇒(T+T)＊F⇒(F+T)＊F⇒(i+T)＊F⇒(i+T)＊i,所以(i+T)＊i 是该文法的一个句型。

2. 给定文法 G3.27[S]。

S→aAcB|BdS。

B→aScA|cAB|b。

A→BaB|aBc|a。

试检验下列符号串中哪些是 G3.27 [S]中的句子。

(1) aacb。

（2）aabacbadcd。

（3）aacbccb。

（4）aacabcbcccaacdca。

（5）aacabcbcccaacbca。

【解答】

（1）aacb 是文法 G[S]中的句子,因为存在下列推导序列:S⇒aAcB⇒aacB⇒aacb。

（2）aabacbadcd 不是文法 G[S]中的句子,因为文法中的句子不可能以非终结符 d 结尾。

（3）aacbccb 仅是文法 G[S]的一个句型的一部分,而不是一个句子。

（4）aacabcbcccaacdca 不是文法 G[S]中的句子。因为非终结符 d 后必然要跟终结符 a,所以不可能出现…dc…这样的句子。

（5）aacabcbcccaacbca 不是文法 G[S]中的句子。因为由(1)可知:aacb 可归约为 S,由文法的产生式规则可知,终结符 c 后不可能跟非终结符 S,所以不可能出现…caacb…这样的句子。

3. 考虑文法 G3.28[S]。

S→(L)|a。

L→L,S|S。

（1）指出该文法的终结符号及非终结符号。

（2）给出下列各句子的语法分析树:

①（a,a）; ②（a,(a,a)）; ③（a,((a,a),(a,a))）。

（3）分别构造(2)中各句子的一个最左推导和最右推导。

【解答】

（1）终结符号为:'(',')','a',','。非终结符号为:S,L,S 为开始符号。

（2）每个句子的语法分析树如图 3-2 所示。

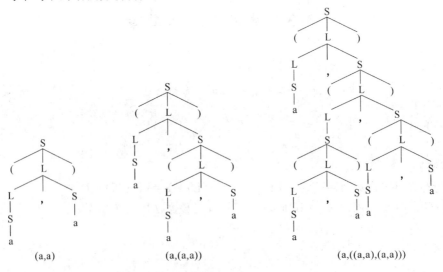

图 3-2 符号串(a,a),(a,(a,a))和(a,((a,a),(a,a)))的分析树

（3）最左推导和最右推导如下。

① 句子(a,a)。

最左推导:S⇒(L)⇒(L,S)⇒(S,S)⇒(a,S)⇒(a,a)。

最右推导：S⇒(L)⇒(L,S)⇒(L,a)⇒(S,a)⇒(a,a)。

② 句子(a,(a,a))。

最左推导：S⇒(L)⇒(L,S)⇒(S,S)⇒(a,S)⇒(a,(L))⇒(a,(L,S))⇒
(a,(S,S))⇒(a,(a,S))⇒(a,(a,a))。

最右推导：S⇒(L)⇒(L,S)⇒(L,(L))⇒(L,(L,S))⇒(L,(L,a))⇒
(L,(S,a))⇒(L,(a,a))⇒(S,(a,a))⇒(a,(a,a))。

③ 句子(a,((a,a),(a,a)))。

最左推导：S⇒(L)⇒(L,S)⇒(S,S)⇒(a,S)⇒(a,(L))⇒(a,(L,S))⇒
(a,(S,S))⇒(a,((L),S))⇒(a,((L,S),S))⇒(a,((S,S),S))⇒
(a,((a,S),S))⇒(a,((a,a),S))⇒(a,((a,a),(L)))⇒
(a,((a,a),(L,S)))⇒(a,((a,a),(S,S)))⇒(a,((a,a),(a,S)))⇒
(a,((a,a),(a,a)))。

最右推导：S⇒(L)⇒(L,S)⇒(L,(L))⇒(L,(L,S))⇒(L,(L,(L)))⇒
(L,(L,(L,S)))⇒(L,(L,(L,a)))⇒(L,(L,(S,a)))⇒
(L,(L,(a,a)))⇒(L,(S,(a,a)))⇒(L,((L),(a,a)))⇒
(L,((L,S),(a,a)))⇒(L,((L,a),(a,a)))⇒(L,((S,a),(a,a)))⇒
(L,((a,a),(a,a)))⇒(S,((a,a),(a,a)))⇒(a,((a,a),(a,a)))。

4. 考虑文法 G3.29[S]：S→aSbS|bSaS|ε。

(1) 讨论句子 abab 的最左推导，说明该文法是二义性的。

(2) 对于句子 abab 构造两个相应的最右推导。

(3) 对于句子 abab 构造两棵相应的分析树。

(4) 此文法所产生的语言是什么？

【解答】

(1) 句子 abab 有如下两个不同的最左推导：

S⇒aSbS⇒abS⇒abaSbS⇒ababS⇒abab；

S⇒aSbS⇒abSaSbS⇒abaSbS⇒ababS⇒abab。

所以此文法是二义性的。

(2) 句子 abab 相应的最右推导：

S⇒aSbS⇒aSbaSbS⇒aSbaSb⇒aSbab⇒abab；

S⇒aSbS⇒aSb⇒abSaSb⇒abSab⇒abab。

(3) 句子 abab 的两棵不同的分析树如图 3-3 所示。

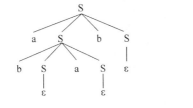 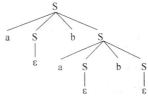

图 3-3　句子 abab 的两棵不同的分析树

(4) 此文法的两个非空候选式类似，每个产生式中 a 的个数与 b 的个数相等。候选式
S→aSbS 表达的语言以 a 开始，后面肯定有一个 b 的符号串，而随后的 a 和 b 任意排列；候选

式 S→bSaS 表达的语言以 b 开始,后面肯定有一个 b 的符号串,而随后的 a 和 b 任意排列。所以该文法产生的语言是:所有 a 的个数与 b 的个数相等的,由 a 和 b 组成的字符串。

可以用推导的步数进行归纳,来证明该文法推导出的句子一定是 a 的个数与 b 的个数相等的字符串。同样,可以按照串的长度进行归纳,得出所有的 a 的个数与 b 的个数相等的串都由该文法产生。

5. 文法 G3.30[S]为:

S→Ac|aB;

A→ab;

B→bc。

写出 L(G3.30)的全部元素。

【解答】

因为 S⇒Ac⇒abc 或 S⇒aB⇒abc,所以 L(G)={abc}。

6. 试描述由下列文法 G[S]所产生的语言。

(1) S→10S0|aA,A→bA|a;

(2) S→SS|1A0,A→1A0|ε;

(3) S→1A|B0,A→1A|C;B→B0|C;C→1C0|ε;

(4) S→bAdc,A→AS|a;

(5) S→aSS,S→a;

(6) A→0B|1C,B→1|1A|0BB,C→0|0A|1CC。

【解答】

(1) 由 S→10S0 产生的语言形式为 $(10)^n S0^n$, $n \geqslant 0$;最终 S 的语言由 A 所产生的语言通过 S→aA 替换。而 A 所表示的语言由 A→bA|a 产生,是 $b^m a$, $m \geqslant 0$。所以,$L(G) = \{(10)^n ab^m a0^n | n, m \geqslant 0\}$。

(2) 经过简单推导与分析可知 $L(G) = \{1^{n_1} 0^{n_1} 1^{n_2} 0^{n_2} \cdots 1^{n_m} 0^{n_m} | n_1, n_2, \cdots, n_m \geqslant 0$, 且 $n_1, n_2, \cdots, n_m$ 不全为 $0\}$。该语言的特点是:产生的句子中,0、1 个数相同,并且若干相接的 1 后必然紧接数量相同连续的 0。

(3) $L(G) = \{1^p 1^n 0^n | p \geqslant 1, n \geqslant 0\} \bigcup \{1^n 0^n 0^q | q \geqslant 1, n \geqslant 0\}$,特点是具有 $1^p 1^n 0^n$ 或 $1^n 0^n 0^q$ 形式,进一步,可知其具有形式 $1^n 0^m$, $m \geqslant 0$, 且 $n + m > 0$。

(4) $L(G) = \{(ba)^n (dc)^n | n \geqslant 1\}$,是至少一个 ba 连接相同数目的 dc 的符号串全体。

(5) $L(G) = \{a^{2n-1} | n \geqslant 1\}$,即奇数个 a 组成的符号串的全体。

(6) G[A]定义的语言是由 0 和 1 组成且 0 和 1 个数相等的二进制数字串的全体。

7. 设已给文法 G3.31=(V_N, V_T, P, S),其中:

$V_N = \{S\}$;

$V_T = \{a_1, a_2, \cdots, a_n, \vee, \wedge, \sim, [,]\}$;

$P = \{S \to a_i | i = 1, 2, \cdots, n\} \bigcup \{S \to \sim S, S \to [S \vee S], S \to [S \wedge S]\}$。

试指出此文法所产生的语言。

【解答】

此文法产生的语言是:以终结符 $a_1, a_2, \cdots, a_n$ 为运算对象,以 $\wedge$、$\vee$、$\sim$ 为运算符,以 $\ulcorner[\urcorner$、$\ulcorner]\urcorner$ 为分隔符的布尔表达式串。

8. 已知文法 G3.32$=(\{A,B,C\},\{a,b,c\},A,P)$,其中 P 由以下产生式组成:

A→abc; A→aBbc;

Bb→bB; Bc→Cbcc;

bC→Cb; aC→aaB;

aC→aa。

问:此文法表示的语言是什么?

【解答】

尝试下列推导:

A⇒aBbc⇒abBc⇒abCbcc⇒aCbbcc⇒aCbbcc⇒aabbcc;

A$\overset{+}{\Rightarrow}$aCbbcc⇒a^3Bbbcc⇒a^3bBbcc⇒a^3bbBcc⇒a^3bbCbcc^3⇒a^3bCbbc^3⇒a^2aCbbbc^3⇒$a^3b^3c^3$。

由此推断到该文法表示的语言为 L$[$G$]=\{a^n b^n c^n | n \geqslant 1\}$。

9. 已知文法 G3.33 $[$P$]$:

P→aPQR $|$ abR;

RQ→QR;

bQ→bb;

bR→bc;

cR→cc。

证明 aaabbbccc 是该文法的一个句子。

【解答】

因为有推导:

P⇒aPQR⇒aaPQRQR⇒aaabRQRQR⇒aaabQRRQR⇒aaabbRRQR⇒aaabbRQRR⇒
aaabbQRRR⇒aaabbbRRR⇒aaabbbcRR⇒aaabbbccR⇒aaabbbccc,

因此,aaabbbccc 是该文法的一个句子。

10. 构造一个文法,使其产生的语言是由算符+,*,(,)和运算对象 a 构成的算术表达式的集合。

【解答】

(1) 答案 G$[$E$]$:E→E+E$|$E*E$|$(E)$|$a。

(2) 答案 G$[$E$]$:E→E+T$|$T,T→T*F$|$F,F→(E)$|$a。

11. 已知语言 L$=\{a^n bb^n | n \geqslant 1\}$,写出产生语言 L 的文法。

【解答】

该语言的特点是中间由 b 分割的、两边相同个数的 a 和 b 组成。产生 2 个同等数目的文法的基本形式为:S→aSb,最后让 S 产生出中间的 b 即可:S→abb。由于题目要求至少有一个 a,故让 S 产生出中间 b 的候选式不能是 S→b。所以,产生语言 L 的文法是 S→aSb$|$abb。

另外一种结果是:G[S]:S→aAb,A→aAb|b。

12. 写一文法,使其语言是正整偶数的集合。要求:
(1) 允许 0 打头;
(2) 不允许 0 打头。

【解答】

2 个语言的共同特点是结尾数字为 0、2、4、6 或 8,因而需要把它们从 0 到 9 的数字中分离出来。下面分别采用不同的思路构造产生这 2 个语言的文法。

(1) 允许 0 开头的正整偶数的集合可以看作是<偶数数字集合>以及<任意正整数集合>与<偶数数字集合>的连接。因而得到所求的一个文法 G[E]如下:

B→0|2|4|6|8;
D→B|1|3|5|7|9;
N→D|ND;
E→NB|B。

(2) 不允许 0 开头的正整偶数集合有 3 个子集:只有一位数字的偶数,即 C=2|4|6|8;只有 2 位数字的偶数,其中个位是 B=C|0,十位是 G=C|1|3|5|7|9;包含 3 位以及 3 位以上数字的偶数,其中个位是 B,最高位是 G,中间是由 D=G|0 构成的任意整数。由此得到不允许 0 开头的正整偶数集合的文法 G[E]如下:

C→2|4|6|8;
B→C|0;
G→C|1|3|5|7|9;
D→G|0;
N→D|DN;
E→C|GB|GNB。

另外一个不允许 0 开头的正整偶数集合的文法是:

E→NT|D;
T→FT|G;
N→D|1|3|5|7|9;
D→2|4|6|8;
F→N|0;
G→D|0。

13. 文法 G3.34 [S]为:S→Ac|aB,A→ab,B→bc。该文法是否为二义的? 为什么?

【解答】

对于串 abc 存在两种不同的最右推导:
S⇒Ac⇒abc 和 S⇒aB⇒abc。所以该文法是二义的。

14. 证明下述文法 G3.35[〈表达式〉]是二义的:
〈表达式〉→ a|(〈表达式〉)|〈表达式〉〈运算符〉〈表达式〉
〈运算符〉→ +|−|*|/ 。

【解答】

可为句子 a＋a＊a 构造两种不同的最右推导。

最右推导 1：

〈表达式〉⇒〈表达式〉〈运算符〉〈表达式〉⇒

〈表达式〉〈运算符〉a⇒

〈表达式〉＊a⇒

〈表达式〉〈运算符〉〈表达式〉＊a⇒

〈表达式〉〈运算符〉a＊a⇒

〈表达式〉＋a＊a⇒a＋a＊a。

最右推导 2：

〈表达式〉⇒〈表达式〉〈运算符〉〈表达式〉⇒

〈表达式〉〈运算符〉〈表达式〉〈运算符〉〈表达式〉⇒

〈表达式〉〈运算符〉〈表达式〉〈运算符〉a⇒

〈表达式〉〈运算符〉〈表达式〉＊a⇒

〈表达式〉〈运算符〉a＊a⇒

〈表达式〉＋a＊a⇒a＋a＊a。

所以,该文法是二义的。

15. 下面的文法产生 a 的个数和 b 的个数相等的非空 a、b 串。

S→aB|bA,

B→bS|aBB|b,

A→aS|bAA|a,

其中非终结符 B 推出 b 比 a 的个数多 1 个的串,A 则反之。

(1) 证明该文法是二义的。

(2) 修改上述文法,不增加非终结符,使之成为非二义文法,并产生同样的语言。

【解答】

句子 aabbab 有两种不同的最左推导。

S⇒aB⇒aaBB⇒aabB⇒aabbS⇒aabbaB⇒aabbab;

S⇒aB⇒aaBB⇒aabSB⇒aabbAB⇒aabbaB⇒aabbab。

故它是二义的。

产生二义性的分析如下:B 的产生式表示 b 比 a 多一个,候选式 B→bS 表明,推导出 b 之后可能出现 B,也可能不出现,不确定;为了消除这个不确定性,把 B→bS 的含义移到 S,消除 B 的二义性。对 A 的产生式进行类似处理,得到修改后的无二义文法如下:

S→aBS|bAS|aB|bA,

B→aBB|b,

A→bAA|a。

16. 考虑文法 G3.36[R]。

R→R′|′R|RR|R＊|(R)|a|b,

其中 $R'|'R$ 表示 R 或 R;RR 表示 R 与 R 的连接;R^* 表示 R 的闭包。

(1) 证明此文法生成 $\Sigma=\{a,b\}$ 上的除了 $\varnothing$ 和 ε 的所有正规表达式。

(2) 试说明此文法是二义性的。

(3) 构造一个等价的无二义性文法,该文法给出 *、连接和|等运算符的优先级和结合规则。

【解答】

(1) 用数学归纳法证明。

归纳基础:不含运算的正规式 a 和 b 显然能被此文法生成。

归纳假设:设含运算个数为 $n(n<k)$ 的正规式 r_1 和 r_2 能被文法生成,即 $R \overset{+}{\Rightarrow} r_1$,$R \overset{+}{\Rightarrow} r_2$。

归纳步骤:对于含 k 个运算的正规表达式 r,r 必有下列形式之一:

① $r=r_1|r_2$;　② $r=r_1r_2$;　③ $r=r_1{}^*$;　④ $r=(r_1)$。

对于 $r=r_1|r_2$,使用文法规则推导如下:$R \Rightarrow R'|'R \overset{+}{\Rightarrow} r_1|R \overset{+}{\Rightarrow} r_1|r_2$

所以 $R \overset{+}{\Rightarrow} r_1|r_2$

类似可构造 $R \overset{+}{\Rightarrow} r_1r_2$,$R \overset{+}{\Rightarrow} r_1{}^*$,$R \overset{+}{\Rightarrow} (r_1)$

证毕。

(2) 对于句子 ab^* 可构造两种最左推导:

$R \Rightarrow RR \Rightarrow aR \Rightarrow aR^* \Rightarrow ab^*$;

$R \Rightarrow R^* \Rightarrow RR^* \Rightarrow aR^* \Rightarrow ab^*$。

因此该文法是二义性的。

(3) 按照习惯,确定如下的规则:优先级从高到低分别是闭包运算符$'{}^*'$、连接运算、或运算$'|'$;而且它们都服从左结合。等价的无二义性文法为 G[R]:

$R \to R'|'T|T$;

$T \to TF|F$;

$F \to F^*|C$;

$C \to (R)|a|b$。

17. 给出产生下述语言的上下文无关文法。

(1) $\{a^n b^n a^m b^m|n,m \geqslant 0\}$。

(2) $\{1^n 0^m 1^m 0^n|n,m \geqslant 0\}$。

(3) $\{\omega c\omega^T|\omega \in \{a,b\}^*\}$,其中 ω^T 是 ω 的逆。

(4) $\{\omega|\omega \in \{a,b\}^+$,且 ω 中 a 的个数恰好比 b 多 1}。

(5) $\{\omega|\omega \in \{a,b\}^+$,且 $|a| \leqslant |b| \leqslant 2|a|\}$。

(6) $\{\omega|\omega$ 是不以 0 开始的奇数集}。

【解答】

(1) 该语言由 2 个左右不关联的部分组成,每个部分的字母 a 和 b 的个数相等,故可得 $G=(\{a,b\},\{S,A,B\},S,P)$:$S \to AB$, $A \to aAb|\varepsilon$,$B \to aBb|\varepsilon$。

(2) 该语言由左、中、右 3 部分组成,左部和右部的字母个数相等,通过中间部分关联起来,中间部分的字母 a 和 b 的个数相等,故文法的产生式:$S \to 1S0|A|\varepsilon$, $A \to 0A1|\varepsilon$。

（3）该语言以字母 c 为中轴，左右对称，故得文法的产生式：S→aSa|bSb|c。

（4）方法 1：

语言可以划分为以 a 开始或结尾的子集，以及以 b 开始或结尾的子集，可得：S→aB|Ba|bA|Ab，其中 B 表示要含 1 个 a 和 b，A 表示要含 2 个 a。

考虑 A 的产生式：最简单的要有 aa，再加上 S 可以出现在 aa 的任何位置，得

A→aa|aSa|aaS|Saa。

同样考虑 B 可得如下产生式。

B→ab|ba|abS|aSb|Sab|baS|bSa|Sba。

如此得到的文法产生式不是最简化的，所表示的语言子集的交集不为空。例如，以 a 开始的句子集合也包含了以 a 结尾的句子集合。

若只考虑右递归，可以得到一个简化的文法：

S→aB|Ba|bA|Ab，

A→aa|aSa|Saa，

B→ab|ba|abS|aSb|baS|bSa。

方法 2：

如果考虑 a 的个数恰好比 b 多 1 的候选式形式，可以想象 aE、Ea、bSS、SbS、SSb 的形式，其中 S 代表所求语言，E 表示的语言是 a 和 b 的个数相等。E 的最简单形式是 ab 和 ba，考虑 E 的左递归以及可以出现在任何位置，得：E→aEbE|bEaE|ε。

由此得到另外一个答案是：

S→aE|Ea|bSS|SbS|SSb，

E→aEbE|bEaE |ε。

（5）方法 1：

分析题目可知，要求的语言可以划分为 2 个子集：a 与 b 的个数相等的符号串，b 的个数是 a 的个数 2 倍的符号串，即所求文法是 G[S]：S→M|N。

M 和 N 分别是产生上述 2 个子集的文法的开始符号，产生式如下：

M→aB |bA，M 表示 a 和 b 的个数相等，B 要多包含一个 b，A 要多包含一个 a；

B→b |bM|Mb，b 可以在前也可以在后，加上 M 形成递归；

A→a |aM|Ma，a 可以在前也可以在后，加上 M 形成递归；

N→aC|bD，N 表示|a|＝2|b|，C 要包含 2 个 b，D 要使得|b|＝|a|；

C→bb|bbN|bNb|Nbb，b 可以在前、在中间，也可以在后，加上 N 形成递归；

D→ab|ba|abN|baN|aNb|bNa，出现 a 则一定要出现 b，加上 N 形成递归。

方法 2：

该语言可以划分为 2 个子集，以 a 开始的、以 a 结尾的语言，即文法含 S→aB 和 S→Ba 的形式，其中 S 是要求的文法开始符号，B 含 1 个或 2 个 b，即 B→b|bb。

为了能够产生更多的句子，需要递归，允许 S 出现在 aB 和 Ba 的任何位置，得

S→SaB|aSB|aBS|SBa|BSa|BaS|ε，

B→b|bb。

实际上，第一个产生式可以化简为只需要左递归，得到另外一个形式的文法：

S→SaB|aSB|SBa|BSa|ε，

B→b|bb。

方法 3：

同上面的思考方法类似，可以得到如下的文法：

S→aSBS|BSaS|ε,

B→b|bb。

(6) 答案 1：

S→<奇数头> <整数> <奇数尾>| <奇数头> <奇数尾>| <奇数尾>

   <奇数尾>→1|3|5|7|9

   <奇数头>→2|4|6|8|<奇数尾>

   <整数>→<整数> <数字>|<数字>

   <数字>→0|<奇数头>。

答案 2：

G(N)：N→AB|B,A→AC|D,B→1|3|5|7|9,D→B|2|4|6|8,C→0|D。

18. 设 $G=(V_N,V_T,P,S)$ 为 CFG，$\alpha_1,\alpha_2,\cdots,\alpha_n$ 为 V 上的符号串，试证明：若 $\alpha_1\alpha_2\cdots\alpha_n \overset{*}{\Rightarrow}\beta$，则存在 V 上的符号串 $\beta_1,\beta_2,\cdots,\beta_n$，使 $\beta=\beta_1\beta_2\cdots\beta_n$，且有 $\alpha_i\overset{*}{\Rightarrow}\beta_i(i=1,2,\cdots,n)$。

【解答】

对 n 使用归纳法证明。

归纳基础：$n=1$ 时，结论显然成立。

归纳假设：设 $n=k$ 时，对于 $\alpha_1\alpha_2\cdots\alpha_k\overset{*}{\Rightarrow}\beta$，存在 β_i，$i=1,2,\cdots,k$，$\beta=\beta_1\beta_2\cdots\beta_k$，$\alpha_i\overset{*}{\Rightarrow}\beta_i$ 成立。

归纳步骤：设 $\alpha_1\alpha_2\cdots\alpha_k\alpha_{k+1}\overset{*}{\Rightarrow}\beta$，因为文法是上下文无关的，所以 $\alpha_1\alpha_2\cdots\alpha_k$ 可推导出 β 的一个前缀 β'，α_{k+1} 可推导出 β 的一个后缀 β'。由归纳假设，对于 β'，存在 β_i，$i=1,2,\cdots,k$，$\beta'=\beta_1\beta_2\cdots\beta_k$，使得 $\alpha_i\overset{*}{\Rightarrow}\beta_i$ 成立，另外有 $\alpha_{k+1}\overset{*}{\Rightarrow}\beta'$。即 $n=k+1$ 时亦成立。

证毕。

19. 设 $G=(V_N,V_T,P,S)$ 为 CFG，α 和 β 都是 V 上的符号串，且 $\alpha\overset{*}{\Rightarrow}\beta$，试证明：

(1) 当 α 的首符号为终结符号时，β 的首符号也必为终结符号；

(2) 当 β 的首符号为非终结符号时，则 α 的首符号也必为非终结符号。

【解答】

(1) 反证法。假设 α 首符号为终结符时，β 的首符号为非终结符。即设：$\alpha=a\omega$；$\beta=A\omega'$ 且 $\alpha\overset{*}{\Rightarrow}\beta$。

由题意可知：$\alpha=a\omega\Rightarrow\cdots\Rightarrow A\omega'=\beta$，由于文法是 CFG，终结符 a 不可能被替换空串或非终结符，因此假设有误，得证。

(2) 同(1)，假设：β 的首符号为非终结符时，α 首符号为终结符。即设：$\alpha=a\omega$；$\beta=A\omega'$ 且 $\alpha=a\omega\Rightarrow\cdots\Rightarrow A\omega'=\beta$，与(1)同理，得证。

20. 写出下列语言的 3 型文法：

(1) $\{a^n|n\geqslant0\}$；

(2) $\{a^nb^m|n,m\geqslant1\}$；

(3) $\{a^nb^mc^k|n,m,k\geqslant1\}$。

【解答】

这 3 道题目的解法有一定的联系,(1)是基本形式,(2)和(3)中不同的幂指数是 3 型文法的含义:(2)需要一个引出 b^m 的桥梁即 S→aB;类似的情况出现在(3)中的 S→Ab 和 B→bC。

(1) G=({a},{S}S, P),P: S→aS|ε;

(2) G=({a,b},{S,B},S, P),P: S→aS|aB,B→b|bB;

(3) G=({a,b,c},{S,B,C},S, P),P:S→aS|Ab,B→bB|bC,C→c|cC。

21. 已知文法 G3.37 [S]:

S→dAB,

A→aA|a,

B→ε|Bb。

给出相应的正规式和等价的正规文法。

【解答】

解答本题的关键是如表 3-1 中的正规文法与正规表达式的对应转换规则。

表 3-1　正规文法与正规表达式的对应转换规则

正规文法的产生式	正规式
A→xB,B→y	A=xy
A→xA|y	A=x* y
A→x,A→y	A=x|y

方法 1:用正规式描述文法的语言,然后利用上述规则得到等价的正规文法。

A 和 B 的产生式分别表示语言 a^+ 和 b^*,代入 S 即得与该文法等价的正规式 $da^+ b^*$。利用上述规则,逐步分解正规式 S=$da^+ b^*$,过程如下:

S→dC,其中 C=$a^+ b^*$=$aa^* b^*$;

转换 C 得,C→aA,其中 A 表示 $a^* b^*$ 的产生式;

转换 A 得,A→aA|B,其中 B 表示 b^* 的产生式;

转换 B 得,B→bB|ε。

最终得到与文法 G3.37[S]等价的正规文法:

$$S→dC,C→aA,A→aA|B,B→bB|ε$$

方法 2:首先把文法转换为等价的正规文法,然后利用上述规则构造等价的正规式。

首先改造文法。把 S→dAB 改为正规文法要求的产生式,S→dM。为了表达原来文法 A 的含义,同时传递 B 的内容,需要逐步修改原来的产生式如下:

把 A→aA|a 改为 M→a|aM|aN,把 B→ε|Bb 改为 N→ε|bN。得正规文法:

$$S→dM,M→a|aM|aN,N→ε|bN$$

其次,根据正规文法与正规表达式的对应规则,构造相应的正规表达式:从 N→ε|bN,得 N=ε|b^*=b^*。

把 M→a|aM|aN 表示为 M→aM|(a|aN),得 M=a^*(a|aN);再考虑上面的结果 N=b^*,得 M=a^*(a|ab*)=a^* a (ε|b^*)=$a^+ b^*$。

把上面的结果代入 S→dM,得到等价的正规式 $da^+ b^*$。

22. 给出下列文法消除左递归后的等价文法：

(1) A→BaC|CbB,B→Ac|c,C→Bb|b;

(2) A→B a|A a|c,B→B b|A b|d;

(3) S→SA|A,A→SB|B|(S)|(),B→[S]|[];

(4) S→AS|b,A→SA|a;

(5) S→(T)|a|ε,T→S|T, S。

【解答】

(1) 答案参见教材中例题解析 3-5(1)。

(2) 答案参见教材中例题解析 3-5(2)。

(3) 把 A 代入到 S 的产生式中，得到 S→S ′(′ SB|B|(S)|() ′)′|SB|B|(S)|()，即 S→SSB|SB|S(S)|S()|SB|B|(S)|()，消除重复项得 S→SSB|SB|S(S)|S()|B|(S)|()，消除直接左递归，得

S→BS′|(S)S′|()S′,S′→SBS′|BS′|(S)S′|()S′|ε。

故得到消除左递归的等价文法如下：

S→BS′|(S)S′|()S′,

S′→SBS′|BS′|(S)S′|()S′|ε,

B→[S]|[]。

也可以把 S 代入 B 的产生式,得到另一个等价的、不含左递归的文法：

S→SABA′|BA′|(SA)A′|(A)A′|()A′,

A′→BA′|ε,

B→[S]|[]。

(4) S→AS|b,

A→bAA′|aA′,

A′→SAA′|ε。

或

S→aSS′|bS′,

S′→ASS′|ε,

A→SA|a。

(5) S→(T)|a|ε,

T→ST′,

T′→,ST′|ε。

或

T→(T)T′|aT′|T′

T′→,(T)T′|,aT′|,T′|ε

第4章　自顶向下的语法分析

4.1　基本知识总结

本章讨论自顶向下的语法分析，主要知识点如下。

1. 自顶向下语法分析的基本问题。

2. LL(1)文法：

(1) 非终结符集合 FIRST 和 FOLLOW 的含义与计算；

(2) 选择集 SELECT 的含义与计算；

(3) LL(1)文法的定义与判定。

3. 递归下降分析程序的设计。

4. 预测分析程序：

(1) 预测分析表的构造；

(2) 预测分析算法。

5. LL(1)分析的错误处理。

重点：自顶向下分析的概念，递归下降分析器的构造，FIRST 和 FOLLOW 的计算，LL(1)文法的判定，LL(1)分析表的构造，LL(1)分析过程。

难点：FOLLOW 的计算，LL(1)分析表的构造，EBNF 的应用。

4.2　典型例题解析

1. 对于文法 G4-1[S]：S→aSb|P，P→bPc|bQc，Q→Qa|a。

解答下列问题：

(1) 它是 LL(1)文法吗？请说明。

(2) 提取左公因子、消除左递归后是否是 LL(1)文法？请证实。

【分析】　一个文法是 LL(1)的，必须满足若干条件；而证明一个文法不是 LL(1)的，只需指出任何一个条件不满足即可。可以逐一检验条件，一旦出现不满足的条件，就可以断言文法不是 LL(1)的，这样可以省略一些不必要的计算。

提取左公因子和消除左递归这些等价转换，可以把一个非 LL(1)文法改造成 LL(1)的，但是不一定。

本例将采用 3 种常见的方法，说明一个文法是否是 LL(1)的。无论哪种方法，首先都要检查有无左公因子和左递归，都要计算 FIRST 和 FOLLOW 集合。方法 1 是利用 SELECT 的含义。方法 2 直接使用 FIRST 和 FOLLOW 集合。上述 2 个方法类似。第 3 个方法通过检查预测分析表是否有多重入口来判断文法是否是 LL(1)的。

【解答】

(1) 由于 P→bPc|bQc 的 2 个候选式有左公因子,当输入符号是 b 时,不能确定是用 P→bPc 还是 P→bQc 进行推导,导致不确定的语法分析,故该文法不是 LL(1)的。

一般而言,有左公共因子的文法存在形如 R→aβ|aγ 的产生式。当输入符号是 a 时,无法确定是用 R→aβ 还是用 R→aγ 匹配,所以,有左公共因子的文法一定不是 LL(1)的。

(2) 对 P→bPc|bQc 提取左公因子。P→b(Pc|bQc),令 R→(Pc|bQc),得 G'_{4-1}:

S→aSb|P,

P→bR,

R→Pc|Qc,

Q→Qa|a。

消除 Q→Qa|a 的左递归。Q→aQ',Q'→aQ'|ε 。得 G''_{4-1}:

S→aSb|P,

P→bR,

R→Pc|Qc,

Q→aQ',

Q'→aQ'|ε。

首先计算每个非终结符的 FIRST 和 FOLLOW 集合。

FIRST(S)={a}∪FIRST(P),

FIRST(R)={P}∪FIRST(Q),

FIRST(P)={b},

FIRST(Q)={a},

FIRST(Q')={a, ε}。

把已知值代回,得 FIRST(S)={a, b},FIRST(R)={b, a}。

FOLLOW(S)={ \$, b},

FOLLOW(P)=FOLLOW(S)∪{c}={ \$, b, c},

FOLLOW(R)=FOLLOW(P)={ \$, b, c},

FOLLOW(Q)={c},

FOLLOW(Q')= FOLLOW(Q)={c}。

下面将用 3 种方法说明文法 G''_{4-1} 是否是 LL(1)的。

方法 1:

对于 S→aSb|P,SELECT(S→aSb)∩SELECT(S→P)={a}∩{b}=∅;

对于 R→Pc|Qc,SELECT(R→Pc)∩SELECT(R→Qc)={b}∩{a}=∅;

对于 Q'→aQ'| ε,SELECT(Q'→aQ')∩SELECT(Q'→ε)={a}∩FOLLOW(Q')={a}∩{c}=∅。

所以,文法 G'_{4-1} 是 LL(1)的。

方法 2:

对于 S→aSb|P,FIRST(aSb)∩FIRST(P)={a}∩{b}=∅;

对于 R→Pc|Qc,FIRST(Pc)∩FIRST(Qc)={b}∩{a}=∅;

对于 $Q' \rightarrow aQ' \mid \varepsilon$，由于 $FIRST(\varepsilon) = \varepsilon$，考虑 $FIRST(aQ') \bigcap FOLLOW(Q') = \{a\} \bigcap \{c\} = \varnothing$。

所以，文法 $G'4\text{-}1$ 是 LL(1) 的。

方法 3：

利用上述的 FIRST 和 FOLLOW 集合构造文法 $G'4\text{-}1$ 的预测分析表，如表 4-1 所示。

表 4-1   文法 $G'4\text{-}1$ 的预测分析表

非终结符	终结符			
	a	b	c	$
S	S→aSb	S→P		
P		P→bR		
R	R→Qc	R→Pc		
Q	Q→aQ′			
Q′	Q′→aQ′		Q′→ε	

因为该分析表中没有多重入口，故文法是 LL(1) 的。

2. 对于文法 G4-2[S]：S→Aa|b，A→SB，B→ab。

试通过消除左递归对 G4-2 进行改写，并判断改写后的文法是否为 LL(1) 的。

【解答】

由于文法 G4-2 包含了间接左递归，所以它不是 LL(1) 文法。

按照对非终结符的不同排列顺序以消除左递归，该文法有 2 种改写方法。

方法 1：

把 A 的产生式代入 S 的产生式得到等价的文法，S→SBa|b，B→ab。

消除直接左递归得到等价的文法：S→BaS′，S′→bS′|ε，B→ab。

只需检查 $S' \rightarrow bS' \mid \varepsilon$，因为 $SELECT(S' \rightarrow bS') \bigcap SELECT(S' \rightarrow \varepsilon) = \{b\} \bigcap FOLLOW(S') = \{b\} \bigcap \{\$\} = \varnothing$，故文法是 LL(1) 的。

方法 2：

把 S 的产生式代入 A 的产生式得到等价的文法，S→Aa|b，A→AaB|bB，B→ab。

消除直接左递归得到等价的文法：S→Aa|b，A→bBA′，A′→aBA′|ε，B→ab。

只需检查 $A' \rightarrow aBA' \mid \varepsilon$，首先计算 $SELECT(A' \rightarrow \varepsilon) = FOLLOW(A') = FOLLOW(A) = \{a\}$，因为 $SELECT(A' \rightarrow aBA') \bigcap SELECT(A' \rightarrow \varepsilon) = \{a\} \bigcap \{a\} \neq \varnothing$，故文法不是 LL(1) 的。

【结论】   本例说明：消除左递归并非一定产生等价的 LL(1) 文法。

3. 设有如表 4-2 所示的 LL(1) 分析表(其中 A 是开始符号)。写出输入串 $ var id, id：int $ 的分析过程。

表 4-2   预测分析表

	var	id	；	，	int	：	array	const	[	]	of	$
A	A→var B											
B		B→CB′										
B′			B′→；B									B′→ε

	var	id	;	,	int	:	array	const	[	]	of	$
C		C→D;F										
D		D→ED'										
D'				D'→,D		D'→ε						
E		E→id										
F					F→int	F→array[G]of F						
G								G→const				

【分析】 该题的文法是对 Pascal 语言风格的类型说明,非终结符真实地表达了源语言的含义,文法已经改造成 LL(1)。这个题目要求读者掌握预测分析程序的原理和算法,理解并且会应用预测分析表。预测分析过程的书写形式多种多样,一般都必须包含分析栈的内容、当前输入符号或剩余的输入符号、采取的分析动作。

【解答】

对输入串 $ var id,id:int $ 的分析过程如表 4-3 所示。

表 4-3 对符号串 $ var id, id：int $ 的分析过程

分析步骤	分析栈	剩余输入符号串	动作/使用的产生式
1	$ A	var id, id：int $	推导/ A→var B
2	$ B var	var id, id：int $	匹配
3	$ B	id, id：int $	推导/ B→CB'
4	$ B' C	id, id：int $	推导/ C→D;F'
5	$ B' F：D	id, id：int $	推导/ D→ED'
6	$ B' F：D' E	id, id：int $	推导/ E→id
7	$ B' F：D' id	id, id：int $	匹配
8	$ B' F：D'	, id：int $	推导/ D'→,D
9	$ B' F：D,	, id：int $	匹配
10	$ B' F：D	id：int $	推导/ D→ED'
11	$ B' F：D' E	id：int $	推导/ E→id
12	$ B' F：D' id	id：int $	匹配
13	$ B' F：D'	：int $	推导/ D'→ε
14	$ B' F：	：int $	匹配
15	$ B' F	int $	推导/ F→int
16	$ B' int	int $	匹配
17	$ B'	$	推导/ B'→ε
18	$	$	分析成功

4. 对于文法 G4-3[E]:

(1) E→T+E|T;

（2）T→FT|F；

（3）F→F↑|P；

（4）P→(E)|a|b|c。

① 构造提取左公因子、消除左递归后的等价文法 G′4-3[E]。

② 计算文法 G′4-3 的每个非终结符的 FIRST 和 FOLLOW。

③ 证明文法 G′4-3 是 LL(1)的。

④ 构造它的预测分析表。

⑤ 给出对符号串(a+b)↑c 的分析过程，并说明它是否是文法的句子。

⑥ 构造其递归下降分析程序。

【解答】

这是一道综合题目，要求读者比较全面地掌握自顶向下的分析方法。前后问题环环相扣，需要细心解答。

（1）分别对产生式(1)和(2)提取左公因子：

E→T(+E |ε)，化简得 E→TE′,E′→+E|ε；

T→F(T|ε)，化简得 T→FT′,T′→T|ε。

消除产生式 F→F↑|P 中的直接左递归，得：F→PF′,F′→↑F′|ε。

等价文法 G′4-3[E]如下：

E→TE′,

E′→+E|ε,

T→FT′,

T′→T|ε,

F→PF′,

F′→↑F′|ε,

P→(E)|a|b|c。

（2）FIRST(E)＝FIRST(T)＝FIRST(F)＝FIRST(P)＝{(, a, b, c}；

FIRST(E′)＝{+, ε}；

FIRST(T′)＝ FIRST(T)∪{ε}＝{(, a, b, c, ε}；

FIRST(F′)＝{↑, ε}。

从最后一个产生式以及 E 是开始符号得 FOLLOW(E)＝{$,)}。

FOLLOW(E′)＝FOLLOW(E)＝{$,)}；

FOLLOW(T)＝FOLLOW(T′)＝(FIRST(E′)−{ε})∪FOLLOW(E)＝{$,), +}；

FOLLOW(F)＝FOLLOW(F′)＝(FIRST(T′)−{ε})∪FOLLOW(T)＝{(,a,b,c, $,),+}；

FOLLOW(P)＝(FIRST(F′)−{ε})∪FOLLOW(F)＝{↑, (, a, b, c, $,), +}。

（3）只需要考虑形式为 P→α|γ 的产生式，为判断文法是否满足 LL(1)的条件，分别考虑如下：

对于 E′→+E|ε，由于 SELECT(E′→+E)={+},SELECT(E′→ε)=FOLLOW(E′)={$,)},
SELECT(E′→+E)∩SELECT(E′→ε)＝ {+}∩{ $,)}=∅；

对于 T′→T|ε,SELECT(T′→T)∩SELECT(T′→ε)={ (, a, b, c}∩{$,),+}=∅；

对于 $F'→↑F'|\varepsilon$,SELECT$(F'→↑F')\cap$SELECT$(F'→\varepsilon)=\{↑\}\cap\{(, a, b, c, \$,), +\}=\varnothing$;

对于 $P→(E)|a|b|c$,显然每个候选式的 SELECT 集合两两不相交。

所以,该文法是 LL(1)的。

(4) 根据问题(2)的结果,构造的预测分析表如表 4-4 所示。

表 4-4　文法 G4-3 的预测分析表

非终结符	输入符号							
	+	↑	(	)	a	b	c	$
E			E→TE′		E→TE′	E→TE′	E→TE′	
E′	E′→+E			E′→ε				E′→ε
T			T→FT′		T→FT′	T→FT′	T→FT′	
T′	T′→ε		T′→T	T′→ε	T′→T	T′→T	T′→T	T′→ε
F			F→PF′		F→PF′	F→PF′	F→PF′	
F′	F′→ε	F′→↑F′	F′→ε	F′→ε	F′→ε	F′→ε	F′→ε	F′→ε
P			P→(E)		P→a	P→b	P→c	

也可以从分析表中没有多重入口来说明文法是 LL(1)的。

(5) 对符号串(a+b)↑c 的分析过程如表 4-5 所示。步骤比较多,读者需细心领会。

表 4-5　对符号串(a+b)↑c 的分析过程

分析步骤	分析栈	剩余输入符号串	动作/使用的产生式
1	$ E	(a+b) ↑c $	推导/ E→TE′
2	$ E′T	(a+b) ↑c $	推导/ T→FT′
3	$ E′T′F	(a+b) ↑c $	推导/ F→PF′
4	$ E′T′ F′P	(a+b) ↑c $	推导/ P→(E)
5	$ E′T′ F′)E(	(a+b) ↑c $	匹配
6	$ E′T′ F′)E	a+b) ↑c $	推导/ E→TE′
7	$ E′T′ F′) E′T	a+b) ↑c $	推导/ T→FT′
8	$ E′T′ F′) E′ T′F	a+b) ↑c $	推导/ F→PF′
9	$ E′T′ F′) E′ T′ F′P	a+b) ↑c $	入栈/ P→a
10	$ E′T′ F′) E′ T′ F′a	a+b) ↑c $	匹配
11	$ E′T′ F′) E′ T′ F′	+b) ↑c $	推导/ F′→ε
12	$ E′T′ F′) E′ T′	+b) ↑c $	推导/ T′→ε
13	$ E′T′ F′) E′	+b) ↑c $	推导/E′→+E
14	$ E′T′ F′) E+	+b) ↑c $	匹配
15	$ E′T′ F′) E	b) ↑c $	推导/ E→TE′
16	$ E′T′ F′) E′ T	b) ↑c $	推导/ T→FT′
17	$ E′T′ F′) E′ T′ F	b) ↑c $	推导/ F→PF′
18	$ E′T′ F′) E′ F′ P	b) ↑c $	推导/ P→b

分析步骤	分析栈	剩余输入符号串	动作/使用的产生式
19	$E'T' F')$ E' F' b	b) ↑c $	匹配
20	$E'T' F')$ E' F'	) ↑c $	推导/ F'→ε
21	$E'T' F')$ E'	) ↑c $	推导/ E'→ε
22	$E'T' F')$	) ↑c $	匹配
23	$E'T' F'$	↑c $	推导/F'→↑F'
24	$E'T' F'$↑	↑c $	匹配
25	$E'T' F'$	c $	推导/ F'→ε
26	$E'T'$	c $	推导/ T'→T
27	E' T	c $	推导/ T→FT'
28	$E'T'$ F	c $	推导/ F→PF'
29	$E'T' F'$ P	c $	推导/ P→c
30	$E'T' F'$ c	c $	匹配
31	$E'T' F'$	$	推导/ F'→ε
32	$E'T'$	$	推导/ T'→ε
33	E'	$	推导/ E'→ε
34	$	$	分析成功

分析成功,说明输入串(a＋b)↑c是该文法的一个句子。

(6) C类型语言的递归下降程序如下。要注意对产生式类型 E→TE′和 E′→＋E|ε 的不同处理。对于 E→TE′,若当前符号 lookahead 不在 FIRST(T)中,则调用错误处理子程序。而对于 E′→＋E|ε,若当前符号 lookahead 不在 FIRST(＋E)中,则需要再检查它是否在 FOLLOW(E′)中,否则调用错误处理子程序。

```
void E( )
{ if (lookahead == ′(′ ‖ lookahead == ′a′ ‖ lookahead == ′b′ ‖ lookahead == ′c′)
    { T();
       E′();
    }else error( );
}
void E′()
{ if (lookahead == ′＋′)
    { match( ′＋′);
    E′();
    } else if (lookahead ! = ′)′ ‖ lookahead ! = ′$′) error();
}
void T( )
{ if (lookahead == ′(′ ‖ lookahead == ′a′ ‖ lookahead == ′b′ ‖ lookahead == ′c′)
    { F();
```

```
            T′();
        }else error();
    }
    void T′()
    { if (lookahead == ′(′ ‖ lookahead == ′a′ ‖ lookahead == ′b′ ‖ lookahead == ′c′)
        { T();
        }else if (lookahead ! = ′)′ ‖ lookahead ! = ′+′ ‖ lookahead ! = ′$′) error();
    }
    void F()
    { if (lookahead == ′(′ ‖ lookahead == ′a′ ‖ lookahead == ′b′ ‖ lookahead == ′c′)
        { P();
            F′();
        }else error();
    }
    void F′()
    { if (lookahead == ′↑′) { match(′↑′); F′();}}
    void P()
    { if (lookahead == ′a′ ‖ lookahead == ′b′ ‖ lookahead == ′c′) match(lookahead);
        else if (lookahead == ′(′) {
                match(′(′);
                E();
                if (lookahead == ′)′) match(′)′);
                else error();
            }else error();
    }
```

4.3　练习与参考答案

1. 证明:含有左递归的文法不是 LL(1)文法。

【解答】

解释 1:对任一个左递归文法,存在一个 $A \in V_N$,有 $A \rightarrow A\alpha$,在面对 FIRST(A)中的符号时,会反复使用产生式 $A \rightarrow A\alpha$,无法终止,故含有左递归的文法不是 LL(1)的。

解释 2:对任一个左递归文法,存在一个 $A \in V_N$,有 $A \xrightarrow{+} A\cdots$,因此,文法中必有如下规则。

$A \rightarrow A_1 \cdots, A \rightarrow A_2 \cdots, \cdots\cdots, A_n \rightarrow A\alpha | \beta$。

由这些规则可得 $A\alpha \xrightarrow{+} \beta\cdots\alpha$,从而 FIRST(A$\alpha$)∩FIRST($\beta$)≠∅,不满足 LL(1)文法定义。因此,含有左递归的文法都不是 LL(1)文法。

2. 对于文法 G4.11[S]：S→uBDz，B→Bv|w，D→EF，E→y|ε，F→x|ε。

（1）计算文法 G4.11 各非终结符的 FIRST 集和 FOLLOW 集，以及各产生式的 SELECT集。

（2）判断该文法是否是 LL(1)文法。

（3）若不是 LL(1)文法，则修改此文法，使其成为能产生相同语言的 LL(1)文法。

【解答】

（1）文法 G 所有非终结符的 FIRST 集和 FOLLOW 集：

FIRST(S)＝{u}；   FOLLOW(S)＝{ $ }；

FIRST(B)＝{w}；   FOLLOW(B)＝{v,x,y,z}；

FIRST(D)＝{x,y,ε}；   FOLLOW(D)＝{z}；

FIRST(E)＝{y,ε}；   FOLLOW(E)＝{x,z}；

FIRST(F)＝{x,ε}；   FOLLOW(F)＝{z}。

文法 G 各产生式的 SELECT 集：

SELECT(S→uBDz)＝{u}；

SELECT(B→Bv)＝FIRST(B)＝{w}；

SELECT(B→w)＝{w}；

SELECT(D→EF)＝(FIRST(EF)－{ε})∪FOLLOW(D)＝{x, y, z}；

SELECT(E→y)＝{y}；

SELECT(E→ε)＝(FIRST(ε)－{ε})∪FOLLOW(E)＝{x, z}；

SELECT(F→x)＝{x}；

SELECT(F→ε)＝(FIRST(ε)－{ε})∪FOLLOW(F)＝{z}。

（2）对于产生式 B→Bv|w，有 SELECT(Bv)∩SELECT(w)＝{w}≠∅。所以该文法不是 LL(1)文法。

（3）消除左递归即可：

S→uBDz，B→wB′，B′→vB′|ε，D→EF，E→y|ε，F→x|ε。

3. 已知布尔表达式文法 G4.12[bexpr]：

bexpr→bexpr or bterm|bterm，

bterm→bterm and bfactor|bfactor，

bfactor→not bfactor|(bexpr)|true|false。

改写文法 G4.12 为扩充的巴克斯范式，并为每个非终结符构造递归下降分析子程序。

【解答】

（1）改写后的巴克斯范式为：

bexpr→bterm {or bterm}，

bterm→bfactor {and bfactor}，

bfactor→not bfactor|(bexpr)|true|false。

（2）用类 Pascal 语言写出其递归预测分析子程序：

procedure bexpr;

begin

　bterm

```
      while(lookahead = 'or')
      begin
        match ('or');
        bterm;
      end;
    end;

  procedure bterm;
  begin
    bfactor;
    while(lookahead = 'and');
    begin
      match ('and');
      bfactor;
    end;
  end;

  procuder bfactor;
  begin
    case lookahead of
    'not':begin
          match('not');
          bfactor;
        end;
    '(':begin
        match ('(');
        bexpr;
        match(')');
      end;
    'true': match('true');
    'false':match('false');
    other error();
    end case
  end;
```

4. 已知用 EBNF 表示的文法 G4.13[A]：

A→[B,

B→X] {A},

X→(a|b) {a|b}。

试用类 C 或类 Pascal 语言写出其递归下降子程序。

【解答】

类 C 程序如下：

```
void A( )
{  if lookahead == '['
        { match( '[' ); B( );}
    else error( );
}
void B( )
{ X( );
  if lookahead == ']'
        { match( ']' );
          while (lookahead in FIRST(A))
                A( );
        }
    else error();
}
void X( )
{ if (lookahead == 'a' || lookahead == 'b')
      {Getsym();
        while (lookahead == 'a' || lookahead == 'b')
          Getsym();
      }
    else error();
}
```

5. 已知文法 G4.14[S]：

S→(L)|a,

L→L, S|S。

(1) 消除文法 G4.14 的左递归,并为每个非终结符构造不带回溯的递归子程序。

(2) 经改写后的文法是否是 LL(1) 文法？给出它的预测分析表。

(3) 给出输入串（a，a)$ 的分析过程,并说明该符号串是否为文法 G4.14 的句子。

【解答】

(1) ① 消除文法 G[S]中的直接左递归得：

S→(L)|a,

L→SL',

L'→, SL'|ε。

② 用类 Pascal 语言构造 G[S]的递归下降分析器：

procedure S;

```
begin
    case lookahead of
     '(' :begin
            match ('(');
            L;
            match (')');
            end;
        'a' :match('a')
        other error( );
end;

procedure L;
begin
    S;L';
end;

procedure L';
begin
    if(lookahead = ',') then
    begin
        match(',');
        s;L';
    end;
end;
```

(2) 根据文法 G' 有：

FIRST(S)={(, a};FOLLOW(S)={',', \$ };

FIRST(L)={(, a};FOLLOW(L)={)};

FIRST(L')={',',ε};FOLLOW(L')={)}。

按以上结果,构造预测分析表,如表 4-6 所示。

表 4-6 预测分析表

非终结符	输入符号				
	(	)	,	a	\$
S	S→(L)			S→a	
L	L→SL'			L→SL'	
L'		L'→ε	L'→, SL'		

因为 LL(1) 分析表不含多重定义入口,所以文法 G′是 LL(1)文法。

预测分析器对输入串(a,a)$ 做出的分析动作如表 4-7 所示。

表 4-7 对输入串 (a,a)的分析过程

分析步骤	STACK 栈	剩余输入符号串	动作/使用的产生式
1	$ S	(a, a) $	推导/ S→(L)
2	$)L(	(a, a) $	匹配
3	$)L	a, a) $	推导/ L→S L′
4	$)L′S	a, a) $	推导/S→a
5	$)L′a	a, a) $	匹配
6	$)L′	, a) $	推导/L′→,S L′
7	$)L′S,	, a) $	匹配
8	$)L′S	a) $	推导/S→a
9	$)L′a	a) $	匹配
10	$)L′	) $	推导/ L′→ε
11	$)	) $	匹配
12	$	$	分析成功

分析成功,说明输入串(a,a)是该文法的一个句子。

6. 对于文法 G4.15[R]:

R→R ′|′ T|T,

T→TF|F,

F→F*|C,

C→(R)|a|b。

(1) 消除文法的左递归。

(2) 计算文法 G4.15 各非终结符的 FIRST 集和 FOLLOW 集。

(3) 构造 LL(1)分析表。

【解答】

(1) 消除文法中的左递归。

R→TR′,R′→′|′TR′|ε,

T→FT′,T′→FT′|ε,

F→CF′,F′→*F′|ε,

C→(R)|a|b。

(2) 计算 FIRST 集和 FOLLOW 集,如表 4-8 所示。

表 4-8 FIRST 和 FOLLOW 集

符号	FIRST	FOLLOW
R	(, a, b	$,)
R′	|, ε	$,)

符号	FIRST	FOLLOW
T	(, a , b	$,) , |
T′	(, a , b, ε	$,) , |
F	(, a , b	$,) , | , (, a , b
F′	* , ε	$,) , | , (, a , b
C	(, a , b	$,) , | , (, a , b, *

构造 LL(1)分析表,如表 4-9 所示。

表 4-9　LL(1)分析表

非终结符	输入符号						
	|	*	(	)	a	b	$
R			R→TR′		R→TR′	R→TR′	
R′	R′→′|′ TR′			R′→ε			R′→ε
T			T→FT′		T→FT′	T→FT′	
T′	T′→ε		T′→FT′	T′→ε	T′→FT′	T′→FT′	T′→ε
F			F→CF′		F→CF′	F→CF′	
F′	F′→ε	F′→* F′	F′→ε	F′→ε	F′→ε	F′→ε	F′→ε
C			C→(R)		C→a	C→b	

7. 已知文法 G4.16[A]:

A→aABe|a,B→Bb|d。

(1) 判断该文法在消除左递归、提取左因子后是否为 LL(1)文法。

(2) 写出输入串 aade $ 的分析过程。

【解答】

(1) ① 消除左递归、提取左因子后得 G′4.16 [A]:

A→aA′,

A′→ABe|ε,

B→dB′,

B′→bB′|ε。

② 计算 FIRST 集和 FOLLOW 集。

FIRST(A)={a};　　　FOLLOW (A)={d, $ };

FIRST(A′)={a, ε}; FOLLOW (A′)={d, $ };

FIRST(B)={d};　　　FOLLOW (B)={e};

FIRST(B′)={b, ε}; FOLLOW (B′)={e}。

③ 判断是否是 LL(1)文法。

考虑产生式 A′→Abe|ε,

FIRST(Abe)=FIRST(A)={a},FIRST(ε)={ε},FOLLOW (A′)= {d, $ },

FIRST(Abe) ∩FOLLOW (A′)={a}∩ {d, ＄ }=∅。

考虑产生式 B′→bB′|ε,有

FIRST(bB′)={b},FIRST(ε)={ε},FOLLOW (B′)= {e},

FIRST(bB′) ∩FOLLOW (B′)={b}∩{e}=∅。

所以文法 G′[A]是 LL(1)的。

预测分析表如表 4-10 所示。

表 4-10　预测分析表

非终结符	输入符号				
	a	b	d	e	＄
A	A→a A′				
A′	A′→ABe		A′→ε		A′→ε
B			B→dB′		
B′		B′→bB′		B′→ε	

也可由预测分析表中无多重入口判定文法是 LL(1)的。

（2）对输入串 aade＄ 的分析过程如表 4-11 所示。

表 4-11　对输入串 aade＄ 的分析过程

分析步骤	STACK 栈	剩余输入符号串	动作/使用的产生式
1	＄ A	aade ＄	推导/ A→a A′
2	＄ A′a	aade ＄	匹配
3	＄ A′	ade ＄	推导/ A′→ABe
4	＄ eBA	ade ＄	推导/ A→a A′
5	＄ eB A′a	ade ＄	匹配
6	＄ eB A′	de ＄	推导/ A′→ε
7	＄ eB	de ＄	推导/ B→dB′
8	＄ e B′d	de ＄	匹配
9	＄ e B′	e ＄	推导/B′→ε
10	＄e	e ＄	匹配
11	＄	＄	分析成功

可见输入串 aade 是文法的句子。

第5章 自底向上的语法分析

5.1 基本知识总结

本章讨论自底向上的语法分析,主要知识点如下。

1. 自底向上语法分析的关键问题和基本结构。

2. 规范规约、短语、直接短语、句柄、素短语和最左素短语的概念。

3. 算符优先分析方法:

(1) 算符优先文法的概念;

(2) 算符优先关系表的构造,FIRSTVT 和 LASTVT 的计算;

(3) 算符优先函数的构造;

(4) 算符优先分析算法。

4. LR 分析方法:

(1) 活前缀、LR(0)项、LR(1)项、LR 项集规范族的概念;

(2) 识别 LR 文法活前缀的 DFA 构造;

(3) LR(0)、SLR(1)、LALR(1)和规范 LR(1)文法,各种 LR 分析表的构造;

(4) 分析动作的冲突与解决方法;

(5) LR 分析过程。

5. 解决二义性文法造成的分析动作冲突的规则与分析表的构造。

6. 基于 LALR 文法的语法分析器自动生成工具 YACC 的应用。

重点:短语、句柄和最左素短语的概念,算符优先关系表的构造,算符优先分析方法,LR(0)项和 LR(1)项及其 DFA 的迭代构造方法,从 DFA 构造分析表,冲突动作的识别与解决,LR 文法的判断,SLR(1)和 LALR(1),核与同心集,LR 分析算法,YACC 的应用。

难点:句柄的识别,LASTVT 的计算,算符优先函数的构造,识别文法活前缀的 DFA 与 LR 项集规范族的关系,DFA 的构造,LR(1)项集的闭包函数,解决冲突性动作的规则,YACC 编程。

5.2 典型例题解析

1. 对于下列文法 G5-1[A]:

A→f(L),L→BD,D→BD,B→A|i。

(1) 请给出句型 f(A,f(iD)D)的所有短语、直接短语和句柄;

（2）请给出该句型的所有素短语和最左素短语。

【分析】 这类题目要求读者理解自底向上语法分析中"可归约串"的概念。"可归约串"对于规范的自底向上语法分析而言就是句柄,而句柄就是最左的直接短语,对应某个产生式的右部;"可归约串"对于算符优先分析而言就是最左素短语,而最左素短语就是一个句型中位置在最左边的素短语,素短语是至少包含一个终结符的最小的短语。这样就要知道什么是一个句型的短语。

按照定义,首先要证明一个句子 $\alpha\beta\gamma$ 存在一个从文法开始符号的推导,然后,在 $S \overset{*}{\Rightarrow} \alpha A\gamma$ 并且 $A \Rightarrow \beta$ 这样的推导中找出短语 β,若 β 与某个文法产生式的右部一样,则 β 就是直接短语,所有短语中在该句型中最左位置的就是句柄。

从句型的语法分析树上很容易找到句型的短语和直接短语。若 A 是句型 $\alpha\beta\gamma$ 的某个子树的根,其中 β 是由子树末端节点构成的符号串,则 β 是句型 $\alpha\beta\gamma$ 相对于 A 的短语。若这个子树只有一层分支,则 β 就是句型 $\alpha\beta\gamma$ 的直接短语。

【解答】

（1）方法 1：在 f(A,f(iD)D) 的推导过程中寻找短语、直接短语和句柄。

$A \Rightarrow f(L)$ 因为有 $A \Rightarrow f(L)$ 以及 $L \overset{*}{\Rightarrow} A,f(iD)D$,所以 A,f(iD)D 是短语。

   $\Rightarrow f(BD)$

   $\Rightarrow f(AD)$ 因为有 $A \Rightarrow f(BD)$ 以及 $B \overset{*}{\Rightarrow} A$,所以 A 是短语。

   $\Rightarrow f(A,BD)$

   $\Rightarrow f(A,AD)$

   $\Rightarrow f(A,f(L)D)$ 因为有 $A \Rightarrow f(A,f(L)D)$ 以及 $L \overset{*}{\Rightarrow} iD$,所以 iD 是短语。

   $\Rightarrow f(A,f(BD)D)$ 因为有 $A \Rightarrow f(A,f(BD)D)$ 以及 $B \overset{*}{\Rightarrow} i$,所以 i 是短语。

   $\Rightarrow f(A,f(iD)D)$ 因为有 $A \Rightarrow f(BD)$ 以及 $B \overset{*}{\Rightarrow} f(iD)$,所以 f(iD) 是短语。

句型 f(A,f(iD)D) 本身是一个短语。所以,句型 f(A,f(iD)D) 的短语有 6 个,它们是：A；i；iD；f(iD)；A,f(iD)D；f(A,f(iD)D),直接短语只有 A 和 i,该句型的句柄是 A。

方法 2：句型 f(A,f(iD)D) 的语法分析树如图 5-1 所示。

自下而上地考查 f(A,f(iD)D) 的语法树可得所有的短语为：i；iD；f(iD)；A；A,f(iD)D；f(A,f(iD)D),直接短语是 A 和 i,该句型的句柄是 A。

（2）从句型 f(A,f(iD)D) 的短语可以得到它的素短语是 i,它也是最左素短语。

2. 对于文法 G5-2 [S]：

S→aAb|c,A→B,B→BS|S。

（1）符号串 aBaAbaSbcb 是否是该文法的句型？为什么？

（2）若上述符号串是句型,写出该句型的所有短语、直接短语和句柄。

【解答】

（1）因为有下面的推导：S⇒aAb⇒aBb⇒aBSb⇒aBcb⇒aBScb⇒ aBaAbcb⇒ aBaBbcb⇒ aBaSbcb⇒ aBSaSbcb⇒ aBaAbaSbcb,所以符号串 aBaAbaSbcb 是该文法的句型。

（2）该句型的分析树如图 5-2 所示。

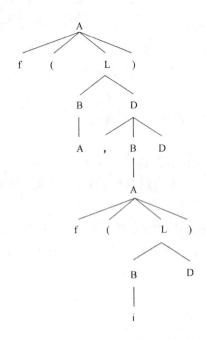

图 5-1　句型 f(A,f(iD)D)的语法分析树

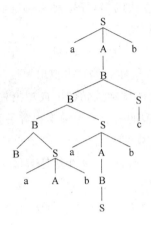

图 5-2　句型 aBaAbaSbcb 的语法分析树

自下而上地考查语法树可得所有的短语为:S,aSb,aAb,BaAb,BaAbaSb,c,BaAbaSbc, aBaAbaSbcb。直接短语是:aAb,S,c。句柄是 aAb。

3. 已知布尔表达式文法 G5-3[B]:

B→BoT|T,T→TaF|F,F→nF|(B)|t|f。

(1) G5-3 是算符优先文法吗?

(2) 若 G5-3 是算符优先文法,请给出输入串 tontaf 的分析过程。

【分析】　证明一个文法是算符优先文法的条件有 2 个:①该文法不含 2 个或以上邻接的非终结符,②每个终结符之间的优先关系唯一。对于第二个条件,需要为每个非终结符根据产生式计算 FIRSTVT 和 LASTVT 这两类集合,然后构造优先关系矩阵。

计算 FIRSTVT 或 LASTVT 集合时,对非终结符选择好的计算顺序可以加快计算时间,减少出错。由于有规则'若有产生式 P→R…,则所有 a∈FIRSTVT(R)都加入 FIRSTVT(P)',所以优先计算产生式'P→R…'中 R 的 FIRSTVT,就可能减少计算。

要特别注意结束标志'$'与其他终结符之间的关系的计算。假设文法的开始符号是 S,可以认为有 S 这样的产生式,于是就有 $≐$,对于所有 a∈FIRSTVT(S)都有 $⋖a,对于所有 b∈LASTVT(S)都有 b⋗$。

优先关系矩阵构造的规律是:对于形如…aP…的候选式,填写行标为 a 的一行,其中的每个列标是 b∈FIRSTVT(R),其中的每个表格填写优先性低的'⋖'符号。对于形如…Pa…的候选式,填写列标为 a 的一列,其中的每个行标是 b∈LASTVT(R),其中的每个表格填写优先性高的'⋗'符号。

因为算符优先分析方法忽略了单非产生式,所以,它对句型的分析过程比 LR 等规范分析方法要短。算符优先分析算法可以这样理解:首先把第一个输入符号移进符号栈,以后的每步,把栈顶的终结符(若栈顶是非终结符,则栈顶的第 2 个符号一定是终结符)a 和当前输入符号 b 比较,若 a ⋗ b 就执行归约,否则就执行移进动作。归约就是寻找一个右部和栈顶符号串"匹配"的产生式,用右部替换相应的栈顶符号串。在算符优先分析的方法中,2 个符号串"匹配"指的是它们的符号个数相同、对应位置的终结符一样,不考虑非终结符。

【解答】

(1) 显然,该文法没有并列的非终结符出现在任何候选式中。按照 F、T、B 的顺序计算每个非终结符的 FIRSTVT 和 LASTVT 集合:

FIRSTVT(F) = { n,(,t,f },FIRSTVT(T) = {a}∪FIRSTVT(F) = {a,n,(,t,f },

FIRSTVT(B) = {o}∪FIRSTVT(T) = {o,a,n,(,t,f },

LASTVT(F) = {n,),t,f },LASTVT(T) = {a}∪LASTVT(F) = {a,n,),t,f },

LASTVT(B) = {o}∪LASTVT(T) = {o,a,n,),t,f },

结果如下:

	FIRSTVT	LASTVT
B	o,a,n,(,t,f	o,a,n,),t,f
T	a,n,(,t,f	a,n,),t,f
F	n,(,t,f	n,),t,f

构造文法 G5-3 的算符优先关系的过程:逐个考查每个候选式中形式为 'Pa' 和 'aP' 的部分,然后填表。

对于 B→BoT,首先考查 Bo,在行号是每个 t∈LASTVT(B)、列号是 o 对应的表格上填算符优先关系 '⋗';然后考查 oT,在列号是每个 t∈FIRSTVT(B)、行号是 o 对应的表格上填算符优先关系 '⋖'。

对于开始符号 B,考虑存在 'B',就可得出结束符号 $ 与其他终结符的优先关系。

最终得到 G5-3 的算符优先关系,如表 5-1 所示。

表 5-1 例 3(1) 的 FIRSTVT 和 LASTVT 集合

	o	a	n	(	)	t	f	$
o	⋗	⋖	⋖	⋖	⋗	⋖	⋖	⋗
a	⋗	⋗	⋖	⋖	⋗	⋖	⋖	⋗
n	⋗	⋗	⋖	⋖	⋗	⋖	⋖	⋗
(	⋖	⋖	⋖	⋖	≐	⋖	⋖	⋗
)	⋗	⋗	⋗		⋗			⋗
t	⋗	⋗			⋗			⋗
f	⋗	⋗			⋗			⋗
$	⋖	⋖	⋖	⋖		⋖	⋖	≐

由于表 5-1 中的每对终结符之间的优先关系唯一,所以 G5-3 是算符优先文法。

(2) 算符优先分析的过程是不断移进和归约的过程。分析启动时符号栈的栈顶是标志 $,当前输入符号是 t。比较符号栈顶符号与当前输入符号,存在优先关系 $ ⋖ t,所以,把当前输入符号 t 移入符号栈。

继续比较符号栈顶符号与当前输入符号,存在优先关系 t ⋗ o,故执行归约。满足条件的有候选式 F→t,先把 t 从符号栈中弹出,再把 F 压在栈顶,输入指针保持不变,仍指向 o;

由于 F 是非终结符,所以把 $ 和 o 进行比较,由于存在 $ ⋖ o,所以把 o 移入符号栈。

如此继续,表 5-2 显示了对输入串 tontaf 的分析过程。

表 5-2　对字符串 tontaf 的分析过程

步骤	符号栈	输入串	归约或移进
1	$	tontaf $	移进
2	$ t	ontaf $	归约 F→t
3	$ F	ontaf $	移进
4	$ Fo	ntaf $	移进
5	$ Fon	taf $	移进
6	$ Font	af $	归约 F→t
7	$ FonF	af $	归约 F→nF
8	$ FoF	af $	移进
9	$ FoFa	f $	移进
10	$ FoFaf	$	归约 F→f
11	$ FoFaF	$	归约 B→BaB
12	$ FoB	$	归约 B→BoB
13	$ B	$	acc,接受

4. 为文法 G5-4[R]:

R→b|(T)T→T,R|R 构造算符优先关系表和优先函数关系。

【分析】　优先函数 f 和 g 的构造有 2 种常见的方法,方法 1 的步骤如下:

(1) 对每个包括结束符 $ 在内的终结符 a, 令 $f(a)=g(a)=1$;

(2) 逐一比较每一对终结符 a 和 b,

若 a ⋖ b,而 $f(a) \geqslant g(b)$,则令 $g(b)=f(a)+1$;

若 a ⋗ b,而 $f(a) \leqslant g(b)$,则令 $f(a)=g(b)+1$;

若 a ≐ b,而 $f(a) \neq g(b)$,则令 $\min\{g(a),f(a)\}=\max\{f(a),g(b)\}$。

重复步骤(2)直到过程收敛。如果重复过程中有一个函数值大于 $2n$(n 是终结符的个数),则表明该算符优先文法不存在优先函数。

为算符优先文法构造优先函数的方法 2 是用关系图法,步骤如下:

(1) 对每个包括结束符 $ 在内的终结符 a 分别用下脚标 f_a 和 g_a 为节点,画出 $2n$ 个节点;

(2) 若 a ⋗ b 或 a ≐ b,则从 f_a 到 g_b 画一条弧;若 a ⋖ b 或 a ≐ b,则从 g_b 到 f_a 画一条弧;

(3) 给每个节点赋一个数,次数等于从该节点出发所能达到的节点(包括该节点本身)的个数。赋给节点 f_a 的数就是函数 $f(a)$ 的值,赋给节点 g_b 的数就是函数 $g(b)$ 的值。

(4) 检查构造出的优先函数 f 和 g 与原来的优先关系矩阵是否有矛盾。若没有矛盾,则 f 和 g 就是所要的优先函数,否则就不存在优先函数。

需要注意,并非每个算符优先文法都存在优先函数,而且优先函数不唯一。

【解答】

首先计算 FIRSTVT 和 LASTVT 集合:FIRSTVT(R)={b,(},FIRSTVT(T)={',',b,(},LASTVT(R)={b,)},LASTVT(T)={',',b,)}。再加上一条产生式 S→ $ R $,就

可以得出结束符号 $ 与其他终结符的优先关系,如表 5-3 所示。

表 5-3　文法 G5-4 的算符优先关系矩阵

	b	(	)	,	$
b			⋗	⋗	⋗
(	⋖	⋖	≐	⋖	
)			⋗	⋗	⋗
,	⋖	⋖	⋗	⋗	
$	⋖	⋖			≐

下面为该算符优先文法构造优先函数。

方法 1:表 5-4 显示了优先函数构造过程。

表 5-4　文法 G5-4 的优先函数构造过程

迭代次数		b	(	)	,	$
0	f	1	1	1	1	1
	g	1	1	1	1	1
1	f	2	1	3	3	1
	g	2	2	1	2	1
2	f	3	1	3	3	1
	g	4	4	1	2	1
3	f	同第 2 次迭代结果				
	g					

由于迭代计算过程终止,故可得优先函数如表 5-5 所示。

表 5-5　文法 G5-4 的优先函数关系表

	b	(	)	,	$
f	3	1	3	3	1
g	4	4	1	2	1

方法 2:首先构造优先关系图,如图 5-3 所示。

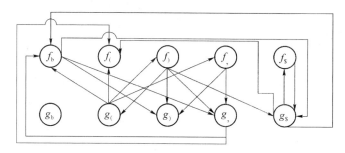

图 5-3　文法 G5-4 的优先函数关系图

由图 5-3 求优先函数的过程如下：

节点 f_b 所能达到的节点是：$\{g_),g_,,g_\$,f_(,f_b,f_\$\}$，所以其函数值为 6。

节点 g_b 没有出发连线，故其函数值为 1。同样，$f_($ 和 $g_)$ 的函数值为 1。

节点 $g_($ 能达到的节点除 g_b 之外，所以其函数值为 9。

节点 $f_)$ 能达到的节点除 g_b 之外，所以其函数值为 9。

节点 $f_,$ 所能达到的节点是：$\{g_),g_,,g_\$,f_(,f_b,f_\$\}$，所以其函数值为 7。

节点 $g_,$ 所能达到的节点同上，所以其函数值为 6。

节点 $f_\$$ 所能达到的节点是：$\{g_),g_,,g_\$,g_(,f_\$\}$，所以其函数值为 5。

节点 $g_\$$ 所能达到的节点是：$\{g_),g_,,g_\$,g_(,f_\$\}$，所以其函数值为 5。

优先函数的结果如表 5-6 所示。

表 5-6　文法 G5-4 的优先函数关系表

	b	(	)	,	$
f	6	1	9	7	5
g	1	9	1	6	5

可以验证，表 5-6 中优先函数的优先关系与表 5-4 的优先关系是一致的。比如，b 和 b 之间不存在优先关系，与函数 $f(b)$ 和 $g(b)$ 之间的数值关系不矛盾；又如有 b $\gtrdot$)，而 $f(b)=7$，$g(')')=1$，满足优先关系。

5. 对于文法 G5-5[S]：

$S{\rightarrow}DbB,D{\rightarrow}d|\varepsilon,B{\rightarrow}a|Bba|\varepsilon$。

(1) 证明它不是 LR(0) 文法，是 SLR(1) 文法，并给出 SLR(1) 分析表。

(2) 请给出对符号串 dbba 的分析过程。

【分析】　这个类型的题目已经明确地指出一个文法 G 不是某个类型的 LR 文法，证明过程就是找到一个包含冲突性动作的 LR 项集即可。冲突性动作有两类：①"归约－归约"冲突，即一个 LR 项集同时包含 2 个或者 2 个以上的归约项；②"归约－移进"冲突，即一个 LR 项集同时包含至少一个归约项和至少一个移进项。

证明文法 G 是某个类型的 LR 文法有 2 种方法。

方法 1：找出所有包含冲突性动作的 LR 项集，用 SLR(1) 方法或者搜索符逐个解决这些冲突，如果成功，则 G 就是相应的 LR 文法。

方法 2：为 G 按照某个 LR 方法构造分析表，若表中不含多重入口，则 G 就是 LR 文法。

为了简化分析，通常为 G[S]构造一个等价的拓广文法 G[S′]：增加一个不属于 G[S]的非终结符 S′作为文法的开始符号，以及一个新的产生式 S′→S。

构造出识别一个文法活前缀的确定有限状态机 DFA 之后，就容易构造出其分析表。构造 DFA 时，采用图的深度优先或广度优先方法，有助于提高 DFA 的构造的效率和正确性。

【解答】

构造 G5-5[S]的拓广文法 G5-5[S′]：

(0) S′→S,(1) S→DbB,(2) D→d,(3) D→ε,(4) B→a,(5) B→Bba,(6) B→ε。

(1) 逐步构造 G[S′]的 LR(0) 项集，直到出现了冲突性动作的 LR(0) 项集：

I_0　　$S'{\rightarrow} \cdot S,S{\rightarrow} \cdot DbB,D{\rightarrow} \cdot d,D{\rightarrow} \cdot$ 。

该项集同时包含了移进项 D→·d 和归约项 D→·,所以,G5-5 不是 LR(0)文法。

为了证明 G5-5 是一个 SLR(1)文法,需要构造其 LR(0)项集规范族,用 SLR(1)方法逐个解决包含冲突的项集。可以用 DFA 表示 LR(0)项集规范族,而且 DFA 有助于分析表的构造。

下面介绍一种按照图的广度优先策略构造 DFA 的过程。把 DFA 看作一个有向图,项集表示该图的节点,有向边就是一个状态转移,即从状态 I_i 经过文法的一个符号 X 到达状态 I_j,其中 X 是状态 I_i 表示的项集中的项的一个后继符号(即小圆点后的符号),而 $I_j=\text{GO}(I_i,X)$。从起始节点通过 GO 与 CLOSURE 函数增加新的状态(节点)和有向边,直到不再增加节点或边为止,这样就完成了 DFA 的构造。

本例起始 LR(0)项是 S′→·S,CLOSURE(S′→·S)={S′→·S,S→·DbB,D→·d,D→·},它就是 DFA 的起始状态节点,命名为 I_0。然后,逐个考查其中的每个 LR(0)项:若小圆点后面有符号 X(假如 P→γ·Xβ),就可能产生一个新状态节点,它包含的初始 LR(0)项就是 P→γX·β,计算 CLOSURE(P→γX·β)就得到该状态的项集,若是新项集,就分配一个新的状态名称。

例如,I_0 包含 S′→·S,小圆点“移过”S 后得到 S′→S·,它也就是一个新状态中的所有 LR(0)项,命名为 I_1。对 I_0 中的 S→·DbB,小圆点“移过”D 后得到 S→D·bB,也是一个新状态的 LR(0)项集,命名为 I_2。

如此继续,最终得到的 LR(0)项集规范集族如图 5-4 所示,其中节点下标号表达了构造顺序。

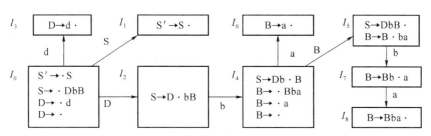

图 5-4　G5-5 的 LR(0)项集规范族

计算非终结符的后继符集,得 FOLLOW(S)={ $ },FOLLOW(D)={b},FOLLOW(B)={ $,b}。

考查状态 0:当面临输入符号 d 时移进,在面临 b∈FOLLOW(D)时,用 D→ε 归约。

考查状态 4:当面临输入符号 a 时移进,在面临 b 或 $ ∈FOLLOW(D)时,用 B→ε 归约。

所以,G5-5 可以用 SLR(1)方法解决所有的分析动作冲突,故是 SLR(1)文法。

下面介绍如何根据 DFA 直接构造分析表的方法。考查 DFA 中的每个 LR(0)项集 I_i,根据下列情况完成填表:

① 若包含了接受项 S′→S·,则在状态各行 i、$ 列的表格填写′acc′,表示接受;

② 若包含了归约项 R→β·,则对于每个 a∈FOLLOW(R),在状态各行 i、a 列的表格填写′r_j′,其中 j 是产生式 R→β 的编号;

③ 若有一条离开 I_i 到 I_j 的弧,若标记 X 是终结符,则在行 i、列 X 的表格填写′s_j′,表示移进;若标记 X 是非终结符,则在行 i、列 X 的表格填写′j′,表示状态转移。

例如在状态 0,包含了归约项 D→·,而 FOLLOW(D)＝{b},产生式 D→ε 的编号是 3,所以在表[0,b]填写'r3';有一条从状态 0 到状态 3 的、标记是 d 的弧,故在表[0,d]填写's3';有一条从状态 0 到状态 1 的、标记是 S 的弧,故在表[0,S]填写'1',对从状态 0 到状态 2 的、标记是 D 的弧,故在表[0,D]填写'2'。

表 5-7 为构造的 SLR(1)分析表,注意状态 0 和状态 4 行的内容。

表 5-7　G5-5 的 LALR(1)分析表

状态	ACTION				GO		
	a	b	d	$	S	B	D
0		r3	s3		1		2
1				acc			
2		s4					
3		r2					
4	s6	r6		r6		5	
5		s7		r1			
6		r6		r6			
7	s8						
8		r5		r5			

由于表 5-7 没有多重入口,所以该文法是一个 SLR(1)文法。

(2) 对符号串 dbba 的分析过程如表 5-8 所示。归约时要特别小心:首先是把符号栈顶的符号串(句柄)用产生式的右部替换,同时删除状态栈栈顶等于句柄长度的状态数,然后根据此时状态栈顶与符号栈顶得到对应的状态,放在状态栈的栈顶,即 GO 函数的值。要保持状态栈的元素个数等于符号栈的符号数目。注意在步骤 4 时对空符号串的归约。

表 5-8　对符号串 dbba 的分析过程

步骤	状态栈	符号栈	输入串	ACTION	GO
1	0	$	dbba $	s3	
2	03	$ d	bba $	r2,归约 D→d	2
3	02	$ D	bba $	s4	
4	024	$ Db	ba $	r4,归约 B→ε	5
5	0245	$ DbB	ba $	s7	
6	02457	$ DbBb	a $	s8	
7	024578	$ DbBba	$	r5,归约 B→Bba	5
8	0245	$ DbB	$	r1,归约 S→DbB	1
9	01	$ S	$	接受	

6. 给定文法 G5-6[S]:

S→dBb|Ba|cb|AA,B→c,A→Ac|b。

(1) 请说明它是 LR(0)、SLR(1)、LALR(1)或者 LR(1)文法中的哪一类。

(2) 构造相应的分析表。

【分析】 LR 分析方法通常包含 LR(0)、SLR(1)、LALR(1) 和 LR(1)4 类,这个顺序也是它们分析能力由弱到强的排序。一般而言,人们总是尽量地使用满足条件的最弱的 LR 分析器,以便减少编译器的工作量,提高运行效率。

对于这类问题,首先要判断一个文法 G 是否是 LR(0) 文法,即没有 LR(0) 项集包含移进-归约冲突或者归约-归约冲突;否则,运用 SLR(1) 方法,看能否解决 G 中的冲突性动作;如果 G 也不是 SLR(1) 文法,就使用超前搜索符,构造 LR(1) 项集规范族和 GO 函数,看 G 是否是 LR(1) 文法;对于 LR(1) 文法,再检查合并同心集后的 G 中是否产生新的归约-归约冲突,若没有,则 G 是 LALR(1) 文法。

在说明一个文法不是某类文法时,采用的是反证技术:只要找到一个冲突项集即可。但是,要说明一个文法是某类文法时,则要证明每一个项集都不含冲突,通常就是解释为可以用某种方法解决存在的冲突动作。

各种 LR 分析表的主要差别在归约项的构造:LR(0) 对所有终结符都归约,SLR(1) 只对后继符 FOLLOW 中的终结符归约,LALR(1) 和 LR(1) 仅对搜索符归约。

【解答】

该文法的拓广文法是:

(0) $S' \rightarrow S$,(1) $S \rightarrow dBb$,(2) $S \rightarrow Ba$,(3) $S \rightarrow cb$,(4) $S \rightarrow AA$,(5) $B \rightarrow c$,(6) $A \rightarrow Ac$,(7) $A \rightarrow b$。

首先看 G5-6[S] 是否是 LR(0) 文法。构造该文法的 LR(0) 项集规范族如下。

I_0 $\{S' \rightarrow \cdot S, S \rightarrow \cdot dBb, S \rightarrow \cdot Ba, S \rightarrow \cdot cb, S \rightarrow \cdot AA, B \rightarrow \cdot c, A \rightarrow \cdot Ac, A \rightarrow \cdot b\}$,

I_1 $\{S' \rightarrow S \cdot\}$,

I_2 $\{S \rightarrow d \cdot Bb, B \rightarrow \cdot c\}$,

I_3 $\{S \rightarrow B \cdot a\}$,

I_4 $\{S \rightarrow c \cdot b, B \rightarrow c \cdot\}$。

由于项集 I_4 中同时包含移进项 $S \rightarrow c \cdot b$ 和归约项 $B \rightarrow c \cdot$,所以 G5-6[S] 不是 LR(0) 文法。

其次,检查 G5-6[S] 是否是 SLR(1) 文法,需要计算出该文法中非终结符的后继符集 FOLLOW,得 $FOLLOW(S') = FOLLOW(S) = \{\$\}$,$FOLLOW(A) = \{\$, b, c\}$,$FOLLOW(B) = \{a, b\}$。对于项集 I_4,由于移进符号 b 属于 $FOLLOW(B)$,所以 G5-6[S] 也不是 SLR(1) 文法。

下面再构造文法 G5-6[S] 的 LR(1) 项集规范族,检查它是否是 LR(1) 文法。需用到 A 的首符集,$FIRST(A) = \{b\}$。

作为例子,下面分别给出一个 LR(1) 项目以及 GO 函数的计算过程。

(1) 初始 LR(1) 项集 I_0 的计算过程:

I_0 的种子项是 $[S' \rightarrow \cdot S, \$]$,对其进行闭包运算的结果就是 I_0,即 $I_0 = CLOSURE(\{[S' \rightarrow \cdot S, \$]\})$。不断考虑形式为 $[A \rightarrow \alpha \cdot B\beta, a]$ 的 LR(1) 项。

首先考虑项目 $[S' \rightarrow \cdot S, \$]$,得到

$I_0 = CLOSURE(\{[S' \rightarrow \cdot S, \$]\}) = CLOSURE(\{[S' \rightarrow \cdot S, \$], [S \rightarrow \cdot dBb, \$],$ $[S \rightarrow \cdot Ba, \$], [S \rightarrow \cdot cb, \$], [S \rightarrow \cdot AA, \$]\})$。

然后考虑项目 $[S \rightarrow \cdot Ba, \$]$,由于 $FIRST(a\$) = \{a\}$,所以 I_0 包含项目 $[B \rightarrow \cdot c, a]$,即

$I_0 = CLOSURE(\{[S' \rightarrow \cdot S, \$], [S \rightarrow \cdot dBb, \$], [S \rightarrow \cdot Ba, \$], [S \rightarrow \cdot cb, \$],$ $[S \rightarrow \cdot AA, \$], [B \rightarrow \cdot c, a]\})$。

注意：I_0 中项目[S→·Ba,$]的搜索符是从[S′→·S,$]继承得来，而[B→·c,a]中的搜索符则是从计算 S→·Ba 中 B 后面符号串的首符集得到的。

再考虑项目[S→·AA,$]，由于 FIRST(A$)= FIRST(A)={b}，所以 I_0 包含项目[A→·Ac,b]和[A→·b,b]，即

I_0=CLOSURE ({[S′→·S,$],[S→·dBb,$],[S→·Ba,$],[S→·cb,$],[S→·AA,$],[B→·c,a],[A→·Ac,b],[A→·b,b]})。

接着考虑项目[A→·Ac,b]，由于 FIRST(c$)= {c}，所以 I_0 包含项目[A→·Ac,c]和[A→·b,c]，即

I_0=CLOSURE ({[S′→·S,$],[S→·dBb,$],[S→·Ba,$],[S→·cb,$],[S→·AA,$],[B→·c,a],[A→·Ac,b],[A→·b,b],[A→·Ac,c],[A→·b,c]})。

合并具有同心核的项目，最终得到

I_0={[S′→·S,$],[S→·dBb,$],[S→·Ba,$],[S→·cb,$],[S→·AA,$],[B→·c,a],[A→·Ac,b/c],[A→·b,b/c]}。

(2) 计算在 I_0 中小圆点越过符号 A 后的项集，即 GO(I_0,A)的计算过程：

首先在 I_0 中找出小圆点越过符号 A 后的项集，得到初始的 GO(I_0,A)=

CLOSURE ({[S→A·A,$],[A→A·c,b/c]})。

然后，继续进行闭包运算，得 GO(I_0,A)=

CLOSURE ({[S→A·A,$],[A→A·c,b/c],[A→·Ac,$],[A→·b,$]})=

CLOSURE ({[S→A·A,$],[A→A·c,b/c],[A→·Ac,$],[A→·b,$],[A→·Ac,c],[A→·b,c]})=

{[S→A·A,$],[A→A·c,b/c],[A→·Ac,$/c],[A→·b,$/c]}。

注意，小圆点越过一个符号后直接得到的 LR(1)项目的搜索符是继承而来的。在随后的闭包运算中才需要为新的 LR(1)项目计算新的搜索符，或者使用继承来的搜索符。

LR(1)项集规范族的构造过程可以采用图的广度优先策略。文法 G5-6[S]完整的 LR(1)项集规范族与 GO 函数如图 5-5 所示。

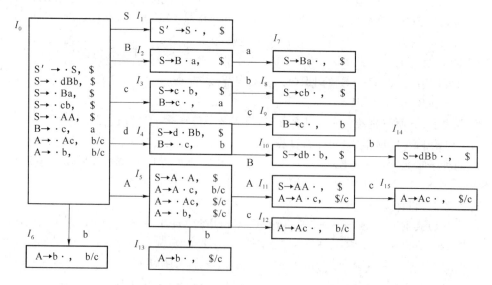

图 5-5　G5-6[S]的 LR(1)项集规范族与 GO 函数

根据图 5-5 构造的 LR(1)分析表如表 5-9 所示。LR(1)分析表与 SLR(1)的构造过程类似,区别在于处理项集中的归约项。比如状态 3 包含了归约项[B→c·,a],需要在状态行 3 与搜索符号 a 的列所对应的表格填写'r5'。

表 5-9　文法 G5-6[S]的 LR(1)分析表

状态	ACTION					GO		
	a	b	c	d	$	S	B	A
0		s6	s3	s4		1	2	5
1					acc			
2	s7							
3	r5	s8						
4			s9					10
5		s13	s12					11
6		r7	r7					
7					r2			
8					r3			
9		r5						
10		s14						
11			s15		r4			
12		r6	r6					
13			r7		r7			
14					r1			
15			r6		r6			

由于表 5-9 不含多重入口,所以 G5-6[S]是 LR(1)文法。

合并同心集 I_6 和 I_{13},并把合并后的项集重新命名为 I_6,使原来的 I_6 和 I_{13} 都对应 I_6,这样在[5,b]的 s13 改成 s6;合并同心集 I_{12} 和 I_{15},把合并后的项集重新命名为 I_{12},使原来的 I_{12} 和 I_{15} 都对应 I_{12},这样在[11,c]的 s15 改成 s12;同时去掉项集 I_{13} 和 I_{15},最终得到表 5-10。

表 5-10　文法 G5-6[S]的 LALR(1)分析表

状态	ACTION					GO		
	a	b	c	d	$	S	B	A
0		s6	s3	s4		1	2	5
1					acc			
2	s7							
3	r5	s8						
4			s9					10
5		s6	s12					11
6		r7	r7		r7			

状态	ACTION					GO		
	a	b	c	d	$	S	B	A
7					r2			
8					r3			
9		r5						
10		s14						
11			s12		r4			
12		r6	r6		r6			
13					r1			

由于表 5-10 没有多重入口,即合并同心集后得到的 LALR(1)分析表不存在冲突,所以 G5-6[S]是一个 LALR(1)文法。

7. 考虑如下的公式排版文法 G5-7[T],其中 sub T 表示 T 为下标,sup T 表示 T 为上标。例如,对句子 b sub 2 sup i 的正常输出(排版)是 b_2^i 而不是 $b_2{}^i$。

(1) T→T sub T sup T;

(2) T→T sub T;

(3) T→T sup T;

(4) T→(T);

(5) T→a。

问题:

(1) 证明该文法是一个二义性文法。

(2) 构造出 LR 项目集规范族说明文法 G5-7 不是 LR 文法。

(3) 给出解决文法 G5-7 二义性的规则,并以此构造出 LR 分析表。

(4) 给出句子 a sub a sup a 的分析过程加以证明(3)中方法的有效性。

【分析】 任何二义性文法既不是 LL(k)文法也不是 LR(k)文法,故无论超前搜索多少个输入符号,也不能用 LL(k)或 LR(k)分析器进行语法分析。解决这类问题通常有两种方法:①改造二义性文法为非二义性文法;②使用某些规则,解决 LL 或 LR 分析表中的冲突。方法②不改变原来简洁的文法,指定规则灵活,经常运用在编译生成工具中,如 YACC。常见的规则是符号之间的优先级、结合性等,采用 SLR(1)的方法解决动作冲突。实际上,改造的非二义性文法是把这些规则隐含在了文法当中。

【解答】

(1) 只要对句子 a sub a sup a 给出 2 个不同的最左(右)推导,就证明了文法 G5-7 的二义性。

最左推导 1:T⇒T sub T⇒a sub T⇒a sub T sup T⇒a sub a sup T⇒a sub a sup a。

最左推导 2:T⇒T sup T⇒a sub T sup T⇒a sub a sup T⇒a sub a sup a。

(2) 给出拓广文法如下 G[S]:

(0)S→T,(1)T→T sub T sup T,(2)T→T sub T,(3)T→T sup T,(4)T→(T),(5)T→a。

首先构造 LR(0)项集,说明 G5-7 不是 LR(0)文法、也不是 SLR(1)文法。

I_0 S→・T,T→・T sub T sup T, T→・T sub T,T→・T sup T,T→・(T),T→・a。

I_1 S→T・,T→T・sub T sup T,T→T・sub T,T→T・sup T。

由于项集 1 中同时包含了归约项 S→T・和移进项 T→T・sub T,所以 G5-7 不是 LR(0)文法。

计算 T 的后继符集,得 FOLLOW(T)={ $,sub,),sup}。由于 FOLLOW(T)同时包含了 sub、sup 及 $,所以 SLR(1)方法也不能解决项集 1 中的归约一移进冲突,故 G5-7 不是 SLR(1)文法。

下面构造 LR(1)项集,说明 G5-7 也不是 LR(1)和 LALR(1)文法。其中搜索符 $ /sub/ sup 的计算过程如下:初始项 [S→・T, $]只包含一个搜索符 $,然后进行闭包运算得到 [T→・T sub T sup T, $],[T→・T sub T, $],[T→・T sup T, $],[T→・(T), $]和 [T→・a, $]。继续对它们进行闭包运算,就增加了搜索符 sub 和 sup。

I_0 [S→・T, $],

       [T→・T sub T sup T, $ /sub/sup],

       [T→・T sub T, $ /sub/sup],

       [T→・T sup T, $ /sub/sup],

       [T→・(T), $ /sub/sup],

       [T→・a, $ /sub/sup]。

I_1 [S→T・, $],

       [T→T・sub T sup T, $ /sub/sup],

       [T→T・sub T, $ /sub/sup],

       [T→T・sup T, $ /sub/sup]。

超前搜索符也不能解决项集 1 中的归约一移进冲突,所以 G5-7 不是 LR(1)文法,当然也就不是 LALR(1)文法。

还可以继续尝试超前搜索 $k>1$ 个符号,也不能解决项集 1 中的归约一移进冲突。已经证明,二义性文法不是 LR(k)文法。

(3) 为了找出合适的非二义性规则,需要仔细分析题目给出的例子和所有包含冲突的项集,为 G5-7 构造的 LR(0)项集规范集族如图 5-6 所示。

为了避免图过于复杂、影响阅读主要项集与转移函数,图 5-6 没有画出从状态 2、4、5、10 经过'a'到达状态 3 的弧线。也没有画出从状态 4、5、10 经过'('到状态 9 的弧线。

在状态 1、7、8 和 11 都存在分析动作冲突。解决二义性的规则如下。① 令 sub 的优先级高于 sup,都是左结合。② 归约项按照文法的顺序归约。这样,

在状态 1:面临'$'时执行"接受"操作,面临 sub 或 sup 时分别执行移进操作;

在状态 7:面临')'、'$'和 sup 时按照 T→T sub T 执行归约,面临 sub 执行移进操作;

在状态 8:面临')'和'$'时按照 T→T sup T 执行归约,面临 sub 或 sup 时分别执行移进操作;

在状态 11:面临')'和'$'时按照 T→T sub T sup T 归约,面临 sub 或 sup 时分别执行移进操作。

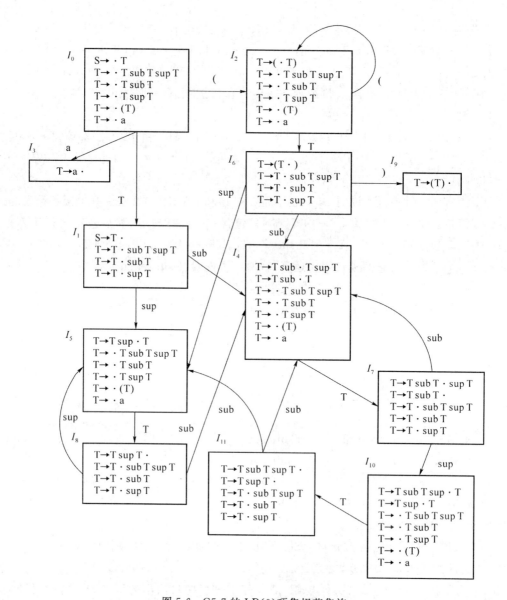

图 5-6　G5-7 的 LR(0)项集规范集族

由此得到 LR 分析表如表 5-11 所示，它解决了文法的二义性。

表 5-11　文法 G5-7 的 LR 分析表

	a	sub	sup	(	)	$	T
0	s3			s2			1
1		s4	s5			acc	
2	s3			s2			6
3		r5	r5		r5	r5	
4	s3			s2			7
5	s3			s2			8

	a	sub	sup	(	)	$	T
6		s4	s5		s9		
7		s4	r2		r2	r2	
8		s4	s5		r3	r3	
9		r4	r4		r4	r4	
10	s3			s2			11
11		s4	s5		r1	r1	

（4）句子 a sub a sup a 的分析过程如表 5-12 所示。

表 5-12　句子 a sub a sup a 的分析过程

步骤	状态栈	符号栈	输入串	ACTION	GO
1	0	$	a sub a sup a $	s3	
2	03	$ a	sub a sup a $	r5,归约 T→a	1
3	01	$ T	sub a sup a $	s4	
4	014	$ T sub	a sup a $	s3	
5	0143	$ T sub a	sup a $	r5,归约 T→a	7
6	0147	$ T sub T	sup a $	r2,归约 T→T sub T	1
7	01	$ T	sup a $	s5	
8	015	$ T sup	a $	s3	
9	0153	$ T sup a	$	r5,归约 T→a	8
10	01	$ T	$		1

8. 请对 LL(1)分析方法、算符优先分析方法以及 LR 分析方法进行比较。

【解答】

这 3 种语法分析方法都通过分析栈完成语法分析，通过比较，可以加深对这 3 种语法分析方法的理解。比较结果如表 5-13 所示。

表 5-13　3 种语法分析方法比较

	LL(1)分析方法	算符优先分析方法	LR 分析方法
分析的方向性	自顶向下	自底向上	自底向上
归约或推导	最左推导	不规范归约	规范归约
分析能力	较好	一般	最好
对文法的要求	无公共左因子，无左递归	算符优先文法	没有特别的要求
何时使用产生式	看见产生式右部推出的第 1 个终结符时就能确定使用哪个产生式	看见产生式完整的右部时才能确定使用哪个产生式	看见产生式完整的右部时才能确定使用哪个产生式
可归约串	句柄	最左素短语	无
分析表	非终结符数×终结符数，分析表较小	非终结符数×非终结符数，分析表较小	状态数×符号数，分析表较大
分析栈	文法符号栈	终结符栈	状态栈(含文法符号)

5.3 练习与参考答案

1. 设文法 G5.10[E]为：

E→E＋T|E－T|T,

T→T*F|T/F|F,

F→F↑P|P,

P→(E)|i。

求以下句型的短语、直接短语、素短语、句柄和最左素短语：

(1) E－T/F＋i；

(2) E＋T/F－P↑i；

(3) T*(T－i)＋P；

(4) (i＋i)/i－i。

【解答】

(1) 自下而上地考查句型 E－T/F＋i 的分析树(如图 5-7 所示)，可得该句型的短语是：T/F,i,E－T/F 以及 E－T/F＋i,直接短语是 T/F 和 i,句柄是 T/F。

句型 E－T/F＋i 的素短语是 T/F 和 i,最左素短语是 T/F。

(2) 句型 E＋T/F－P↑i 的分析树如图 5-8 所示,由此可得该句型的短语是：P,i,P↑i,T/F,E＋T/F 以及 E＋T/F－P↑i,直接短语是 P,i 和 T/F,句柄是 T/F。

句型 E＋T/F－P↑i 的素短语是 i 和 T/F,最左素短语是 i。

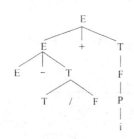

图 5-7　句型 E－T/F＋i 的语法分析树　　　　图 5-8　句型 E＋T/F－P↑i 的语法分析树

(3) 句型 T*(T－i)＋P 的分析树如图 5-9 所示,由此可得该句型的短语是：T_2,i,T－i,(T－i),T*(T－i),P 以及 T*(T－i)＋P,直接短语是 T_2,i 和 P,句柄是 T_2。说明：为了明确哪个 T 是句柄,对句型 T*(T－i)＋P 中的 T 给出了编号。

句型 T*(T－i)＋P 的素短语是 i,最左素短语也是 i。

(4) 为了说明哪个 i 是句柄,需要给它们自左向右地编号。句型 $(i_1＋i_2)/i_3－i_4$ 的分析树如图 5-10 所示,由此可得该句型的短语是：i_1,i_2,$i_1＋i_2$,$(i_1＋i_2)$,$(i_1＋i_2)/i_3$,i_3 以及 $(i_1＋i_2)/i_3－i_4$ 和 i_4,直接短语是 i_1,i_2,i_3 和 i_4,句柄是 i_1。

句型(i＋i)/i−i的素短语是i,最左素短语也是i。

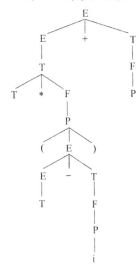

图 5-9　句型 T＊(T−i)＋P 的语法分析树

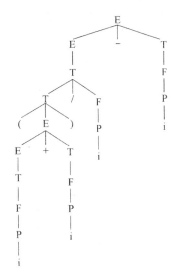

图 5-10　句型(i₁＋i₂)/i₃−i₄ 的语法分析树

2．根据下列优先关系矩阵计算其优先函数,并说明优先函数是否存在。

表 5-14　优先关系表

	S	A	B	a	b	c
S						⋗
A	⋖	⋖	≐	⋖	⋖	
B						≐
a	≐	⋖			⋖	⋗
b	⋗	⋗	⋗	⋗	⋗	≐
c						⋗

【解答】

根据优先关系表,执行计算规则来构造优先函数的过程如表 5-15 所示。

表 5-15　优先函数的构造过程

迭代次数		S	A	B	a	b	c
0	f	1	1	1	1	1	1
	g	1	1	1	1	1	1
1	f	2	1	1	2	4	5
	g	2	3	1	2	3	4
2	f	5	1	4	5	4	5
	g	2	3	1	2	3	4
3	f	5	1	4	5	7	8
	g	5	6	1	2	6	7
4	f	8	1	7	8	7	8
	g	5	6	1	2	6	7

函数在第 4 次迭代时收敛。为了说明优先函数的存在,还需要验证优先函数值与优先关系的一致性:例如,B≐c,要求有 $f(B)=g(c)$,查表可知函数值之间的等式成立;再如 A⋖a,而 $f(A)=1≤g(a)=2$。依次验证得到文法存在优先函数。

3. 对于文法 G5.11[S]:

S→(R)|a|b,R→T,T→S; T|S。

(1) 计算 G5.11 [S]的 FIRSTVT 和 LASTVT;

(2) 构造 G5.11 [S]的优先关系表,并说明 G5.11 [S]是否为算符优先文法;

(3) 计算 G5.11 [S]的优先函数。

【解答】

(1) FIRSTVT(S)={(,a,b},FIRSTVT(T)=FIRSTVT(R)={(,a,b,;},

LASTVT(S)={a,b,)},LASTVT(R)=LASTVT(T)={a,b,),;}。

(2) G5.11 [S]的优先关系表如表 5-16 所示。

表 5-16　优先关系表

	(	)	a	b	;	$
(	⋖	≐	⋖	⋖	⋖	
)		⋗			⋗	⋗
a		⋗			⋗	⋗
b		⋗			⋗	⋗
;	⋖	⋗	⋖	⋖	⋖	
$	⋖		⋖	⋖		≐

该文法没有连续的两个非终结符,是算符文法;而且其中每一对终结符之间最多只有一种优先关系,所以 G5.11 [S]是一个算符优先文法。

(3) 构造的优先函数如表 5-17 所示。

表 5-17　优先关系函数的构造过程

迭代次数		(	)	a	b	;	$
0	f	1	1	1	1	1	1
	g	1	1	1	1	1	1
1	f	1	3	3	3	2	1
	g	2	1	3	3	3	1
2	f	1	4	4	4	2	1
	g	3	1	3	3	3	1
3	f	同第 2 次迭代					
	g						

4. 对于文法 G5.12 [S]:

S→S;G|G,G→G(T)|H,H→a|(S),T→T+S|S。

(1) 构造 G5.12［S］的算符优先关系表,并判断 G5.12［S］是否为算符优先文法;

(2) 给出句型 a(T＋S);H;(S)的短语、直接短语、句柄、素短语和最左素短语;

(3) 分别给出(a＋a)和 a;(a＋a)的分析过程,并说明它们是否为 G5.12［S］的句子;

(4) 给出(3)中输入串的最右推导,分别说明它们是否为 G5.12［S］的句子;

(5) 从(3)和(4)说明算符优先分析的优、缺点。

【解答】

(1) 按照 H、G、S、T 的顺序计算每个非终结符的 FIRSTVT 和 LASTVT 集合,如表 5-18 所示。

表 5-18　FIRSTVT 和 LASTVT 集合

	FIRSTVT	LASTVT		FIRSTVT	LASTVT
S	;,a,(	;,a,)	T	+,;,a,(	+,;,a,)
G	a,(	a,)	H	a,(	a,)

构造文法 G5.12［B］的算符优先矩阵,如表 5-19 所示。

表 5-19　文法 G5.12 的算符优先关系矩阵

	;	(	)	a	+	$
;	⋗	⋖	⋗	⋖	⋗	⋗
(	⋖	⋖	≐	⋖	⋖	
)	⋗	⋗	⋗		⋗	⋗
a	⋗	⋗	⋗		⋗	⋗
+	⋖	⋖	⋗	⋖	⋗	
$	⋖	⋖		⋖		≐

由于表 5-18 中的终结符之间的优先关系唯一,而且 G5.12 是算符文法,所以它是算符优先文法。

(2) 构造 a(T＋S);H;(S)的分析树,如图 5-11 所示。

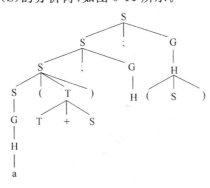

图 5-11　a(T＋S);H;(S)的分析树

从分析树可知,a(T＋S);H;(S)是文法 G5.12［S］的一个句型。自底向上考查分析树,可以得到其短语为:a,T＋S,a(T＋S),H,a(T＋S);H,(S)以及 a(T＋S);H;(S)。直接短语是:a,T＋S,H,(S)。素短语是:a,T＋S,H,(S)。句柄和最左素短语都是 a。

(3) 对字符串(a＋a)和 a;(a＋a)的分析过程分别如表 5-20 和表 5-21 所示。

表 5-20　对字符串(a＋a)的分析过程

步骤	符号栈	输入串	归约或移进
1	$	(a+a)$	移进
2	$(	a+a)$	移进
3	$(a	+a)$	归约 H→a
4	$(H	+a)$	移进
5	$(H+	a)$	移进
6	$(H+a	)$	归约 H→a
7	$(H+H	)$	归约 T→T+S
8	$(T	)$	移进
9	$(T)	$	归约 H→(S)
10	$H	$	接受

表 5-21　对字符串 a;(a＋a)的分析过程

步骤	符号栈	输入串	归约或移进
1	$	a;(a+a)$	移进
2	$a	;(a+a)$	归约 H→a
3	$H	;(a+a)$	移进
4	$H;	(a+a)$	移进
5	$H;(	a+a)$	移进
6	$H;(a	+a)$	归约 H→a
7	$H;(H	+a)$	移进
8	$H;(H+	a)$	移进
9	$H;(H+a	)$	归约 H→a
10	$H;(H+H	)$	归约 T→T+S
11	$H;(T	)$	移进
12	$H;(T)	$	归约 H→(S)
13	$H;H	$	归约 S→S;G
14	$S	$	接受

根据表 5-20 和表 5-21 可知,算符优先分析方法可以正确地归约(a＋a)和 a;(a＋a)。

(4) 对(a＋a)最右推导过程:S⇒G⇒H⇒(S),由于 S 推导不出 a＋a,所以,(a＋a)不是文法 G5.12 的一个句子。

对 a;(a＋a)最右推导过程:S⇒S;G⇒S;H⇒S;(S)⇒S;(S)。同上一样,由于 S 推导不出 a＋a,所以,a;(a＋a)也不是文法 G5.12 的一个句子。

(5) 算符优先文法在归约过程中只根据终结符之间的关系来确定可归约串,与非终结符无关。因为没有对非终结符定义优先关系,所以也就无从发现由单个非终结符所组成的"可归约串"。也就是说,在算符优先分析的过程中,无法对形如 A→B 这样的单非产生式进行归约,从而省略了文法的所有单非产生式所对应的归约步骤。这既是算符优先分析算法的优点,同时也是缺点。因为忽略非终结符在归约中的作用,可能导致把本来不成句子的输入串误认为是正确的句子。

按照文法 G5.12 不能推导出符号串(a+a),但是,在(3)中显示用算符优先方法对它正确地分析。其原因就在于算符优先分析方法去掉了单非产生式,不考虑非终结符之间的不同。比如,如表 5-20 所示的分析步骤 9,算符优先分析方法认为符号串′(T)′和′(S)′匹配,忽略了两个终结符′)′和′(′之间的非终结符的差异,因而把(T)归约成 H。但是,文法中实际上是不存在产生式 H→(T)。

通常一个实用语言的文法很难满足算符优先文法的条件,因而算符优先分析法多应用在表达式的语法分析。

5. 对于文法 G5.13[P]:

P→aPb|A,A→bAc|bBc,B→Ba|a。

请证明它不是算符优先文法。

【解答】

(1) 该文法没有邻接的非终结符,是算符文法。

(2) 计算每个非终结符的 FIRSTVT 和 LASTVT:

FIRSTVT(P)={a,b},FIRSTVT (A)={b},FIRSTVT (B)={a},

LASTVT (P)={c,b},LASTVT (A)={c},LASTVT (B)={a}。

由此可得优先关系表,如表 5-22 所示。

表 5-22   优先关系表

	a	b	c
a	⋖ , ⋗	⋖ ,	⋗
b	⋖	⋖ , ⋗	
c		⋗	⋗

由于同时出现了 a⋖a 和 a⋗a 或者 b⋖b 和 b⋗b,所以该文法不是算符优先文法。

实际上,若计算出 FIRSTVT(P)={a,b}和 LASTVT (B)={a},从 P→aPb 可得 a⋖a,从 B→Ba 可得 a⋗a,就已经出现了矛盾。

6. 给定文法 G5.14 [S]:

S→AS|b,A→SA|a。

(1) 构造它的 LR(0)的所有项目;

(2) 构造识别该文法所有活前缀的 DFA;

(3) 这个文法是 SLR(1)吗? 若是,构造出它的 SLR(1)分析表。

【解答】

(1) 首先将文法 G5.14 [S]拓广为:

(0) S′→S,(1) S→AS,(2) S→b,(3) A→SA,(4) A→a。

它的 LR(0)项集如下:

I_0 S′→ • S,S→ • AS ,S→ • b,A→ • SA,A→ • a,

I_1 $S' \to S\cdot , A \to S\cdot A, A \to \cdot SA, A \to \cdot a, S \to \cdot AS, S \to \cdot b,$

I_2 $S \to b\cdot ,$

I_3 $A \to a\cdot ,$

I_4 $S \to A\cdot S, A \to \cdot SA, A \to \cdot a, S \to \cdot AS, S \to \cdot b,$

I_5 $A \to SA\cdot , S \to A\cdot S, A \to \cdot SA, A \to \cdot a, S \to \cdot AS, S \to \cdot b,$

I_6 $A \to S\cdot A, A \to \cdot SA, A \to \cdot a, S \to \cdot AS, S \to \cdot b,$

I_7 $S \to AS\cdot , A \to S\cdot A, A \to \cdot SA, A \to \cdot a, S \to \cdot AS, S \to \cdot b。$

（2）构造的识别文法活前缀的 DFA 如图 5-12 所示,其中的状态标号就是 LR(0)项集的下标。

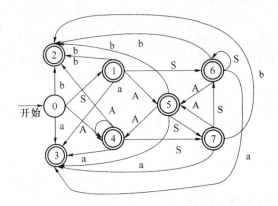

图 5-12　练习 6(2)的识别文法活前缀的 DFA

（3）在状态 1、5 和 7 都存在移进项和归约项,所以该文法不是 LR(0)文法。计算后继符集,得到 FOLLOW(S')={ $ },FOLLOW(S)={ $,a,b},FOLLOW(A)={ $,a,b}。

考查状态 1:在面临符号 $ 时,选择产生式 $S' \to S$,表示文法接受输入的符号串;在面临符号 a 或 b 时,分别移进。可以解决冲突性动作。

考查状态 5:在面临符号 b 时,由于 b∈FOLLOW(A),所以归约项 $A \to SA\cdot$ 与移进项 $S \to \cdot b$ 使得分析器的动作不确定,即该文法不能用 SLR(1)方法解决归约-移进的冲突。

所以,该文法不是 SLR(1)文法。

7. 给定文法 G5.15[S]:

$S \to AS|\varepsilon, A \to aA|b$。

（1）证明它是 LR(1)文法;

（2）构造该文法所有 LR(1)的项集规范集族;

（3）构造出它的 LR(1)分析表;

（4）给出字符串 abab $ 的分析过程。

【解答】

首先写出拓广文法:

（0）$T \to S$,（1）$S \to AS$,（2）$S \to \varepsilon$,（3）$A \to aA$,（4）$A \to b$。

（1）首先需要说明它不是 LR(0),而是 SLR(1)文法。构造 LR(0)项集规范集族如下:

I_0 $T \to \cdot S, S \to \cdot AS, S \to \cdot , A \to \cdot aA, A \to \cdot b,$

I_1　T→S·,

I_2　A→b·,

I_3　S→A·S,S→·AS ,S→·,A→·aA,A→·b,

I_4　A→a·A,A→·aA,A→·b,

I_5　S→AS·,

I_6　A→aA·。

由于项集 0 和 3 中既包含归约项 S→· 又含有移进项 A→·b,所以它不是 LR(0)文法。计算 S 的后继符集,得 FOLLOW(S)={ $ }。在面临符号'$'时,选择归约,在面临'b'时选择移进,就可以解决这个冲突。所以,该文法是 SLR(1)文法。

由于所有 SLR(1)文法都是 LR(1)文法,所以该文法是 LR(1)文法。

本题的目的在于通过例子说明 SLR(1)文法都是 LR(1)文法。

或者通过问题(2),构造 LR(1)的项集规范集族也可以证明该文法是 LR(1)文法。

(2) 该文法 LR(1)的项集规范集族如下:

I_0　[T→·S, $],[S→·AS, $],[S→·, $],[A→·aA, $ /a/b],[A→·b, $ /a/b],

I_1　[T→S·, $],

I_2　[A→b·, $ /a/b],

I_3　[S→A·S, $],[S→·AS , $],[S→·, $],[A→·aA, $],[A→·b, $],

I_4　[A→a·A, $ /a/b],[A→·aA, $ /a/b],[A→·b, $ /a/b],

I_5　[A→b·, $] ,

I_6　[S→AS·, $],

I_7　[A→a·A, $],[A→·aA, $],[A→·b, $],

I_8　[A→aA·, $ /a/b],

I_9　[A→aA·, $]。

观察上面的项集规范集族可以发现,在项集 0 和 3 中,归约项都是在面临符号'$'时发生,和移进符号不同。所以,该文法是 LR(1)文法。

(3) 它的 LR(1)分析表如表 5-23 所示。

表 5-23　练习 7(3)的 LR(1)分析表

状态	ACTION			GO	
	a	b	$	S	A
0	s4	s2	r2	1	3
1			acc		
2-5	r4	r4	r4		
3	s7	s5	r2	6	3
4	s4	s2			8
6			r1		
7	s7	s5			9
8-9	r3	r3	r3		

(4) 对字符串 abab $ 的分析过程如表 5-24 所示。

表 5-24　对字符串 abab $ 的分析过程

步骤	状态栈	符号栈	输入串	ACTION	GO
1	0	$	abab $	s4	
2	04	$ a	bab $	s2	
3	042	$ ab	ab $	r4,归约 A→b	8
4	048	$ aA	ab $	r3,归约 A→aA	3
5	03	$ A	ab $	s7	
6	037	$ Aa	b $	s5	
7	0375	$ Aab	$	r4,归约 A→b	9
8	0379	$ AaA	$	r3,归约 A→aA	3
9	033	$ AA	$	r2,归约 S→ε	6
10	0336	$ AAS	$	r1,归约 S→AS	6
11	036	$ AS	$	r1,归约 S→AS	1
12	01	$ S	$	acc,接受	

8. 若有定义二进制数的文法 G5.16[D]：

D→L. L|L,L→LB|B,B→0|1。

(1) 通过构造该文法的无冲突的分析表来说明它是哪类 LR 文法；

(2) 给出输入串 101.010 的分析过程。

【解答】

首先将原文法拓广如下：

(0) S→D,(1) D→L. L,(2) D→L,(3) L→LB,(4) L→B,(5) B→0,(6) B→1。

其次,构造它的 LR(0)项集规范族和 GO 函数如图 5-13 所示。

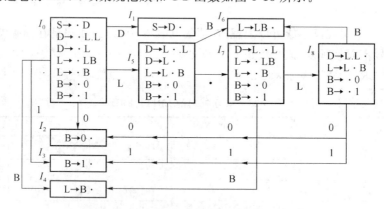

图 5-13　练习 8 的 LR(0)项集规范族与 GO 函数

(1) 考查项集 5：由于存在归约项 D→L·和移进项 B→·0 或 B→·1,所以该文法不是 LR(0)文法。同样,项集 8 也包含了归约-移进的冲突。

为了尝试用 SLR(1)方法解决项集 5 和 8 中的冲突,需要计算非终结符 D 的后继符集,从产生式得 FOLLOW(D)={ $ }。这样,对于项集 5：当面临符号'$'时,用产生式 D→L 进行归约；对于项集 8：当面临符号'$'时,用产生式 D→L. L 进行归约。所以,该文法可以用

SLR(1)方法解决动作冲突。

表 5-25 是根据 SLR(1)方法构造的分析表,为此还需要计算其他非终结符的后继符集,它们是 FOLLOW(B)＝ FOLLOW(L)＝ { $,0,1,.}。

表 5-25　练习 8(1)的 SLR(1)分析表

状态	ACTION				GO		
	0	1	.	$	D	B	L
0	s2	s3			1	4	5
1				acc			
2	r5	r5	r5	r5			
3	r6	r6	r6	r6			
4	r4	r4	r4	r4			
5	s2	s3	s7	r2		6	
6	r3	r3	r3	r3			
7	s2	s3				4	8
8	s2	s3		r1		6	

该分析表不含多重入口,所以该文法是 SLR(1)分析表。

(2) 表 5-26 显示了对符号串 101.010 的分析过程。

表 5-26　对符号串 101.010 的分析过程

步骤	状态栈	符号栈	输入串	ACTION	GO
1	0	$	101.010 $	s3	
2	03	$ 1	01.010 $	r6,归约 B→1	4
3	04	$ B	01.010 $	r4,归约 L→B	5
4	05	$ L	01.010 $	s2	
5	052	$ L0	1.010 $	r5,归约 B→0	6
6	056	$ LB	1.010 $	r3,归约 L→LB	5
7	05	$ L	1.010 $	s3	
8	053	$ L1	.010 $	r6,归约 B→1	6
9	056	$ LB	.010 $	r3,归约 L→LB	5
10	05	$ L	.010 $	s7	
11	057	$ L.	010 $	s2	
12	0572	$ L.0	10 $	r5,归约 B→0	4
13	0574	$ L.B	10 $	r4,归约 L→B	8
14	0578	$ L.L	10 $	s3	
15	05783	$ L.L1	0 $	r6,归约 B→1	6
16	05786	$ L.LB	0 $	r3,归约 L→LB	7

步骤	状态栈	符号栈	输入串	ACTION	GO
17	0578	$ L. L	0 $	s2	
18	05782	$ L. L0	· $	r5,归约 B→0	6
19	05786	$ L. LB	$	r3,归约 L→LB	8
20	0578	$ L. L	$	r1,归约 D→L . L	1
21	01	$ D	$	接受	

9. 给定文法 G5.17[S]：

S→L=R| R,L→*R|id,R→L。

(1) 构造它的 LR(0)的项集；

(2) 构造它的 LR(0)项集规范族；

(3) 构造识别该文法所有活前缀的 DFA；

(4) 该文法是 SLR(1)、LR(1)、LALR(1)中的哪一种？构造相应的分析表。

【解答】

首先写出拓广文法如下：

(0) T→S,(1) S→L=R,(2) S→R,(3) R→L,(4) L→*R,(5) L→id。

(1)、(2) LR(0)的项集和项集规范族如下：

I_0 T→·S,S→·L=R,S→·R,R→·L,L→·*R,L→·id,

I_1 T→S·,

I_2 S→R·,

I_3 L→id·,

I_4 R→L·,S→L·=R,

I_5 L→*·R,R→·L,L→·*R,L→·id,

I_6 S→L=·R,R→·L,L→·*R,L→·id,

I_7 S→L=R·,

I_8 R→L·,

I_9 L→*R·。

(3) 识别该文法所有活前缀的 DFA 如图 5-14 所示。

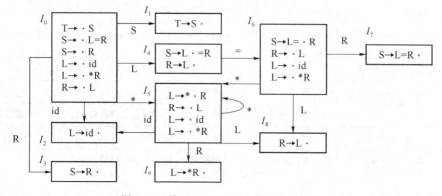

图 5-14 练习 9(3)文法活前缀的识别器

（4）首先检查文法是否是 LR(0)：由于项集 4 中同时包含了归约项 R→L·和移进项 S→L·=R，所以它不是 LR(0) 文法。

为了使用 SLR(1) 方法，需要计算非终结符 R 的后继符集，FOLLOW(R)＝{ $ ，＝}。由于它也包含移进符号'＝'，在面临符号'＝'时项集 4 无法解决归约和移进的冲突动作，所以该文法不是 SLR(1) 文法。

下面，首先构造该文法的 LR(1) 的项集规范族，如图 5-15 所示。

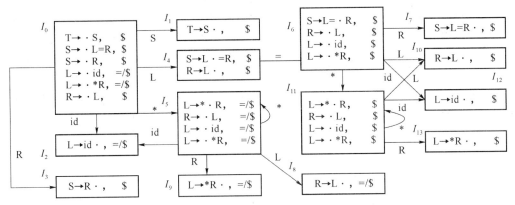

图 5-15　练习 9(4) 的 LR(1) 的项集规范族

在状态 4，在面临符号'$'时按照 R→L 进行归约；在面临符号'＝'时执行移进操作，解决了冲突性动作。所以，文法 G5.17 是 LR(1) 文法。

合并同心集 I_8 和 I_{10}、I_9 和 I_{13}、I_2 和 I_{12} 及 I_5 和 I_{11}，由于合并 I_8 和 I_{10}、I_9 和 I_{13}、I_2 和 I_{12} 后的每个项集都只含一个 LR(1) 项，不可能产生"归约-归约"冲突；而合并 I_5 和 I_{11} 后的项集中没有归约项，也不会产生新的冲突，所以相应的文法是 LALR(1)。

10．对于文法 G5.18[S]：

S→A，A→Ab|bBa，B→aAc|aAb|a。

（1）证明它是 SLR(1) 文法，但不是 LR(0) 文法；

（2）证明所有 SLR(1) 文法都是 LR(1) 文法。

【解答】

（1）首先构造它的拓广文法如下：

（0）S'→S，（1）S→A，（2）A→Ab，（3）A→bBa，（4）B→aAc，（5）B→a，（6）B→aAb。

其次，写出它的 LR(0) 项目集规范族：

I_0　S'→·S，S→·A，A→·Ab，A→·bBa，

I_1　S'→S·，

I_2　S→A·，A→A·b，

I_3　A→b·Ba，B→·aAc，B→·a，B→·aAb，

I_4　A→Ab·，

I_5　A→bB·a，

I_6　B→a·Ac，B→a·，B→a·Ab，A→·Ab，A→·bBa，

I_7　A→bBa·，

I_8　B→aA·c，B→aA·b，A→A·b，

I_9 B→aAc・,

I_{10} B→aAb・,A→Ab・,

I_{11} A→bB・a。

由于 I_2 和 I_6 中存在移进-归约冲突,在 I_{10} 中存在归约-归约冲突,所以它不是 LR(0)文法。

在 I_2 中,FOLLOW(S)={ $ },不包含 b;在 I_6 中 FOLLOW(A)={b,c,$}不包含 a,所以可以使用 SLR(1)规则消除移进-归约冲突。对于 I_{10},FOLLOW(B)={a}与 FOLLOW(A)没有交集,也可以用 SLR(1)规则消除归约-归约冲突。所以该文法是 SLR(1)文法。

(2) 证明:所有的 SLR(1)文法的每个项集如果存在下面的形式:{X→α・bβ,A→α・,B→α・}都会做如下的处理,输入符号 a 时,若 a＝b,则移进;若 a∈FOLLOW(A),则用 A→α归约;若 a∈FOLLOW(B),则用 B→α 归约。这样构造出的 SLR(1)分析表正好满足 LR(1)文法,即 SLR(1)规则包含了部分向前扫描的符号,所以命题成立。

11. 证明文法 G5.19[M]:

M→N,N→Qa|bQc|dc|bda,Q→d。

是 LALR(1)文法,但不是 SLR(1)文法。

【解答】

因为该文法的开始符号 M 只出现在一个产生式的左部,所以不必扩展。

首先,要证明该文法不是 SLR(1)文法。

初始项集 I_0＝{M→・N,N→・Qa,Q→・d,N→・bQc,N→・dc,N→・bda},移进 d 后得到项集 I_3＝{Q→d・,N→d・c},它存在归约-移进冲突。计算得到 Q 的后继符集是{a,c},包含 N→d・c 中的移进符号,所以该文法无法用 SLR(1)方法解决归约-移进冲突,即它不是 SLR(1)文法。

该文法的 LR(1)项集规范族与 GO 函数如图 5-16 所示。

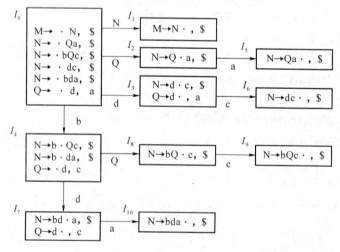

图 5-16   练习 11 的 LR(1)项集规范族与 GO 函数

分析含有冲突项的项集 3:归约项 Q→d・的搜索符号是 a,与移进项 N→d・c 中的移进符号 c 不同,所以解决了归约-移进冲突;同理,项集 7 也通过向前搜索符号解决了归约-移进冲突。所以，该文法是一个 LR(1) 文法。又因为该 LR(1) 项集规范族中没有同心项集，所以，该文法也是一个 LALR(1) 文法。

12. 证明文法：

S→aAa｜aBb｜bAb｜bBa,A→c,B→c。

是 LR(1) 文法，但不是 LALR(1) 文法。

【解答】

该文法的拓广文法是：

(0) S′→S,(1) S→aAa,(2) S→aBb,(3) S→bAb,(4) S→bBa,(5) A→c,(6) B→c。

首先，要证明该文法不是 SLR(1) 文法。

初始项集 I_0＝{S′→·S,S→·aAa,S→·aBb,S→·bAb,S→·bBa}，移进 a 后得到项集 I_2＝{S→a·Aa,S→a·Bb,A→·c,B→·c}，继续移进 c 后得到项集 I_4＝{A→c·,B→c·}，它存在两个归约项的冲突。计算得到 A 和 B 的后继符集相等，都是{a,b}，因而该文法无法用 SLR(1) 方法解决归约冲突，故它不是 SLR(1) 文法。

该文法的 LR(1) 项集规范族与 GO 函数如图 5-17 所示。

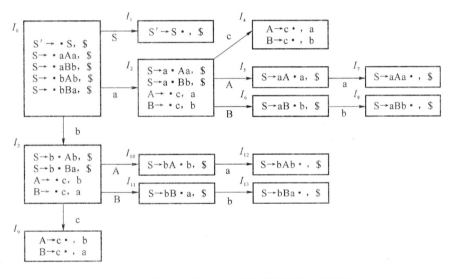

图 5-17　练习 12 的 LR(1) 项集规范族与 GO 函数

从图 5-17 可以看出，状态 4 和 9 虽然都有两个不同的归约项，但是由于每个 LR(1) 项都有不同的搜索符号，可以解决归约冲突。所以该文法是 LR(1) 文法。

但是，若把具有同心的状态 4 和 9 合并，得到{[A→c·,a/b],[B→c·,a/b]}的 LR(1) 项集，出现了归约-归约冲突，即在面临输入符号 a 或 b 时，不确定使用 A→c 或 B→c 进行归约。所以该文法不是 LALR(1) 文法。

13. 对于文法 G5.21[S]：

S→AaAb｜BbBa,A→ε,B→ε。

(1) 证明它是 LL(1) 文法，但不是 SLR(1) 文法；

(2) 证明所有 LL(1) 文法都是 LR(1) 文法。

【解答】

(1) 首先,该文法不含左递归;其次,对于 S→AaAb|BbBa,FIRST(AaAb)∩FIRST(BbBa)={a}∩{b}=∅。所以该文法是一个 LL(1)文法。

增加一个开始符号 S′和产生式 S′→S 而得到拓广文法。构造它的 LR(0)项目集规范族。在初始项集{S′→ · S ,S→ · AaAb,S→ · BbBa ,A→ · ,B→ · }中存在 2 个归约项 A→ · 和 B→ · 。计算后继符集得 FOLLOW(A)={a,b}=FOLLOW(B)={a,b},即这个冲突无法用 SLR(1)方法解决,所以它不是一个 SLR(1)文法。

(2) 对于所有的 LL(1)文法,其分析器在面临一个输入符号 a 时,根据它是否属于某个候选式的首符集合,或者是否属于某个非终结符,来选择展开非终结符的候选式。而 LR(1)分析器则在看到了可能的候选式,还要再确定后继的符号是当前输入符号 a 时,才决定把候选式归约成相应的非终结符。例如,对于句型 αdβaγ 的规范推导 S⇒…⇒αDaγ⇒αdβaγ,最后一步使用了产生式 D→dβ。LL(1)分析器在看见右部 dβ 的第一个符号 d 时就可以决定使用这个产生式,而 LR(1)分析器还需要在看见了右部 dβ 的后继符号 a 时才决定用这个产生式。如果右部 dβ 的后继符号不是 a,那么 LR(1)分析器则不选择这个产生式。

由于 LR(1)文法比 LL(1)文法要求更多的信息,而且这些信息是在 LL(1)文法要求的基础之上,所以每个 LL(1)文法都是 LR(1)文法。

14. 对于下列各个文法,判断它是哪类最简单的 LR 文法,并构造相应的分析表。

(1) A→AA + |AA* |a;

(2) S→AB,A→aBa|ε,B→bAb|ε;

(3) S→D;B|B,D→d|ε,B→B; a|a|ε;

(4) S→(SR|a,R→. SR|);

(5) S→UTa|Tb,T→S|Sc|d,U→US|e。

(1) A→AA + |AA* |a。

【解答】

该文法的拓广文法是:

(0) A′→A,(1) A→AA+,(2) A→AA* ,(3) A→a。

该文法的 LR(0)项集规范族与 GO 函数如图 5-18 所示。

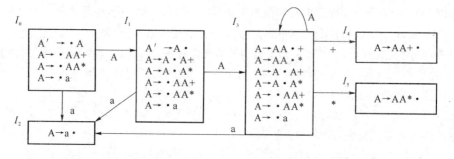

图 5-18　练习 14(1)的 LR(0)项集规范族与 GO 函数

由于状态 1 中存在归约项 A′→A · 和移进项 A→ · a,所以该文法不是 LR(0)文法。

下面考虑能否用 SLR(1) 方法解决状态 1 中的这个归约-移进冲突。计算得到 A′ 的后继符集 FOLLOW(A′)={ $ }，由于符号 $ 与移进符号 a 不相等，所以状态 1 中的冲突可以用 SLR(1) 方法解决，即该文法是 SLR(1) 文法。

表 5-27 是该文法的 SLR(1) 分析表。其中，FOLLOW(A)={ $，+，* }。

表 5-27　练习 14(1) 的 SLR(1) 分析表

状态	ACTION				GO
	a	+	*	$	A
0	s2				1
1	s2			acc	3
2		r3	r3	r3	
3	s2	s4	s5		3
4		r1	r1	r1	
5		r2	r2	r2	

(2) S→AB，A→aBa|ε，B→bAb|ε。

【解答】

该文法的拓广文法是：

(0) S′→S，　(1) S→AB，　(2) A→aBa，　(3) A→ε，　(4) B→bAb，　(5) B→ε。

首先看该文法是否是 LR(0) 文法。构造该文法的 LR(0) 项集规范族如下：

I_0　{S′→·S，S →·AB，A →·aBa，A→·}。由于该 LR(0) 项集中同时包含移进项 A →·aBa 和归约项 A→·，所以该文法不是 LR(0) 文法。

为了检查该文法是否是 SLR(1) 文法，需要计算出该文法的所有 LR(0) 项集：

I_1　{S′→S·}，

I_2　{S →A·B，B →·bAb，B→·}，

I_3　{S →AB·}，

I_4　{B →b·Ab，A →·aBa，A→·}，

I_5　{B →bA·b}，

I_6　{B →bAb·}，

I_7　{A →a·Ba，B →·bAb，B→·}，

I_8　{A →aB·a}，

I_9　{A →aBa·}。

然后，计算 A 和 B 的后继符集：FOLLOW(A)={b，$}，FOLLOW(B)={a，$}。

最后，分别考查可能包含冲突的项集。

对项集 I_0 和 I_4：可能发生冲突的项是 A →·aBa 和 A→·，由于 FIRST(aBa)∩FOLLOW(A)={a}∩{b，$}=∅，可用 SLR(1) 方法解决它们的冲突。

对项集 I_2 和 I_7：可能发生冲突的项是 B →·bAb 和 B→·，由于 FIRST(bAb) ∩ FOLLOW(B)={b}∩{a，$}=∅，能用 SLR(1) 方法解决它们的冲突。

所以，该文法是 SLR(1) 文法。

(3) S→D;B|B，D→d|ε，B→B;a|a|ε。

【解答】

该文法的拓广文法是：

(0) S′→S,(1) S→D；B,(2) S→B,(3) D→d,(4) D→ε,(5) B→B；a,(6) B→a,(7) B→ε。

首先来看该文法是否是 LR(0) 文法。构造该文法的 LR(0) 项集规范族：

I_0　{S′→·S,S→·D；B,D→·d,D→·,S→·B,B→·B；a,B→·a,B→·}。由于该 LR(0) 项集中包含 2 个归约项 D→·和 B→·（或者同时包含移进项 D→·d 和归约项 D→·），所以它不是 LR(0) 文法。

其次，判断它是否是一个 SLR(1) 文法，可以先考查状态 0，看它的冲突是否能由 SLR(1) 方法解决。计算 D 和 B 的后继符集，得 FOLLOW(D)＝{；},FOLLOW(B)＝{ \$,；}。D 和 B 的后继符集有共同的符号'；',所以在面临'；'时无法确定是用 D→ε 还是用 B→ε 进行归约，即 SLR(1) 方法不能解决状态 0 中的归约-归约冲突，所以文法不是 SLR(1) 文法。

下面来看该文法是否是 LR(1) 文法，构造该文法的 LR(1) 项集规范族：

I_0　{ [S′→·S, \$],[S→·D；B, \$],[D→·d,；],[D→·, \$],[S→·B, \$],[B→·B；a,；/ \$],[B→·a,；/ \$],[B→·,；/ \$]}。可以看出，存在归约项 [D→·d,；] 和 [B→·,；/ \$] 在面临'；'时无法确定用哪个产生式归约，即存在归约冲突，所以该文法既不是 LR(1) 文法，也不是 LALR(1) 文法。

(4) S→(SR|a,R→. SR|)。

【解答】

该文法的拓广文法是：

(0) M→S,(1) S→(SR,(2) S→a,(3) R→. SR,(4) R→)。

首先来看该文法是否是 LR(0) 文法。构造该文法的 LR(0) 项集规范族：

I_0　{M→·S,S→·(SR,S→·a},

I_1　{M→S·},

I_2　{S→a·},

I_3　{S→(·SR,S→·(SR,S→·a},

I_4　{S→(S·R,R→·. SR,R→·)},

I_5　{S→(SR·},

I_6　{R→)·},

I_7　{R→. ·SR,S→·(SR,S→·a },

I_8　{R→. S·R,R→·. SR,R→·)},

I_9　{R→. SR·}。

构造的识别文法活前缀的 DFA 如图 5-19 所示，其中的状态名称就是 LR(0) 项集的下标。

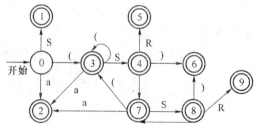

图 5-19　练习 14(4) 的识别文法活前缀的 DFA

表 5-28 练习 14(4)的 LR(0)分析表

状态	ACTION					GO	
	(	.	a	)	$	R	S
0	s3		s2				1
1					acc		
2	r2	r2	r2	r2	r2		
3	s3		s2				4
4		s7		s6		5	
5	r1	r1	r1	r1	r1		
6	r4	r4	r4	r4	r4		
7	s3		s2				8
8				s6		9	7
9	r3	r3	r3	r3	r3		

由于表 5-28 的 LR(0)分析表中没有多重入口,所以文法是 LR(0)文法。

(5) S→UTa|Tb,T→S|Sc|d,U→US|e。

【解答】

该文法的拓广文法是:

(0) M→S,(1) S→UTa,(2) S→Tb,(3) T→S,(4) T→Sc,(5) T→d,(6) U→US,(7) U→e。

首先来看该文法是否是 LR(0)文法。构造该文法的 LR(0)项集规范族与 GO 函数如图 5-20 所示。

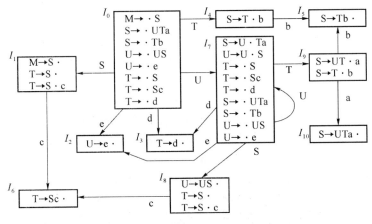

图 5-20 练习 14(5)的 LR(0)项集规范族与 GO 函数

从图 5-20 可以看出,项集 1 和 8 中含有归约-移进的冲突,故该文法不是 LR(0)文法。

计算有关非终结符的后继符集合,得 FOLLOW(S)={ $,a,b,c,d,e},FOLLOW(M)= { $ },FOLLOW(T)={a,b},FOLLOW(U)=FIRST(S)∪FIRST(T)=FIRST(U)∪ FIRST(T)={e,d}。

对于项集 1:在面临输入符号′ $ ′时,使用产生式 M→S,表示该文法接受输入符号串;在面临输入符号′a′或′b′时,使用产生式 T→S 进行归约;在面临输入符号′c′时,把它移进栈。如此解决了动作冲突。

对于项集 8：在面临输入符号'd'或'e'时，使用产生式 U→US 进行归约；在面临输入符号'a'或'b'时，使用产生式 T→S 进行归约；在面临输入符号'c'时，把它移进栈。如此解决了动作冲突。

所以，该文法是 SLR(1)文法。它的分析表如表 5-29 所示。

表 5-29　练习 14(5)的 SLR(1)分析表

状态	ACTION						GO		
	a	b	c	d	e	$	S	U	T
0				s3	s2		1	7	4
1	r3	r3	s6			acc			
2				r7	r7				
3	r5	r5							
4		s5							
5	r2	r2	r2	r2	r2	r2			
6	r4	r4							
7				s3	s2		8	7	9
8	r3	r3	s6	r6	r6				
9	s10	s5							
10	r1	r1	r1	r1	r1	r1			

15. 命题演算的文法 G5.22[B]：

B→B and B|B or B|not B|(B)|true|false|b

是二义性文法。

(1) 为句子 b and b or true 构造 2 个不同的最右推导，以此说明该文法是二义性的。

(2) 为它写一个等价的非二义性文法。

(3) 给出无二义性规则，构造出 LR(0)分析表，并给出句子 b and b or true 的分析过程。

【解答】

本题不算复杂，但是比较庞大，特别是在构造分析表时需要细心。

(1) 为句子 b and b or true 分别构造 2 个不同的最右推导。

推导 1：B⇒B and B⇒B and B or B⇒B and B or true⇒B and b or true⇒b and b or true。

推导 2：B⇒B or B⇒B or true⇒B and B or true⇒B and b or true⇒b and b or true。

因为句子 b and b or true 存在 2 个不同的最右推导，所以文法 G5.22[B]是二义性文法。

(2) 假设逻辑运算'not'、'and'和'or'的优先级从高向低，而且'and'和'or'都服从左结合律，那么可以构造如下的等价的非二义性文法 G5.23[B]：

B→T|B or T，

T→F|T and F，

F→not B|(B)|true|false|b。

句子 b and b or true 只有一个最右推导：B⇒B or T⇒B or true⇒B and T or true⇒B and F or true⇒B and b or true⇒F and b or true⇒b and b or true。

(3) 首先拓广文法 G5.22[B]为：

(0) S→B,(1) B→B and B,(2) B→B or B,(3) B→not B,(4) B→(B),(5) B→true,

(6) B→false,(7) B→b。

其次,构造它的 LR(0)项目集规范集族如下:

I_0　S→·B,B→·B and B,B→·B or B,B→·not B,B→·(B),B→·true,B→·false,B→·b,

I_1　S→B·,B→B·and B,B→B·or B,

I_2　B→true·,

I_3　B→false·,

I_4　B→b·,

I_5　B→(·B),B→·B and B,B→·B or B,B→·not B,B→·(B),B→·true,B→·false,B→·b,

I_6　B→not·B,B→·B and B,B→·B or B,B→·not B,B→·(B),B→·true,B→·false,B→·b,

I_7　B→B and·B,B→·B and B,B→·B or B,B→·not B,B→·(B),B→·true,B→·false,B→·b,

I_8　B→B or·B,B→·B and B,B→·B or B,B→·not B,B→·(B),B→·true,B→·false,B→·b,

I_9　B→(B·),B→B·and B,B→B·or B,

I_{10}　B→(B)·,

I_{11}　B→not B·,B→B·and B,B→B·or B,

I_{12}　B→B and B·,B→B·and B,B→B·or B,

I_{13}　B→B or B·,B→B·and B,B→B·or B。

识别这个文法活前缀的 DFA 如图 5-21 所示。

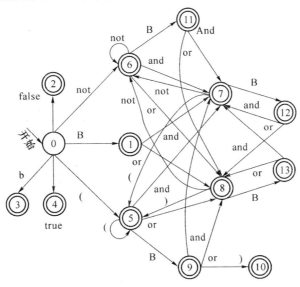

图 5-21　练习 15(3)的 LR(0)项集规范族与 GO 函数

由于太复杂,图 5-21 没有画出从状态 5、6、7、8 分别经过符号 true、false 和 b 到达状态 2、3 和 4 的总共 12 条弧线(仅画出了从状态 0 到达状态 2、3 和 4 的弧线)。

由于 LR 文法是非二义性的,所以无论是用 SLR(1)方法,还是使用搜索符号的 LR(1)

文法,都不能解决这个 DFA 中状态的冲突动作。例如,尽管在状态 1 和状态 11 可用 SLR(1) 的方法解决冲突,但是在状态 12 和 13 存在的归约-移进冲突,由于 FOLLOW(B) 是 { $,),and,or},所以 SLR(1) 方法无效。这些冲突只有借助其他条件才能得到解决。

这些条件就是:假设逻辑运算'not'、'and'和'or'的优先级从高向低排列,而且'and'和'or'都遵循左结合律。

这样,在状态 11,面临'and'和'or'时都用 B→not B 进行归约;在状态 12,面临'and'时用 B→B and B 进行归约;在状态 13,面临'or'时用 B→B or B 进行归约,面临'and'时则移进。按照这些规则得到的分析表如表 5-30 所示。

表 5-30 练习 15(3) 的 LR 分析表

	ACTION									GO
	false	b	true	not	and	or	(	)	$	B
0	s2	s3	s4	s6			s5			1
1					s7	s8			acc	
2					r6	r6		r6	r6	
3					r7	r7		r7	r7	
4					r5	r5		r5	r5	
5	s2	s3	s4	s6			s5			9
6	s2	s3	s4	s6			s5			11
7	s2	s3	s4	s6			s5			12
8	s2	s3	s4	s6			s5			13
9					s7	s8		s10		
10					r4	r4		r4	r4	
11					r3	r3		r3	r3	
12					r1	r1		r1	r1	
13					s7	r2		r2	r2	

对句子 b and b or true 的分析过程如表 5-31 所示。

表 5-31 练习 15(3) 对字符串 b and b or true 的分析过程

步骤	状态栈	符号栈	输入串	ACTION	GO
1	0	$	and b or true $	s3	
2	03	$ b	and b or true $	r7,归约 B→b	1
3	01	$ B	and b or true $	s7	
4	017	$ B and	b or true $	s3	
5	0173	$ B and b	or true $	r7,归约 B→b	12
6	017-12	$ B and B	or true $	r1,归约 B→B and B	1
7	01	$ B	or true $	s8	
8	018	$ B or	true $	s4	
9	0184	$ B or true	$	r5,归约 B→true	13
10	018-13	$ B or B	$	r2,归约 B→B or B	1
11	01	$ B	$	acc,接受	

第6章　符号表的组织和管理

6.1　基本知识总结

本章简单介绍了符号表的基础,主要知识点如下。

1. 符号表的基本构成、作用与组织结构。

2. 符号表的基本操作与数据结构:线性表、搜索树和散列表。

3. 名字的声明与作用范围。

难点:作用域的概念,符号表在编译程序中的作用和实现。

6.2　典型例题解析

由于本章的练习简单,没有提供例题解析。

6.3　练习与参考答案

1. 符号表的作用有哪些?

【解答】

(1) 登记符号属性值:在源程序的各个分析阶段,编译程序根据标识符的声明信息收集有关的属性值,并把它们存放在符号表中。

(2) 查找符号的属性、检查其合法性。

(3) 作为目标代码生成阶段地址分配的依据:首先,编译程序要确定变量存储的区域。其次,要根据标识符出现的顺序,确定标识符在某个存储区域中的具体位置。而有关区域的标志及其相对位置都是作为该标识符的语义信息存放在它的符号表中的。

2. 符号表的表项通常包括哪些属性? 主要描述的内容是什么?

【解答】

通常包括符号名、符号种属、符号类型、存储类别、作用域、存储分配信息。

(1) 符号名

可以是变量名、函数名、类型名、类名等。每个符号名通常由若干个字符组成的字符串来表达,在符号表中的符号名作为表项的唯一区别是一般不允许重名的。符号名与其在符号表中的位置建立起一一对应的关系,可以用一个符号在表中的位置来代替该符号名、访问其信息。

（2）符号种属

用来区别每个符号的基本划分。根据不同的语言,符号的种属可以包括:简单变量、结构型变量、数组、过程、类型、类等。

（3）符号类型

现代程序语言中的一个重要构造就是数据类型(简称类型),它是变量标识符的重要属性。函数的类型指的是该函数返回值的类型。不同的程序语言定义了不同的数据类型与规则。现代语言通常都有如下的基本类型:整型、实型、字符型、布尔型、逻辑型等。符号的类型属性是从源程序中该符号的定义中得到的。标识符的类型属性不但决定了该符号的数据在存储器中的存储格式,也规定了可以对该变量施加的操作运算。

（4）存储类别

大多数程序语言对符号的存储类别采用 2 种方式:一种是用关键字指定,如 C 语言中的 auto,static;另一种方式是根据定义符号的声明在程序中的位置来决定。区别符号存储类型的属性是编译过程中语义处理、检查和存储分配的重要依据;符号的存储类别同时还决定了符号的作用域、可见性及其生命周期等。

（5）作用域

一个标识符在程序中起作用的范围称为其作用域。一般来说,定义一个标识符的位置及存储类型就决定了该符号的作用域,即它可以出现并起作用的场合。

（6）存储分配信息

编译程序需要根据符号的存储类别以及它们在程序中出现的位置和顺序来确定每一个符号应该分配的存储区域及其具体位置。通常情况下,编译程序为每个符号分配一个相对于某个基址的相对偏移量,而不是绝对的内存地址。

3. 符号表组织的数据结构有哪几种？每种组织结构选取的主要依据是什么？

【解答】

符号表组织的数据结构有 3 种:按照属性分类、单一组织、折中方式。

第一种组织结构(如图 6-1 所示):根据符号类型进行分类,把属性完全相同的那些符号安排在一张表中。这就构造出许多不同的符号表,每个表的信息栏目中属性个数和结构完全一样,而且每个表项的属性栏目都是等长、实用的。

符号表1	符号种属	名字	类型	值	地址

符号表2	符号种属	名字	字节数

符号表3	符号种属	名字	值	嵌套数	地址

图 6-1　按照属性分类的符号表

第二种组织结构(如图 6-2 所示):把语言中的所有符号都组织在一张符号表中。这种组织的最大优点是符号表集中,不同类型符号中的相同属性得到了一致的管理和处理。

符号种属	名字	类型	值	字节数	地址 1	地址 2

图 6-2 单一组织的符号表

第三种组织结构(如图 6-3 所示):折中了上述两种策略,根据属性的相似程度把符号表分成若干类型,每个类型组织成一张表,每张表中记录的符号都有很多相同的属性。

第一类和第三类共同的符号表

符号种属	名字	类型	值	嵌套数	地址

第二类符号的符号表

符号种属	名字	字节数

图 6-3 一个折中方式的符号表

4. 程序块是程序语言的主要构造元素,它允许以嵌套的方式确定局部声明。大多数语言规定,程序块结构的声明作用域是最近嵌套规则,请按照这个规则写出下列声明的作用域。

```
main()
{  /* 开始块 B₀ */
    int a = 0;
    int b = 0;
    {  /* 开始块 B₁ */
        int b = 1;
        {  /* 开始块 B₂ */
            int a = 2;
            ……
        }  /* 结束块 B₂ */
        {  /* 开始块 B₃ */
            int b = 3;
            ……
        }  /* 结束块 B₃ */
        ……
    }  /* 结束块 B₁ */
}
```

【解答】

根据程序块结构的声明作用域的最近嵌套规则,可得:int a=0 作用域为块 B_0;int b=0 作用域为块 B_0;int b=1 作用域为块 B_1;int a=2 作用域为块 B_2;int b=3 作用域为块 B_3。

5. C 语言中规定变量标识符可以定义为：*extern*、*extern static*、*auto*、*local static* 和 *register*，请分别说明这 5 种变量的作用域。

【解答】

extern 是全局的，即在 *extern* 定义之后的任何地方都可以使用。*extern static* 只限于本文件模块。*auto* 是局部的，在定义的函数内有效。*local static* 在整个程序的执行期内有效。*register* 是局部的，在定义的函数内有效。

6. 设散列表为 HT[13]，散列函数定义为 $hash(key) = key \% 13$（整数除法取余运算），用链地址法解决冲突对下列关键码 12,23,45,57,20,3,31,15,56,78 造表。

【解答】

如图 6-4 所示。

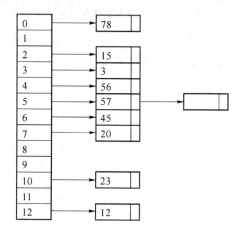

图 6-4　练习 6 的链地址法的散列表

第7章 运行时的环境

7.1 基本知识总结

本章讨论编译程序对存储空间的组织和管理,主要知识点如下。

1. 与编译有关的程序运行的基本概念:活动,生存期,活动记录,活动记录的结构。

2. 参数传递机制与实现:按值调用,引用调用,值-结果调用,换名调用。

3. 程序运行时存储空间的划分。

4. 3种基本的存储分配策略:

(1)静态存储分配;

(2)栈式动态存储分配,控制链,访问链,display表;

(3)堆式动态存储分配,无用单元的自动回收技术。

5. 对变量访问的实现方法。

重点:活动,活动记录及其结构,按值调用和引用调用,存储空间的基本划分,静态存储分配,栈式动态存储分配时的运行栈结构,局部变量的访问,用访问链和 display 表访问非局部变量,标记和清扫的垃圾搜集技术,存储紧缩。

难点:静态的程序代码与运行时存储空间的关系,访问链和 display 表的应用,对嵌套过程中变量的访问,堆的自动管理。

7.2 典型例题解析

1. 假设下面程序是正确的。

```
program test(input,output);
    var a,b：integer;
    procedure cal(x,y,z)
      begin
        y：= y ∗ 3；z：= z + x;
      end cal;
    begin
        1：= 2；b：= 2；cal(a + b,b,b);
        write b;
    end;
```

当参数的传递机制分别是:

（1）传名；

（2）传值；

（3）传地址

时，b 的输出的结果分别是什么？

【分析】 这类题目要求掌握参数的不同传递机制以及变量、指针和地址等概念。参数传递机制是源程序语言决定被调用过程的代码如何解释实参值的规定，主要有 4 种方式。

按值调用：在调用时计算实参值，传递给形参之后，形参与实参没有任何联系。

引用调用：实参必须是分配了存储单元的变量，调用过程把实参的地址传递给形参，因而被调用过程对形参的任何改变也同时改变实参。

值-结果调用：调用时把每个实参的值和地址同时传给对应的形参，被调用过程像按值调用那样使用形参；调用过程结束时，把形参在最后的值复制到对应实参的存储单元。

换名调用：在调用点用被调用过程的体来替换调用，同时把形参用对应的实参替换。

解答题目时仔细地追踪参数传递中的每条语句，有助于获得程序执行的正确结果。

【解答】

（1）运用传名方式，当执行调用 cal(a+b,a,a)时，被调用者替换成：

procedure cal(a＋b,b,b);

begin

b：＝b＊3；

b：＝b＋a＋b；

end cal；

调用前的数据 a 和 b 分别是 1 和 2。执行语句 b：＝b＊3 后，数据 b 是 6。执行语句 b：＝b＋a＋b后，数据 b 是 13。

因此，程序运行后 b 输出 13。

（2）假设任意变量 x 的地址用 address(x)表示，临时变量 t 对应过程调用的第 1 个参数 $a+b$。在传值调用方式下，变量的变化如表 7-1 所示，程序运行后 b 输出 2。

表 7-1　传值调用方式下变量的变化

address()	变量的值或指针		
	调用过程 cal 时	执行 y＝y＊3 后	执行 z：＝z＋x 后
a	1	1	1
b	2	2	2
临时变量 t	3	3	3
x	3	3	3
y	2	6	6
z	2	2	5

还有更简单的解释方式：由于传值调用只是把实参的值传递给相应的形参，之后实参和形参之间没有任何联系，即实参的值不会因为对应形参的任何变化而变化，故 b 的值仍然是执行过程调用前的 2。

即使传递的是地址值,实参的地址也不会变化,可能变化的是该地址所指的存储内容。

（3）假设任意变量 x 的地址用 address(x) 表示,临时变量 t 对应过程调用的第 1 个参数 $a+b$。在传地址调用方式下,变量的变化如表 7-2 所示,程序运行后 b 输出 9。

表 7-2   传地址调用方式下变量的变化

address()	变量的值或指针		
	调用过程 cal 时	执行 y＝y * 3 后	执行 z：＝z＋x 后
a	1	1	1
b	2	6	9
临时变量 t	3	3	3
x	address(t)	address(t)	address(t)
y	address(b)	address(b)	address(b)
z	address(b)	address(b)	address(b)

传地址调用实际上是让形参指向对应实参的地址,使得形参得到初始值。在被调用过程中对形参的任何更改,同时也就是对相应实参内容的更改。这种函数调用方式的缺点是函数体可能隐含地改变实参变量的值,产生所谓的副作用,容易导致程序出错、难以理解。

2. 画出下列 Fortran 程序的存储结构：

```
    program consume
        character * 50 buffer
        integer next
        character c,produce
        data next /1/,buffer /''/
10      produce()
        buffer(next：next)=c
        next=next+1
        if(c .ne. '')goto 10
        write( * ,'(A)')buffer
        end
        character function produce()
        character * 80 buffer
        integer next
        save buffer,next
        data / 81/
        if (next .gt. 80)then
            read( * ,'(A)')buffer
            next= 1
```

```
        end if
        produce = buffer(next：next)
        next = next + 1
    end
```

【分析】 Fortran 语言的存储分配是完全静态的,不仅代码的大小可在编译时确定,所有数据也可在编译时分配存储空间,所以 Fortran 程序的存储结构比较简单。

【解答】

图 7-1 为该程序的存储结构。虽然局部变量 *buffer*、*next* 都定义在两个分程序 produce 和 consume 中,但是各自的活动记录分别登记了各自的局部变量,不会产生错误的访问。

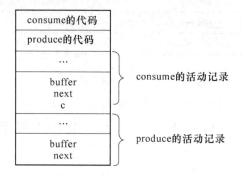

图 7-1　一个 Fortran 程序的存储结构

3. 有如下程序片断:
```
    real a,b;
    procedure f₁(integer x)；
        integer a；
        real e；
        begin
            …
            e：= x + a
(A)         …
        end f₁；
    procedure f₂(real x,y)；
        integer i；
        char c；
        begin
            …
            call f₁(i)；
            c：= ′A′；
        …
    end f₂；
```

```
begin
    …
call f₂(a,b);
    …
end;
```

（1）对上述程序采取栈式动态存储分配，试写出程序运行到（A）时，运行栈内各个分程序的活动记录的内容。

（2）写出此时各个符号的偏移量。假设函数调用方式是传值，整型占 2 个字节，地址占 4 个字节，字符型占 1 个字节，实型占 8 个字节。

【分析】 这类题目通常使用类似于某种程序语言的伪代码描述一个程序片断，需要从编译的角度掌握类似的伪代码。题中语言的存储管理类似于 C 语言的。

有时题目不明确说明采用的存储分配策略，要求读者选择最合适、最简单的存储分配。

每个数据类型都占用不同的存储单元数，与函数调用时的参数传递方式有关。不同的编译程序对活动记录中各个项的排列位置不同，造成计算各个数据的偏移量的差异。读者需要理解存储分配的原理，掌握编译程序访问数据的方法。

【解答】

（1）该语言允许分程序递归、没有嵌套，在程序执行到（A）时，运行栈需要保存全局数据、分程序 f_1 的数据及调用 f_1 的 f_2 的数据，各个分程序的活动记录的内容如图 7-2 所示。其中 fp 表示当前活动记录的地址，运行栈可用的首地址用 sp 表示。

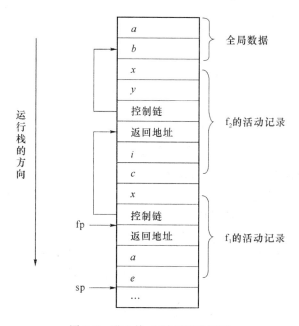

图 7-2 进入块 A 时的活动记录

（2）偏移量是对当前活动记录地址的偏移，即相对于 fp 的偏移。假设运行栈从存储器地址的高端向低端生长，在 fp 之上的偏移是正值，fp 之下的偏移是负值。计算如下：

f_1 的局部变量 a 的偏移量＝－4，

f_1 的局部变量 e 的偏移量 $=-(4+2)=-6$，

f_1 的参数变量 x 的偏移量 $=4+2=+6$，

f_2 的局部变量 c 的偏移量 $=4+2+1=+7$，

f_2 的局部变量 i 的偏移量 $=4+2+1+2=+9$，

f_2 的参数变量 y 的偏移量 $=4+2+1+2+4+4+8=+25$，

f_2 的参数变量 x 的偏移量 $=4+2+1+2+4+4+8+8=+33$，

全局变量 b 的偏移量 $=4+2+1+2+4+4+8+8+8=+41$，

全局变量 a 的偏移量 $=4+2+1+2+4+4+8+8+8+8=+49$。

4. 类 Pascal 结构（嵌套过程）的程序如下：

```
PROGRAM Demo
    PROCEDURE A；
        PROCEDURE B；
            BEGIN(* B* )
                …
                IF d THEN B ELSE A；
            END；(* B* )
        BEGIN(* A* )
            B；
        END；(* A* )
    BEGIN(* Demo* )
        A；
    END.(* Demo* )
```

该语言的编译器采用栈式动态存储分配策略管理目标程序的数据结构。若过程调用为：

(1) Demo→A；

(2) Demo→A →B；

(3) Demo→A →B →B→A。

请分别给出这 3 个时刻运行栈的布局和 display 表。

【分析】 表示 display 表的方式有若干种，关键是表达出 display 表内每个表项都是指向某个外层定义过程活动记录的地址。本例给出在其他编译书籍中采用的表达方式，帮助读者理解和掌握类似题目的解答思路。

【解答】

(1) 调用 Demo→A 时使用 display 表的运行栈的内容如图 7-3 所示。display 的表项存储了本身以及外围活动记录的首地址，其中指向当前活动记录的 display 表项放在 display 栈顶。图中特意画出了在每个活动记录中保留一个指向前一个 display 的指针（又称全局 display 地址）连线。最外层的活动记录不需要这个指针。全局 display 地址的作用同本教材中的 next-display 指针。

(2) 调用 Demo→A→B 时使用 display 表的运行栈的内容如图 7-4 所示。

(3) 在过程 B 中的条件语句可能产生递归自调用，以及递归调用 A，形成调用序列 Demo→A →B→B→A，这时 display 表的运行栈的内容如图 7-5 所示。

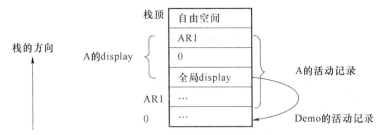

图 7-3 调用 Demo→A 时的 display 和运行栈的布局

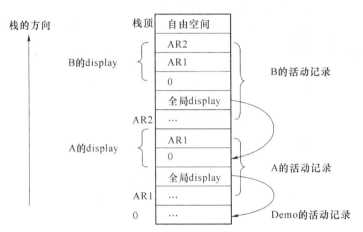

图 7-4 调用 Demo→A→B 时的 display 和运行栈的布局

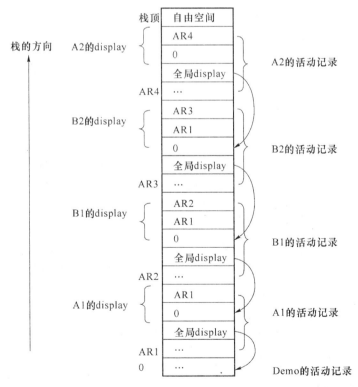

图 7-5 调用 Demo→A→B→B→A 时的 display 和运行栈的布局

7.3   练习与参考答案

1. 请考虑过程和活动记录的联系和区别。

【解答】

过程是一个具有名字和若干语句的一个声明,这个名字是过程名,语句就是过程体。完整的程序也可以看作一个过程。过程是完成一个程序功能的静态表示。

在程序运行时,每次调用过程就引起过程体的一次执行,称为过程的一次活动。活动记录是一块连续的存储区,用来管理过程每次执行时所需要的信息,包括每个活动的局部变量、参数、返回地址等。每当过程的一次运行结束,该活动记录也就无用,可以退回所占用的存储空间。活动记录是一个过程完成其功能的一次动态体现。

每个过程的每次运行都有一个活动记录,同一个过程可能同时存在多个活动记录。

2. 请解释下列概念:生存期,过程的活动,活动树,活动记录。

【解答】

生存期:过程 p 的一个活动的生存期就是从过程体开始执行到执行结束的时间,包括执行被 p 调用的其他所有过程所耗费的时间。一般而言,术语"生存期"指的是程序执行过程中若干步骤的一个连续序列。

过程的活动:过程的每次调用就引起过程体的一次执行,称为过程的一次活动。

活动树:来描述控制进入和离开活动的方式。在活动树中,每个节点代表过程的一个活动记录(调用);根节点代表主程序;节点 p 是节点 q 的父节点,当且仅当控制流从 p 的活动进入 q 的活动;在同一层中,节点 p 在节点 q 的左边,当且仅当 p 的生存期先于 q 的生存期。

活动记录:过程的一次执行要用一块连续的存储区来管理过程执行所需要的信息,这块存储区叫做活动记录或帧。

3. 有哪些常见的参数传递方式,请分析和比较它们各自的特点。

【解答】

(1) 按值调用:调用时计算实参所代表的表达式,其值就是被调用过程运行时形参的值。最简单的形式可以解释成实参在过程的执行中作为常数值,取代了过程体中所对应的形参。

(2) 引用调用:实参必须是分配了存储单元的变量,调用过程把实参的地址传递给被调用过程,使得形参成为实参的别名,因而对形参的任何改变也同时体现在实参中。

(3) 按值调用和引用调用的混合形式叫做值-结果调用,也称为复写-恢复或复写入-复写出。这种调用的实现方式如下:调用过程把实参的值和实参的地址同时传给被调用过程;被调用过程像按值调用那样使用传递给形参的值;被调用过程结束时,把形参在被调用过程中最后的值复制到实参的存储单元。

(4) 换名调用:思路是在被调用的过程中作为形参,直到实际使用时才计算实参(换名调用因此也叫延迟计算)。换名调用可以如下实现:在调用点,用被调用过程的体来替换调用,但是形参用对应的实参来替换。这种文字替换方式称为宏展开或内联展开;在宏展开前,被调用过程的每个局部变量的名字被系统地重新命名为可以区别的名字。

4. 对你熟悉的高级程序语言(如 C、Pascal、C++、Java 或 C#),了解它们的参数传递机制。

【解答】

特定高级语言的书籍中都会包含参数传递的知识,本题要求读者运用编译的知识,了解实际高级语言的参数传递形式,对高级语言加强理论认识。

例如,C++语言中的函数调用方式有两种:传值调用和引用调用。同时,对于代码很短的函数,C++语言允许采用换名的函数调用,这样的函数称为内联函数。但是,对于用户定义的内联函数,编译器决定是否作为内联处理。

5. 执行下面 Pascal 程序的输出 a 结果分别是什么,如果参数的传递机制是:
(1) 引用调用方式;
(2) 值-结果调用方式。

```
program copyout(input,output);
var a：integer;
procedure unsafe(var x：integer);
begin x：=2；a：=0 end;
begin
a：=1；unsafe(a)；writeln(a)
end；
```

【解答】

(1) 在引用调用方式下,过程调用 unsafe(a)中的 2 条赋值语句都对 a 有影响,所以打印 a 的值是 0。

(2) 在值-结果调用方式下,过程调用 unsafe(a)时把值 1 送给 x,而 x 的最终值 2 在过程调用结束前返回给变量 a,所以打印 a 的值是 2。

6. 执行下面程序时打印的 a 分别是什么,若参数的传递机制是:
(1) 按值调用方式;
(2) 引用调用方式;
(3) 值-结果调用方式;
(4) 换名调用方式。

```
procedure p(x,y,z);
begin
y：=y +1;
z：=z+x;
end p;
begin
a：=2;
b：=3;
p(a+b,a,a);
print a;
end;
```

【解答】

假设任意变量 x 的地址用 address(x) 表示，临时变量 t 对应调用过程 p 的第 1 个参数 $a+b$。

（1）按值调用方式下，变量的变化如表 7-3 所示，程序运行后输出 2。

表 7-3　按值调用方式下变量的变化

address()	变量的值或指针		
	调用过程 p 时	执行 y＝y+1 后	执行 z：＝z+x 后
a	2	2	2
b	3	3	3
临时变量 t	5	5	5
x	5	5	5
y	2	3	3
z	2	2	7

（2）在引用调用方式下，变量的变化如表 7-4 所示，程序运行后输出 8。

表 7-4　引用调用方式下变量的变化

address()	变量的值或指针		
	调用过程 p 时	执行 y＝y+1 后	执行 z：＝z+x 后
a	2	3	8
b	3	3	3
临时变量 t	5	5	5
x	address(t)	address(t)	address(t)
y	address(a)	address(a)	address(a)
z	address(a)	address(a)	address(a)

（3）在值-结果调用方式下，变量值的变化如表 7-5 所示，程序运行后输出 7。其中，存储形式参数的值用函数 value() 表示。

表 7-5　值-结果用方式下变量值的变化

address()	变量的值或指针		
	调用过程 p 时	执行 y＝y+1 后	执行 z：＝z+x 后
a	2	3	8
b	3	3	3
临时单元 t	5	5	5
x	address(t), value(x)＝5	address(t), value(x)＝5	address(t), value(x)＝5
y	address(a), value(y)＝2	address(a), value(y)＝3	address(a), value(y)＝3
z	address(a), value(z)＝2	address(a), value(z)＝2	address(a), value(z)＝7

（4）运用换名方式，当执行调用 p(a＋b,a,a) 时，被调用者替换成：

```
procedure p(a＋b,a,a);
begin
```

```
a：= a＋1;
a：= a＋a＋b;
end p;
```

调用前的数据 a 和 b 分别是 2 和 3。执行了语句 a：=a＋1 后,数据 a 和 b 都是 3。在执行了语句 a：=a＋a＋b 后,数据 a 和 b 分别是 9 和 3。

因此,程序运行后输出 9。

7. 设计存储分配时要考虑哪些主要因素? 常见的存储分配策略有哪些? 简单说明在什么情况下使用哪种存储分配策略。

【解答】

(1) 编译程序在使用存储分配时应该考虑下列因素:

过程能否递归;当控制从过程的活动返回时,是否需要保留局部变量的值;过程能否访问非局部变量,如何有效地访问;过程调用时形参和实参的传递方式;过程能否作为参数传递和结果返回;存储区域能否在程序控制下动态地分配。

(2) 常见的存储分配策略有 3 种:静态存储分配、栈式动态存储分配和堆式动态分配存储。

(3) 静态存储分配在程序编译的时候就把数据对象分配在固定的存储单元,在运行时也始终保持不变。像 Fortran 语言,不含递归过程,不允许体积改变的数据对象和待定性质的名字,在编译时就能完全确定程序中每个数据对象运行时在存储空间的具体位置。栈式动态存储分配在程序运行时把存储器作为一个栈来管理,每当一个过程被激活和调用时,就动态地为这个过程在栈的顶部分配存储区域;一旦过程执行结束,就释放所占用的存储空间。这种策略特别适合那些允许过程递归的语言,如 C、Pascal、C＋＋、Java 或 C♯。如果允许程序在运行时随意地申请和回收存储单元,如为对象申请内存,把无用对象的存储空间收回,那么,堆式动态存储分配策略就特别合适,它把存储器作为一个堆来管理。

8. C＋＋语言中关于变量的存储类型符有 4 个:*auto*、*register*、*static* 和 *extern*,请说明每个说明符所表示的存储方式。

【解答】

用 *auto* 说明的变量是局部于定义它们的函数或块的局部变量,其生存期为函数或块执行期:在函数或块开始执行时由系统在数据栈内分配一定的空间,函数或块结束时就释放这些空间。

用 *register* 说明的变量称为寄存器变量,它们被分配在机器的寄存器中,并且尽可能长时间地驻留在寄存器中,以提高程序的运行速度。不同的编译系统对哪些变量可以说明为寄存器变量有不同的规定,而且,一般的编译程序都会对寄存器的使用进行优化。请参考教材第 10 章和第 11 章。

用 *static* 说明的变量称为静态变量,在编译时分配存储空间,与程序有相同的生存期。静态变量只能在定义它的文件中使用,这一点是和下面的外部变量有区别。

用 *extern* 说明的变量称为外部变量,在程序运行时不再为它分配存储空间,而是直接使用在变量定义时编译器为它分配的存储空间,通常是在另外的文件里。

9. 为下面 Fortran 程序的运行时环境构造出一个可能的组织结构,要保证对 AVE 的调用时存在的一个存储器指针(参考教材中 7.4 节)。

```
       REAL A(SIZE),AVE
       INTEGER N,I
10     READ *,N
       IF(N .LE. 0 .OR. N .GT. SIZE)GOTO 99
       READ *,(A(I),I=1,N)
       PRINT *,´AVE=´,AVE(A,N)
       GOTO 10
99     CONTINUE
       END
       REAL FUNCTION AVE(B,N)
       INTEGER I,N
       REAL B(N),SUM
       SUM=0.0
       DO 20 I=1,N
20     SUM=SUM+B(I)
       AVE=SUM/N
       END
```

【解答】

在 Fortran77 语言中,参数值是隐含的地址引用。类似于 C 语言,数组参数只传递数组的基地址,无需复制整个数组。存储结构如图 7-6 所示,箭弧表示函数 AVE 从哪里得到相应数据的地址。

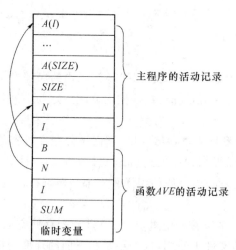

图 7-6　Fortran 例子的运行栈

10. 考虑 C 语言中的下列过程：

```
void f (char c,char s[10],double r)
{   int* x;
    int y [5];
    ...
}
```

（1）使用标准 C 参数传递约定，利用教材中 7.5.1 节所描述的活动记录结构判断以下的 fp 的偏移：c，$s[7]$ 和 $y[2]$（假设数据大小：整型占 2 个字节，字符占 1 个字节，双精度占 8 个字节，地址占 4 个字节）；

（2）假设所有的参数都是按值传递（包括数组），重做（1）；

（3）假设所有的参数都是引用传递（包括数组），重做（1）。

【解答】

过程 f 的活动记录结构如图 7-7 所示。计算各个变量相对于当前活动记录的基址 fp 的偏移量，必须考虑函数调用时要求的参数传递方式。假设在 fp 之上的是正偏移，在 fp 以下的是负偏移。

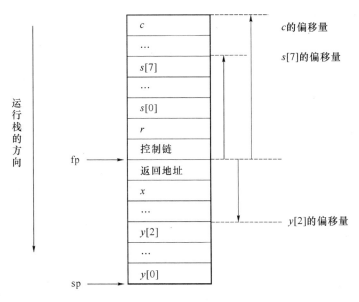

图 7-7   f 的活动记录

（1）C 语言的标准参数传递方式包括传值和传地址。在这种参数传递方式下，对数组参数的处理比较特殊：传递的是实参的首地址，形参中一维数组说明的长度不起作用，通过首地址和数组下标访问数组元素。因此，形参中 $s[0]$ 实际上存放的是数组 s 的首址。相对于 fp 的偏移的计算过程如下：

c 的偏移＝4＋8＋4＋10×1＋1＝＋27，控制链和数组 s 的首地址分别占用 4 个字节。

$s[7]$ 的偏移＝4＋8＋4＋7×1＝＋23。

$y[2]$ 的偏移＝－（4＋4＋2×2）＝－12，其中返回地址和指向 x 的指针分别占用 4 个字节，数组元素 $y[2]$ 的上面还有两个元素。

（2）所有参数都是传值方式，偏移量计算如下：

c 的偏移 $=4+8+10\times1+1=+23$，其中 4 是控制链占用的字节数。

$s[7]$ 的偏移 $=4+8+7\times1=+19$。

$y[2]$ 的偏移 $=-(4+4+2\times2)=-12$，其中返回地址和指向 x 的指针分别占用 4 个字节。

（3）所有参数都是引用传递，即活动记录结构中字符变量 c、字符串变量 s 和双精度变量 r 都是指针，偏移量计算如下：

c 的偏移 $=4+4+4+10\times1+4=+26$，4 个 4 分别表示 4 个地址的字节数。

$s[7]$ 的偏移 $=4+4+4+7\times1=+19$。

$y[2]$ 的偏移 $=-(4+4+2\times2)=-12$，其中返回地址和指向 x 的指针分别占用 4 个字节。

11. 为下面 C 程序的运行时环境构造出一个可能的组织结构（参考教材中 7.5.1 节）。

（1）在进入函数 f 中的块 A 之后；

（2）在进入函数 g 中的块 B 之后。

```
int a[10];
char * s = 'hello';
int f (int i, int b[])
{   int j = 1;
    A: { int i = j;
        char c = b[i];
        …
        }
    return 0;
}
void g(char * s)
{   char c = s[0];
    B: { int a[5]; … }
}
main()
{ int x = 1;
x = f(x, a);
g(s);
return 0;
}
```

【解答】

本题的关键是理解程序块结构声明的嵌套规则，解题思路可以参考教材例 7.4 和例 7.6。

（1）在进入函数 f 的块 A 之后，全局数据、main 的数据、函数 f 的参数、局部变量以及块 A 的数据都需要保存在当前的运行栈中,存储组织结构如图 7-8 所示。要特别注意为字符串分配的存储空间,多了一个结束符号'\0'。

(2) 在执行完调用函数 f、进入函数 g 中的块 B 之后,可以释放函数 f 的数据所占的存储空间,此时,全局数据、main 的数据、函数 g 的参数、局部变量以及块 B 的数据都需要保存在当前的运行栈中,存储组织结构如图 7-9 所示。它和图 7-8 的区别就是函数 f 和 g 的活动记录的差异。

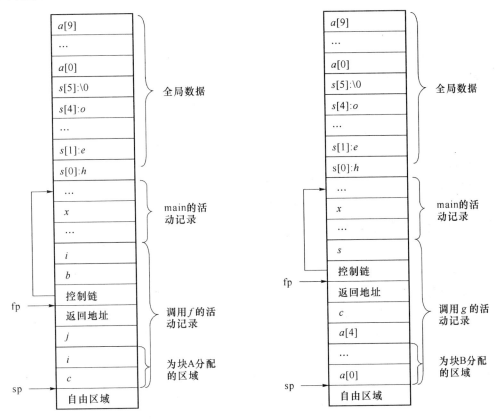

图 7-8　进入块 A 时的活动记录　　　　图 7-9　进入块 B 时的活动记录

12. 使用访问链(参考教材中 7.5.2 节)分别画出下面 Pascal 程序执行到

(1) 第 1 次调用 r 之后的运行栈的内容;

(2) 第 2 次调用 r 之后的运行栈的内容。

```
program pascal1;
    procedure p;
        var x：integer;
        procedure q;
            procedure r;
            begin
                x：= 2;
```

```
            ...
            if ... then p;
        end;{ r }
    begin
        r;
    end;{ q }
    begin
        q;
    end;{ p }
begin { pascal1 }
    p;
end.
```

【解答】

本程序包含了过程嵌套:在过程 p 中说明了过程 q,而过程 q 中又说明了过程 r。因此,在 r 中访问变量 x,需要越过 r 和 q 两个作用域层到 p 中找到 x 的定义。所以,在活动记录中增添了指向直接包含过程定义的过程的当前活动记录。直接外围是主程序的过程,不需要访问链。

为简单起见,只勾画出运行栈的结构以及各个活动记录之间的关联,没有详细画出每个活动记录的内容。

(1)第 1 次调用 r 的调用链是 main→p→q→r,运行栈的内容如图 7-10 所示。栈左边的是控制链,右边的是访问链。

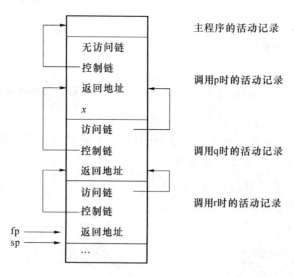

图 7-10　第 1 次调用 r 后有访问链的运行栈

(2)如果执行 r 中条件语句中的 then 语句,就递归地调用过程 p,出现第 2 次调用 r,调用链是 main→p→q→r→p→q→r。这就需要为过程 p、q 和 r 分配产生 2 个活动记录。

运行栈的内容如图 7-11 所示。

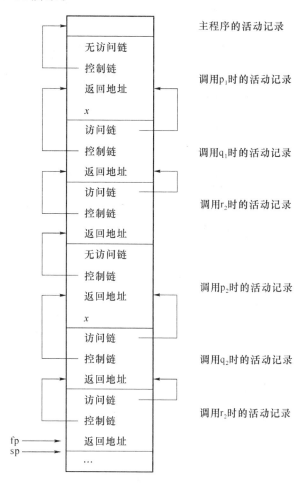

图 7-11　第 2 次调用 r 后有访问链的运行栈

13. 使用显示表 display 重做练习 12。

【解答】

第 0 层的活动记录没有 display 表,随后的第 i 层的 display 表有 $i+1$ 个表项,每个表项 index-display 都是指向第 $index$ 层的活动记录的基址,可以查询其中的信息。每个活动记录都有一个指针 next-display,指向调用当前过程的最近的活动记录 display 表,以便当前过程结束后可以找到其直接调用者的 display 表。

（1）第 1 次调用 r 之后的运行栈的内容如图 7-12 所示。

（2）第 2 次调用 r 时运行栈的内容如图 7-13 所示。为清晰起见,图中省略了控制链以及其他信息,只保留了 display 表内容。同时把 i-display 中的 i 直接写成活动记录的名称,把 next-display 中的 next 也写成活动记录的名称。

注意,尽管 r 递归调用 p,但是,p 的过程体中要访问的非局部数据不能从活动记录 r 中得到,要从定义 p 的外围,即主程序 pascal1 中寻找。图中没有画出的控制链确保 p 执行完后,返回到过程 r。活动记录 p_2 中的 next-display,即图中的 r_1-display,记住了 p 退出后的 display 表的地址。

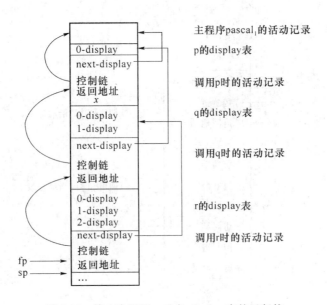

图 7-12 第 1 次调用 r 后有 display 表的运行栈

14. 对下面的 Pascal 程序,分别画出程序执行到点(1)和(2)时刻的运行栈的内容。

```pascal
program pascal₂(input,output);
    var i: integer;d: integer;
    procedure a (k: real);
        var p: char;
        procedure b;
            var c: char;
            begin
                ···(1)···
            end: {b}
        procedure c;
            var t: real;
            begin
                ···(2)···
            end: {c}
        begin
            ···
            b;
            c;
            ···
        end;{a}
    begin {pascal₂}
```

右侧运行栈图表内容:

...	主程序pascall的活动记录
p₁-display pascal₁-display	p₁的display表 调用p₁时的活动记录
pascal₁-display ...	
q₁-display p₁-display pascal₁-display	q₁的display表 调用q₁时的活动记录
p₁-display ...	
r₁-display q₁-display p₁-display pascal₁-display	r₁的display表 调用r₁时的活动记录
q₁-display ...	
p₂-display pascal₁-display	p₂的display表 调用p₂时的活动记录
r₁-display ...	
q₂-display p₂-display pascal₁-display	q₂的display表 调用q₂时的活动记录
p₂-display ...	
r₂-display q₂-display p₂-display pascal₁-display	r₂的display表 调用r₂时的活动记录
q₂-display ...	

图 7-13 第 2 次调用 r 后有 display 表的运行栈

```
                    ...
        a(d);
                    ...
    end.
```

【解答】

本题中的过程 b 和 c 是并列地嵌套在过程 a 中,使用访问链来访问非局部变量。

(1) 程序执行到(1)时的调用序列是:$pascal_2 \rightarrow a \rightarrow b$,需要保留主程序 $pascal_2$、过程 a 和 b 的活动记录的内容,运行栈的内容如图 7-14 所示。

(2) 程序执行到(2)时的调用序列是:$pascal_2 \rightarrow a \rightarrow c$,因为程序的运行不再需要访问 b 的任何信息,应该退回为过程 b 的活动记录分配的存储区域,需要保留的是主程序 $pascal_2$、过程 a 和 c 的活动记录的内容。运行栈的内容如图 7-15 所示。

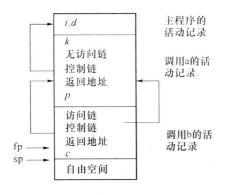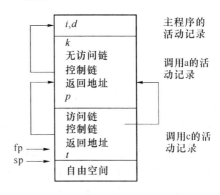

图 7-14　程序执行到(1)时的运行栈　　　　图 7-15　程序执行到(2)时的运行栈

15. 使用显示表 display 重做练习 14。

【解答】

采用练习 13(2)的画图方式。

(1) 程序执行到点(1)时的运行栈如图 7-16 所示。

(2) 程序执行到点(2)时的运行栈如图 7-17 所示。

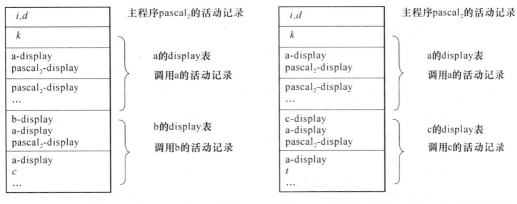

图 7-16　程序执行到(1)时 display 表和运行栈　　　图 7-17　程序执行到(2)时 display 表和运行栈

16. 实现栈式动态存储管理的一个问题是,如何分配空闲块。请考虑有几种空闲块的分配策略,并比较每个策略的优、缺点。

【解答】

空闲块的分配策略包括首次满足法、最优满足法和最差满足法。

最优满足法总是寻找和请求大小最接近的空闲块,系统中可能产生一些无法利用的存储碎片,同时也保留了很大的存储空间以便满足后面可能出现的存储空间较大的请求。而最差满足法,由于每次都是从存储中分配最大的空闲块,使得空闲块链表中的空闲块大小趋于均匀。而首次满足法的分配是随机的,介于最优满足法和最差满足法之间,适用于系统事先不掌握运行期间可能出现的请求分配和释放的信息情况。从策略的效率上看,首次满足法在分配时需要查询空闲块链表,而回收时仅需要插入到表头即可;最差满足法正好相反,分配时无须查表,回收时则需要将释放的空闲块插入到链表的适当位置上;最优满足法无论分配与回收都需要在空闲块链表中查找,效率最不高。

17. 了解面向对象语言(如面向对象 Pascal、C++、C♯、Java)是如何实现垃圾收集任务的。

【解答】

这个题目要求读者在学习编译的时候,结合熟悉的程序语言去理解编译原理,同时也可以加深对编程语言的认识。下面对 Java 和 .Net 的解释仅供参考。

(1) .Net 通过运行时 CLR 对管理的资源采用堆式分配进行存储管理。CLR 在初始化时保留一块连续的内存——管理堆,维护一个永远指向下一个可以分配的内存空间的指针。同时为每个应用中称为根的一组对象分配存储单元,根的对象包括:全局和静态对象、局部对象和函数的参数以及 CPU 寄存器中的对象。垃圾收集器采用引用计数技术,所有引用的对象被复制到运行时管理堆,同时修改它们的引用指针。

CLR 在分配内存时,如果发现堆中的空闲空间不足时,就启动垃圾收集器。它将堆中不再被使用的对象占用的内存释放掉,然后将堆整理,使其剩下连续的空间以待分配;若没有可以释放的对象或者释放后内存还是不够的话,就抛出 OutOfMemoryException 异常。

寻找不再被使用的对象的过程如下:垃圾收集器遍历根,依次找到每个根指向的对象,沿着这个对象继续找到这个对象所有引用的对象,以及引用之引用,并将其放入到一个集合中。垃圾收集器一旦发现某个对象已经在集合中,就停止这个分支的搜寻以避免重复和引用死循环。完成所有根的查找以后,就有了一个所有根可以访问到的对象的集合,不在这个集合中的对象就认为是无用的。

此外,.Net 还提供了效率更高的代分垃圾搜集技术。它把管理堆中的对象分成三代。第一代是没有经历过垃圾收集驻留在内存中的对象,它们通常是一些生命短暂的局部变量。第二代是仅经历过一次垃圾收集后驻留在内存中的对象,生命周期较短。第三代是经历过两次及两次以上的垃圾收集后仍然驻留在内存中的对象,它们通常是一些应用程序对象,往往要在内存中驻留很长时间。圾收集器开始执行时,首先对第一代对象进行垃圾收集,这通常会释放较大的内存空间,会满足一定的内存请求。如果这一代的收集结果不理想,那么便会对第二代进行收集,如果还不理想,便进行第三代的垃圾收集。

一般情况下,垃圾搜集应该交给 .Net 系统完成;如果要强制执行垃圾回收,可以通过调用 System.GC.Collect() 方法实现。

（2）Java 编译器垃圾选择的方法采用了根集和引用计数的方法。根集方法是，垃圾收集器为每个 Java 程序可以访问的引用变量集合（包括局部变量、参数、类变量）建立一个根集。从根集可达的对象都是活动对象，包括从根集间接可达的对象，它们不能作为垃圾被回收。而根集通过任意路径不可达的对象符合垃圾收集的条件，应该被回收。

引用计数法使用引用计数器来区分存活对象和不再使用的对象。堆中的每个对象对应一个引用计数器。当每一次创建一个对象并赋给一个变量时，引用计数器置为 1。当对象被赋给任意变量时，引用计数器每次加 1，当对象出了作用域（该对象丢弃不再使用）后，引用计数器减 1，一旦引用计数器为 0，对象就满足了垃圾收集的条件。

Java 编译器为垃圾收集提供了若干方法。

① 单空间复制的紧缩方法，它将所有的对象移到堆的一端，堆的另一端就变成了一个相邻的空闲内存区，垃圾收集器会对它移动的所有对象的所有引用进行更新，使得这些引用在新的位置能识别原来的对象。

② 双空间复制的紧缩方法，它把堆分成一个对象区域和空闲区域，程序从对象区域为对象分配空间，当对象区域满了的时候就从根集中扫描活动对象，并将每个活动对象复制到空闲区域（使得活动对象所占的内存之间没有空闲洞），这样空闲区域变成了对象区域，原来的对象区域变成了空闲区域，程序在新的对象区域中分配内存。

③ 分代垃圾搜集技术，它将堆分成两个或多个，每个子堆作为对象的一代。由于多数对象存在的时间比较短，垃圾收集器将从最年轻的子堆中收集那些程序丢弃不使用的对象。在分代式垃圾收集器运行后，上次运行存活下来的对象移到下一最高代的子堆中，由于老一代的子堆不会经常被回收，因而节省了时间。

使用 System.gc()可以不管使用的是哪一种垃圾回收的算法，请求 Java 的垃圾回收。

18. 存储紧缩有时也称为"单空间复制"，以区别双空间复制，请指出两者的相同之处和差异。

【解答】

单空间复制和双空间复制都是回收无用存储空间的方法，都采用标记和清扫技术：首先标记堆上所有可以达到的存储块，然后回收未被标记的存储块。标记从当前可以访问的指针开始，递归地标记所有可以达到的存储块。然后线性地扫描存储器，释放没有标记的存储块。

单空间复制技术把所有已经分配的块移到堆的一端，把未分配的一大块连续自由空间放在存储的另一端。这个过程必须更新那些在程序执行时已经移动区域的所有引用。而双空间复制则把可以得到的存储划分成两个相等部分（源空间和目的空间），并且每次只分配其中的一半存储区域。在标记过程中就把所有可到达块立即复制到没有使用的另一半。就无需占用额外标记字节，只需对存储器扫描一遍，同时，它也自动完成了存储清理。一旦使用区域中的所有达到块都复制完，使用的一半和未用的一半存储相互交错，处理就继续下去。

19. 为以下的 C++类画出对象的存储器框架和虚拟函数表（参考 7 题）：

```
class A
{ public:
    int a;
    virtual void f();
```

```
    virtual void g();
};
class B：public A
{ public：
    int b；
    virtual void f();
    void h();
};
class C：public B
{ public：
    int c；
    virtual void g();
}
```

【解答】

类 A 的子类是 B,而 B 的子类是 C,这些对象的存储结构如图 7-18 所示。

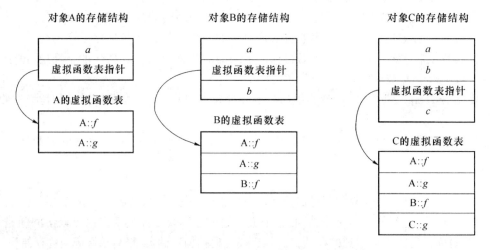

图 7-18　3 个 C++类的存储结构与虚拟函数表

第8章 属性文法和语义分析

8.1 基本知识总结

本章讨论用属性文法进行语义分析的关键技术,主要知识点如下。

1. 语义分析的基本功能,重点是符号表操作、类型检查和中间代码生成。

2. 属性与属性文法:属性的定义,综合属性,继承属性,语义规则,翻译模式。

3. 基于分析树的属性计算,基于规则的属性计算:

(1) 属性注释的分析树,属性依赖图;

(2) S-属性文法及其在自底向上分析中一趟完成属性计算;

(3) L-属性文法及其在自顶向下分析中一趟完成属性计算;

(4) 基于规则的多趟扫描分析树的属性计算方法。

4. 类型等价与类型检查。

(1) 数据类型的概念;

(2) 类型等价:类型结构等价、类型名字等价和类型声明等价;

(3) 基于属性文法的类型检查。

重点:属性的概念、根据文法构造语义动作、属性依赖关系与属性计算、S-属性文法的自底向上计算、L-属性文法的自顶向下计算、删除翻译模式中嵌入动作的文法改造、类型表达式的概念、类型等价与类型检查的方法。

难点:继承属性、属性的计算顺序、构造属性定义、类型检查的属性文法。

8.2 典型例题解析

1. 在一个移进-归约的分析中采用以下的语法制导的翻译模式,在按照产生式归约时,立即执行括号中的动作。

S→SaA	{print '1'}
S→A	{print '2'}
A→AbB	{print '3'}
A→a	{print '4'}
B→cSd	{print '5'}
B→e	{print '6'}

当分析器的输入是 abcadaabe 时,打印的是什么?

【分析】 这个题目要求读者理解语义分析的基本概念及其实现方法。语义分析通常是在语法分析过程中要进行归约或推导时的一个动作子程序,如本题的打印语句。用分析树构造出句型或句子的分析过程,同时在归约时执行动作子程序,有利于得到结果。

【解答】

构造句子的分析树如图 8-1 所示。分析 abcadaabe 的过程按照图中的标号顺序执行,在产生归约的同时刻执行动作,因此输出结果是:4425324631。

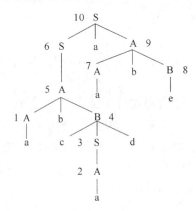

图 8-1　句子 abcadaabe 的分析过程

2. 为语法写出语法制导翻译文法。

【分析】　为一个文法写属性文法、语义规则或翻译模式就如同设计一个软件系统,同时需要特定的知识和经验:需要掌握文法与属性的基础知识,还要了解和积累设计语义规则的一些常见的思路、技巧、模板和经验。

如同程序设计,写出文法的一些句子,有助于发现文法中符号属性之间的关系。遍历带属性的语法分析树则可以帮助发现属性的计算顺序。构造完语法制导翻译文法之后,还可以用句子作为测试用例进行简单的验证。

(1) 构造一个符号串翻译文法,它接收 0 和 1 组成的任意输入的符号串,将其翻译成 0^n1^m。

【解答】

解答本题需要分成两步:首先构造输入语言的文法,然后构造翻译文法,即语义动作或翻译模式。

构造输入语言的文法如下:

$S \to SB \mid B$,

$B \to 0 \mid 1$。

为每个符号引入两个属性,分别记录 0 和 1 的个数,简单写成 $S.0, S.1, B.0, B.1$。为了执行打印的动作,再增添一条产生式 $S' \to S$,它的语义动作就是在完成归约时打印 S 的翻译结果 0^n1^m:

$\{for(i=1; i <= S.0; i++)print(S.0); for(i=1; i <= S.1; i++)print(S.1)\}$。

对于产生式 $S \to S_1 B$,S 中 0 的个数是 S_1 和 B 中 0 的个数之和,S 中 1 的个数是 S_1 和 B 中 1 的个数之和,即有$\{S.0 := S_1.0 + B.0; \ S.1 := S_1.1 + B.1\}$。

对于产生式 $S \to B$,有$\{S.0 := B.0; \ S.1 := B.1\}$。

对于产生式 $B \to 1$,有$\{B.0 := 1; \ B.0 := 0\}$。

最终构造的翻译模式如下:

$S' \to S$ 　　$\{for(i=1; i <= S.0; i++)print(S.0); for(i=1; i <= S.1; i++)print(S.1)\}$

$S \to S_1 B$ 　$\{S.0 := S_1.0 + B.0; \ S.1 := S_1.1 + B.1\}$

$S \rightarrow B$ 　 $\{S.0_: = B.0; S.1_: = B.1\}$

$B \rightarrow 1$ 　 $\{B.0_: = 1; B.0_: = 0\}$

$B \rightarrow 0$ 　 $\{B.0_: = 0; B.1_: = 1\}$

（2）为下面文法写一个语法制导定义，它分别统计句子中 a 和 b 的个数。

$S \rightarrow aBS | bAS | \varepsilon,$

$B \rightarrow aBB | b,$

$A \rightarrow bAA | a。$

【解答】

为每个非终结符建立 2 个综合属性 a 和 b，分别记录 a 和 b 的个数。每个产生式左部 a 的个数，等于其右部直接出现的 a 的个数，加上每个非终结符的 a 的个数；同样可以得出计算 b 的规则。产生式 $S \rightarrow \varepsilon$ 表明，S 不能推出任何 a 和 b。

统计句子中 a 和 b 的个数的语法制导定义如下：

$S \rightarrow aBS_1$ 　 $\{S.a_: = 1 + B.a + S_1.a; S.b_: = B.b + S_1.b\}$

$S \rightarrow bAS_1$ 　 $\{S.a_: = A.a + S_1.a; S.b_: = 1 + A.b + S_1.b\}$

$S \rightarrow \varepsilon$ 　 $\{S.a_: = 0; S.b_: = 0\}$

$B \rightarrow aB_1 B_2$ 　 $\{B.a_: = 1 + B_1.a + B_2.a; S.b_: = B_1.b + B_2.b\}$

$B \rightarrow b$ 　 $\{B.a_: = 0; B.b_: = 1\}$

$A \rightarrow bA_1 A_2$ 　 $\{A.a_: = A_1.a + A_2.a; A.b_: = 1 + A_1.b + A_2.b\}$

$A \rightarrow a$ 　 $\{A.a_: = 1; A.b_: = 0\}$

（3）为下列简化的程序文法：

$P \rightarrow D,$

$D \rightarrow D; D | id: T | proc\ id; D; S。$

写一个翻译模式，打印该程序中每个标识符 id 的嵌套深度。

【分析】 该程序包括一系列的类型说明，随后是允许嵌套的过程。例如，该文法可以识别下列程序：

$id_1: T; id_2: T; proc\ id_3; proc\ id_4; id_5: T; S$

如果定义最外层 id 的嵌套深度为 1，那么标识符 id_1、id_2 和 id_3 的嵌套深度是 1，标识符 id_4 的嵌套深度是 2，标识符 id_5 的嵌套深度是 3。

可以看出，程序中后面标识符的嵌套深度与前面的嵌套深度有关。所以，该文法需要一个继承属性，把左边的嵌套深度传递给右边，最左边的嵌套深度就是初始值。

【解答】

令属性 n 表示嵌套深度，下面是一个打印标识符 id 嵌套深度的翻译模式：

$P \rightarrow \{D.n_: = 1\}$ 　 　 　 D

$D \rightarrow \{D_1.n_: = D.n\}$ 　 　 $D_1; \{D_2.n_: = D.n\}$ 　 D_2

$D \rightarrow id: T$ 　 　 $\{print(id.name, D.n)\}$

$D \rightarrow proc\ id;$ 　 $\{print(id.name, D.n)\}$ 　 $\{D_1.n_: = D.n + 1\}$ 　 $D_1; S$

145

注意:①计算继承属性的语义动作可以在产生式的任意位置,特别是在要计算属性的非终结符的前面,以便继承得到属性;②在说明语句开始前,需要给出最外层的嵌套深度;③打印语句所在的位置。

图 8-2 示意了符号串的 $id_1:T;id_2:T;proc\ id_3;proc\ id_4;id_5:T;S$ 注释分析树,结果与期望的一致。虚线箭头表示属性的传递方向,体现了属性的依赖关系和计算顺序。

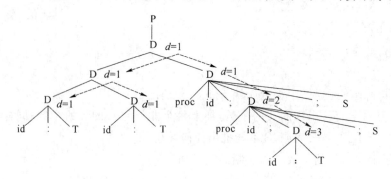

图 8-2　句子 $id_1:T;id_2:T;proc\ id_3;proc\ id_4;id_5:T;S$ 的注释分析树

(4) 某些语言允许给出名字表的一个属性,也允许声明嵌在另一个声明里面,下面是这个问题的文法抽象:

D→attrlist namelist|attrlist(D),

namelist→id,namelist|id,

attrlist→A attrlist|A,

A→decimal|fixed|float|real。

D→attrlist(D)的含义是:在括号中声明提到的所有名字都有 attrlist 中给出的属性,而不管声明嵌套多少层。写一个翻译模式,它将每个名字的属性个数填入符号表。

【分析】　这个题目的文法及其形式比较复杂。仔细分析可知:namelist 就是一串标识符 id,中间用逗号',' 分隔;attrlist 则是{decimal,fixed,float,real}中任何类型的数所组成的串。本题的问题有两个:①计算各个名字的 attr 个数;②把这个数填入符号表。对于句子 float real(fixed(decimal id_1,id_2,id_3)),其中名字的属性个数都是 4。观察它的分析树(如图 8-3 所示)可以看出属性的计算顺序:attrlist 的属性个数从其儿子计算得到,而 D 和 namelist 的属性个数则是根据继承得到的。

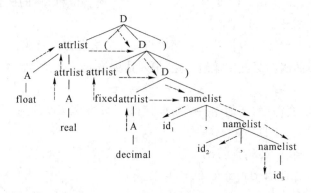

图 8-3　句子 float real(fixed(decimal id_1,id_2,id_3))的分析树与文法属性的计算顺序

【解答】

用属性 num 表示 attrlist 中属性的个数,设函数 $addattr(\mathrm{id.\,entry,number})$ 表示在符号表中名字为 id 的栏目中填入个数 number。首先拓广文法 $\mathrm{D'} \rightarrow \mathrm{D}$,以便得到 D 的初始值。下面就是所求的翻译模式:

$\mathrm{D'} \rightarrow \{\mathrm{D.\,num}：=0\}\mathrm{D}$

$\mathrm{D} \rightarrow \mathrm{attrlist}\quad\{\mathrm{namelist.\,num}：=\mathrm{D.\,num}+\mathrm{attrlist.\,num}\}\quad\mathrm{namelist}$

$\mathrm{D} \rightarrow \mathrm{attrlist}\quad\{\mathrm{D_1.\,num}：=\mathrm{D.\,num}+\mathrm{attrlist.\,num}\}\quad(\mathrm{D_1})$

$\mathrm{namelist} \rightarrow \mathrm{id}\,\{addattr(\mathrm{id.\,entry,namelist.\,num})\}$

$\mathrm{namelist} \rightarrow \{addattr(\mathrm{id.\,entry,namelist.\,num})\}\,\mathrm{id},$

$\{\mathrm{namelist_1.\,num}：=\mathrm{namelist.\,num}\}\,\mathrm{namelist_1}$

$\mathrm{attrlist} \rightarrow \mathrm{A}\,\mathrm{attrlist_1}\,\{\mathrm{attrlist.\,num}：=\mathrm{attrlist_1.\,num}+1\}$

$\mathrm{attrlist} \rightarrow \mathrm{A}\,\{\mathrm{attrlist.\,num}：=1\}$

3. Pascal 语言的声明由标识符序列后跟类型组成,如 n,m：real,这样的文法如下:

$\mathrm{D} \rightarrow \mathrm{L}：\mathrm{T},$

$\mathrm{L} \rightarrow \mathrm{L},\mathrm{id}\,|\,\mathrm{id},$

$\mathrm{T} \rightarrow \mathrm{integer}\,|\,\mathrm{real}$ 。

(1) 试构造一个翻译模式,把符号的类型填入符号表。

(2) 构造 n,m：real 的属性依赖图。

(3) 在(1)中构造的是 L-属性定义吗? 若不是,请改造文法,然后构造出 L-属性的翻译模式。

(4) 根据(3)的属性文法,重新构造 n,m：real 的属性依赖图。

(5) 根据(3)的翻译模式,构造一个翻译器。

(6) 根据(1)的翻译模式,构造一个翻译器。

【分析】 程序语言中类型声明的形式主要有 C 或 Pascal 的,它们各有优势和劣势,教材上列举了 C 风格的类型声明。语义分析的作用有很多,如计算数值、构造语法分析树、类型检查,以及本例提到的填写符号表的信息。

有些语义分析可以在语法分析的同时,即归约或推导时执行,有些语义分析则只能在语法分析完成之后,在建立的分析树的基础上进行。如果定义的文法是 L-属性的,即非终结符属性的依赖关系来自左面,则语义分析和语法分析能够同时完成。本例的(3)说明,如何简单地改造文法,以便构造出 L-属性文法。

【解答】

(1) 第 1 条产生式表明,标识符的类型只能来自其右面,所以需要继承属性。令 type 表示类型,函数 $addtype(\mathrm{entry,datatype})$ 表示在符号表入口 entryt 之处填写类型 datatype。翻译模式如下:

$\mathrm{D} \rightarrow \mathrm{L}：\mathrm{T}\qquad\{\mathrm{L.\,type}：=\mathrm{T.\,type}\}$

$\mathrm{L} \rightarrow \mathrm{L_1},\mathrm{id}\qquad\{\mathrm{L_1.\,type}：=\mathrm{L.\,type};addtype(\mathrm{id.\,entry,L.\,type})\}$

L→id   {addtype(id. entry,L. type)}

T→integer   {T. type：＝integer}

T→real   {T. type：＝real}

（2）为句子构造 n,m：real 构造的分析树与属性依赖图如图 8-4 所示。

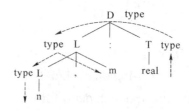

图 8-4　句子 n,m：real 的注释分析树

（3）产生式 D→L：T 的{L. type：＝T. type}语义动作表明,非终结符属性的信息是从右向左流动的,故该属性文法不是 L-属性的。从上述属性文法（或者注释分析树）可以看出,当所有的标识符都归约时,还不知道是什么类型。如果把文法改成只有读到类型信息的时候才进行归约,这样就能在语法分析的同时把类型信息填入符号表。可以把文法修改成：

D→idL,

L→,id L|：T,

T→integer|real。

下面是修改文法后的翻译模式：

D→idL   {addtype(id. entry,L. type)}

L→,id L₁   {L. type：＝L₁. type;addtype(id. entry,L₁. type)}

L→：T   {L. type：＝T. type}

T→integer   {T. type：＝integer}

T→real   {T. type：＝real}

（4）根据（3）的翻译模式为句子 n,m：real 构造的注释分析树如图 8-5 所示。

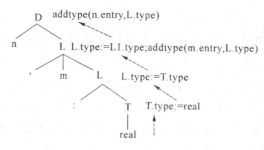

图 8-5　句子 n,m：real 的注释分析树

可以看出,在自底向上的语法分析过程中,就可以同时执行语义分析,把标识符的类型填入符号表中。例如,在归约第 1 个 L 时,L 从其儿子得到属性,然后可以把这个类型填入符号表中名字为 m 的条目中。

（5）设函数 *getchar* 超前搜索下一个符号并存入变量 *token*。由于（3）的翻译模式只有综合属性,所以翻译函数都没有参数。分别如下：

function void D；

```
        Datatype type;          // L 的综合属性
        IDentry entry;          // id 在符号表中的入口
    {if(token == id){
        getchar;
        addtype(entry,type);
        }else error;
    }
function void L;
        Datatype type,type₁,type₂;      // L、L₁ 和 T 的综合属性
        IDentry entry;                  // id 在符号表中的入口
    {if(token == ','){
        match(',');
        if(token == id){
            getchar;
            type = type₁;
            addtype(entry,type₁);
            }else error;
        }if(token == ';'){
            getchar;
            type = type₂
        } else error;

    }
```

(6) 由于(1)中的翻译模式具有继承属性,所以为它构造的翻译函数只能是在建立了分析树的基础上执行。由于需要继承得到标识符的类型,所以需要一些特殊的函数。设函数 $getattribute(node)$ 表示在分析树上得到节点 node 的属性,函数 $child(node,i)$ 表示在分析树上得到节点 node 的第 i 个子节点。参考图 8-4,所求的翻译函数如下:

```
function void D(Tree node);
        Datatype type;      // L 的继承属性
    {type = T(child(node,3));
    L(child(node,1),type)
    }
function void L(Tree node;Datatype type);
        Datatype type₁;      // L₁ 的继承属性
        IDentry entry;      // id 在符号表中的入口
    {switch node 的类型 {
        L→id:{
                entry = getattribute(child(node,1));
                addtype(entry,type);
            }
```

```
L→L,id:{
            entry = getattribute(child(node,3));
            addtype(entry,type);
            type₁ = type;
            L(child(node,1),type₁);
            }
    }
```

4. 假设类型名 link 和 person 的定义如下：

type link = ↑list；

list = record

    info：table；

    next：link

end；

下面的类型表达式哪些是结构等价？哪些是名字等价？

(1) link，

(2) pointer(list)，

(3) pointer(link)，

(4) pointer(record((info×table)×(next× pointer(list))))。

【分析】 解答这类题目需要理解类型和类型等价的概念。在类型系统中，常见的有 3 种类型等价：结构等价、名字等价与声明等价。

类型的结构等价指的是两个类型 T_1 和 T_2 具有相同的结构，递归定义如下：

(1) 若 T_1 和 T_2 都是相同的基本类型，则它们是结构等价；

(2) 若 T_1 和 T_2 都是数组类型，$T_1 \equiv T_2$ 当且仅当 T_1 和 T_2 的基类型结构等价，成员类型结构等价；

(3) 若 T_1 和 T_2 都是记录类型，$T_1 \equiv T_2$ 当且仅当 T_1 和 T_2 的每个成员类型结构等价；

(4) 若 T_1 和 T_2 都是指针类型，$T_1 \equiv T_2$ 当且仅当 T_1 和 T_2 的基类型结构等价；

(5) 若 T_1 和 T_2 都是函数类型，$T_1 \equiv T_2$ 当且仅当 T_1 和 T_2 的定义域类型结构和值域类型结构等价。

两个类型表达式类型名等价，当且仅当它们都是简单类型或者具有相同的类型名。

【解答】

首先分析根据结构等价。link 的类型表达式是 pointer(list)，而 list 的类型表达式为 record((info×table)×(next×link))，所以 link 与 pointer(list)结构等价。将 list 类型表达式中的类型名 link 用 pointer(list)替换，得到 record((info×table)×(next×pointer(list)))。所以，(2)和(4)结构等价。综述，link，pointer(list)和 record((info×table)×(next×pointer(list))) 3 者结构等价。

根据名字等价的定义，上面不存在名字等价的类型表达式。

5. 为下面包含记录的文法构造类型检查的语义规则：

P→D;E,

D→D;D|id：T,

T→ real|integer|record fields end,

fields→ fields；field|field,

field→id：T,

E→E. id。

【分析】 确定类型、检查类型以及类型转换是语法分析的重要工作,而且通常是相互关联的。首先是要确定一个名字的类型,然后检查该类型与所在表达式或环境是否一致,这通常需要在符号表中查询该名字的类型属性。

【解答】

需要一个查询函数 $gettype$(recordtype,name),它从记录类型 recordtype 中寻找名字为 name 的子域的类型作为返回值,若找不到子域,则返回类型错误 type_error。引入属性 type。下面就是要求的语义规则：

P→D;E	
D→D;D	
D→id：T	{addtype(id. entry,T. type)}
T→ record fields end	{T. type：= record(fields. type)}
T→ real	{T. type：= real}
T→ integer	{T. type：= integer}
fields→ fields$_1$；field	{fields. type：= fields$_1$. type × field. type)}
fields→ field	{fields. type：= field. type)}
field→id：T	{field. type：= id. name × T. type)}
E→E. id	{if E$_1$. type = record(s × t)
	then E. type：= gettype(E$_1$. type,id. name)
	else type_error
	}

8.3 练习与参考答案

1. 语义分析的基本任务是什么？请简单说明它们在编译的哪些阶段或者由编译的哪些模块完成？

【解答】

语义分析的基本任务包括以下几种。

(1) 确定类型。确定标识符所关联对象的数据类型。

(2) 类型检查。按照语言的类型规则,对参加运算的运算分量进行类型检查：检查运算的合法性、运算分量类型的一致性；对于不相容的运算对象,报告错误,必要时进行相应的类型转换。

(3) 控制流检查。对于任何引起控制流离开一个结构的语句,程序中必须存在该控制转移可以转到的地方。

（4）唯一性检查。有些场合对象必须正好被定义一次。

（5）关联名字检查。有时同样的名字必须出现两次或更多次。

（6）识别含义。根据程序语言的形式或非形式语义规则，识别程序中各个构造成分组合到一起的含义，并作相应的语义处理。

语义分析通常是在编译程序运行之前进行的。

2. 考虑下列无符号数的简单语法：

number→digit number|digit,

digit→0|1|2|3|4|5|6|7|8|9。

写出计算 number 整数值的属性规则。

【解答】

定义属性 val 表示一个非终结符的数值，每个终结符转换成相应的数值，注意数字串的算术计算规律，要求的属性文法如下所示：

文法规则	语义规则
$number_1$→digit $number_2$	$number_1.val := digit.val * 10 + number_2.val$
number→digit	$number.val := digit.val$
digit→0	$digit.val := 0$
⋮	⋮
digit→9	$digit.val := 9$

3. 根据下列文法，给出求十进制浮点数的值的语义规则（提示：用属性 count 表示小数点后的数字数目）：

float→num.num,

num→num digit|digit,

digit→0|1|2|3|4|5|6|7|8|9。

【解答】

浮点数由 2 个整数、中间加 1 个小数点组成。整数部分的语义规则同练习 2。小数部分的计算类似，但是离小数点 n 个位置的数字要除以 10 的 n 次方。用属性 count 表示小数点后的数字数目（它对整数部分无效），用属性 val 表示一个非终结符的数值，属性文法如下：

文法规则	语义规则
float→num_1.num_2	$num.val := num_1.val + num_2.val * 10^{-num_2.count}$
num→num_1 digit	$num.val := num_1.val * 10 + digit.val; num.count := num_1.count + 1$
num→digit	$num.count := 1; num.val := digit.val$
digit→0	$digit.val := 0$
⋮	⋮
digit→9	$digit.val := 9$

4. 考虑下面简单的 Pascal 风格的声明：

decl→var-list:type,

var-list→var-list,id|id,

type→integer|real。

（1）为它设计一个计算变量类型的属性文法；

（2）为每个产生式对应的属性文法画一个依赖图；

（3）为声明 a,b,c：real 画出属性依赖图。

【解答】

（1）用属性 dtype 表示变量的类型,属性文法如下：

文法规则	语义规则
decl→var-list：type	var-list. dtype：= type. dtype
var-list→var-list$_1$,id	var-list$_1$. dtype：= var-list. dtype；id. dtype：= var-list. dtype
var-list→id	id. type：= var-list. dtype
type→integer	type. dtype：= integer
type→real	type. dtype：= real

（2）上述文法每个产生式的依赖图如图 8-6 所示。

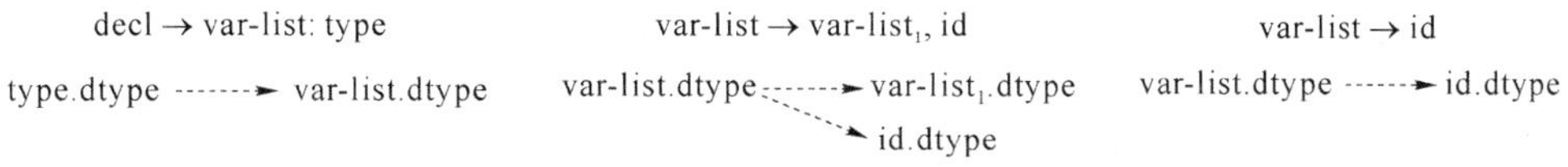

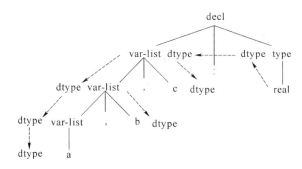

图 8-6　练习 4 文法的属性依赖图

（3）如图 8-7 所示为符号串 a,b,c：real 的注释分析树,其中虚线与连接的属性节点就是符号串 a,b,c：real 属性的依赖图。

图 8-7　符号串 a,b,c：real 的依赖图

5. 修改教材中例 8.4 中的文法 G8.4,使之只用综合属性就可以计算 based-num 的值。

【解答】

通过改造文法就可以用综合属性取代继承属性,这是一个定理。改造后的文法可以采用自底向上的语义分析方法,但是却可能使得文法难以理解。

为了进行分析,重写原文法如下：

based-num→num basechar,

basechar→o|d,

num→num digit|digit,

digit→0|1|2|3|4|5|6|7|8|9。

为了根据不同的基数计算数值,based-num 的左儿子 num 需要得到其兄弟 basechar 的继承属性 base,这是由于数值从 num 计算,而基数 basechar 不在 num 的子树中。

可以改造文法,使得基数成为 num 的子树的一个节点,从而可以在计算 num 时就知道基数的大小:

based-num→digit num,

num→digit num|digit basechar,

digit→0|1|2|3|4|5|6|7|8|9,

basechar→o|d。

改造后的文法仍然使用属性 val 表示数 num 和 digit 的数值,用 base 作为 basechar 的属性表示基数。这样,基数可以通过综合属性 base 进行传递,当通过 num 产生每个数值时,就已经从其儿子节点 basechar 得到基数 base。其属性文法如下:

文法规则	语义规则
based-num→digit num	based-num. base := num. base
	based-num. val := digit . val * num. base + num. val
num_1 →digit num_2	num_1. base := num_2. base
	num_1. val :=
	if((num_1. base = o and(digit. val = 8 or digit. val = 9)) or
	num_2. val = error)
	then error
	else digit . val * num_1. base + num_2. val
num→digit basechar	num. base := basechar. base
	num. val := if(base = o and(digit. val = 8 or digit. val = 9))
	then error
	else digit. val
digit→0	digit. val := 0
⋮	⋮
digit→9	digit. val := 9
basechar→o	basechar. base := 8
basechar→d	basechar. base := 10

图 8-8 给出了符号串 813o 的注释分析树。

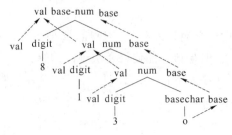

图 8-8　符号串 813o 的分析树与依赖图

154

6. 考虑下列属性文法：

文法规则	语义规则
S→ABC	B. u：= S. u
	A. u：= B. v + C. v
	S. v：= A. v
A→a	A. v：= 2 * A. u
B→b	B. v：= B. u
C→c	C. v：= 1

(1) 构造出串 abc 的分析树及其属性依赖图,并给出计算这些属性的一个正确顺序;

(2) 假设 S. u 在属性求值之前的值是 3,那么 S. v 在属性求值之后的值是什么?

(3) 如果语义规则修改如下,问题(2)的结果如何?

文法规则	语义规则
S→ABC	B. u：= S. u
	C. u：= A. v
	A. u：= B. v + C. v
	S. v：= A. v
A→a	A. v：= 2 * A. u
B→b	B. v：= B. u
C→c	C. v：= C. u－2

【分析】 本题要求读者理解属性的计算顺序问题。由于属性一般可以表达成用其他属性作为变量的函数关系,所以只有在变量值已知时才能计算。函数关系限定了属性的计算顺序。一般而言,属性的计算顺序非常复杂,需要多次遍历语法分析树才能完成属性的计算。本题给出了如何根据在特定条件下完成属性值的计算。

【解答】
(1) 串 abc 的分析树及其属性依赖关系如图 8-9 所示。

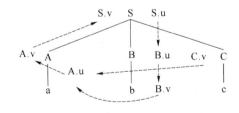

图 8-9　符号串 abc 的分析树及属性依赖图

从图 8-9 中可以看出,计算属性的一个顺序是:S. u,B. u,B. v,C. v,A. u,A. v,S. v。

(2) 根据语义规则,按照(1)给出的计算顺序,计算过程如下:由 S. u＝3,得 B. u＝3,则 B. v＝3,进而 A. u：＝B. v＋C. v＝4,A. v：＝2 * A. u＝8,最终由 S. v：＝A. v,得 S. v＝8。

(3) 语义规则修改后,串 abc 的分析树及其属性依赖关系如图 8-10 所示。

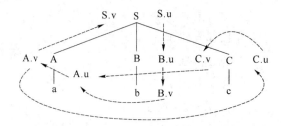

图 8-10　修改文法后符号串 abc 的分析树及属性依赖图

从图中可以看出,属性 A. v,C. u,C. v,A. u 的依赖关系构成了闭环。所以,无法计算 A. v 的值,故修改语义规则后不能计算出 S. v 的值。

本例说明,构造语义规则时一定要确保属性之间不存在循环依赖关系。

注意:语义规则中的'∶='是赋值关系,具有方向性,不是恒等关系。所以,不能利用解方程式的办法破解属性的循环依赖关系。

7. 设计有向图的一个拓扑排序算法,并用高级程序语言实现。

【解答】

下面是 C++语言的有向图的一个拓扑排序算法。

```
bool Network∷Topological(int v[])
{/* 计算有向图中顶点的拓扑次序。如果找到一个拓扑次序,则返回 true,
    此时在 v[0∶n-1]中记录拓扑次序;如果不存在拓扑次序,则返回 false */
int n=Vertices();
// 计算入度
int *InDegree=new int[n+1];
InitializePos();   // 图遍历器数组
for(int i=1;i<=n;i++)InDegree[i]=0;   // 初始化
for(i=1;i<=n;i++){                      // 从 i 出发的边
int u=Begin(i);
while(u){
    InDegree[u]++;
    u=NextVertex(i) ;}
}
// 把入度为 0 的顶点压入堆栈
LinkedStack S;
for(i=1;i<=n;i++)if(! InDegree[i])S.Add(i);
// 产生拓扑次序
i=0;   // 数组 v 的游标
while(! S.IsEmpty()){   // 从堆栈中选择
    int w;   // 下一个顶点
```

```
        S. Delete (w);
        v[i++] = w;
        int u = Begin(w);
        while(u){    // 修改入度
            InDegree [ u ] --;
            if(! InDegree[u])S. Add(u);
            u = NextVertex(w);
        }
    }
    DeactiveatePos ();
    delete []InDegree;
    return(i == n);
}
```

8. 一个包含了综合属性和继承属性的属性文法中,如果综合属性依赖于继承属性(以及其他综合属性),但是继承属性不依赖任何综合属性,那么用一趟混合的后序遍历和前序遍历就可以计算所有的属性值。请用高级语言或伪代码设计这个算法。

【解答】

用伪代码描述的混合属性求值算法如下:

```
procedure mixEval(T: treenode)
begin
    for(T 中的每个子节点 C)do
        mixEval(C);
        计算 T 的所有继承属性;
        计算 T 的所有综合属性;
        mixEval(C);
    end for;
end mixEval(C).
```

9. 教材中例 8.11 中的 3 个属性 isFloat、etype 和 val 的语义规则如教材中表 8-8 所示,它们需要遍历分析树或语法树两次才能计算出来。第 1 遍后序遍历计算出综合属性 isFloat 的值,第 2 遍用混合的前序遍历和后序遍历计算出继承属性 etype 与综合属性 val 的值。

(1) 请用高级语言或伪代码设计这个算法;

(2) 描述 5/2/2.0 属性的计算过程。

【解答】

为了便于理解,将题目提出的文法和语义规则抄写如下:

文法规则	语义规则
$exp_1 \rightarrow exp_2 / exp_3$	$exp_1.isFloat := exp_2.isFloat$ or $exp_3.isFloat$
	$exp_1.etype := $ if exp_1 isFloat then float else int

$$exp_2.etype:=exp_1.etype$$
$$exp_3.etype:=exp_1.etype$$
$$exp_1.val:= \text{if } exp_1.etype=int$$
$$\text{then } exp_2.val \text{ div } exp_3.val$$
$$\text{else } exp_2.val \ / \ exp_3.val$$

exp→num   exp.isFloat:=False

$$exp.val:=\text{if } exp.etype=int$$
$$\text{then } num.val$$
$$\text{else float}(num.val)$$

exp→num. num   exp.isFloat:=True

$$exp.val:=num.num.val$$

（1）伪代码描述的属性求值算法如下：

```
main(T: treenode)
    procedure postEvaluation
        begin
            for(T 中的每个子节点 C)do postEvaluation(C);
            计算 T 的综合属性 isFloat;
        end postEvaluation;
    procedure mixEval
        begin
        for(T 中的每个子节点 C)do
            mixEval(C);
            计算 T 的所有继承属性;
            计算 T 的所有综合属性;
            mixEval(C);
        end for;
    end mixEval(C).
end main.
```

（2）为符号串 5/2/2.0 构造的分析树与属性 isFloat 依赖关系如图 8-11 所示（假设除法是左结合的），第一趟扫描的后序遍历完成了属性 isFloat 的计算。

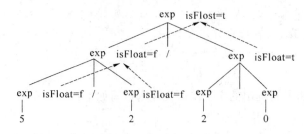

图 8-11　符号串 float x,y 分析树和属性 isFloat 的依赖图

如图 8-12 所示为对分析树的前序遍历和后序遍历:前序遍历计算出属性 etype 的值,后序遍历完成属性 val 的计算。注意,第 1 个 2.0 是从整数 2 转换得到的;第 2 个 2.0 是根据 exp. val:=num. num. val 直接计算得到的。符号串 5/2/2.0 的最终结果是 1.25。

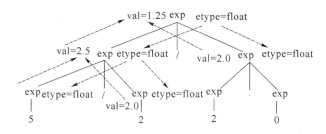

图 8-12　符号串 float x,y 分析树以及属性 etype 和 eval 依赖图

10. 请按照教材中表 8.13 的语义规则,画出 float x,y 的带属性的分析树以及依赖关系图。

【解答】

教材中表 8.13 的语义规则如下:

文法规则	语义规则
decl→var-list id	id. type = var-list. dtype
var-list$_1$→var-list$_2$ id,	var-list$_1$. dtype = var-list$_2$. dtype
	id. type = var-list$_1$. dtype
var-list→type	var-list. dtype = type. dtype
type→int	dtype = integer
type→float	dtype = real

画出的符号串 float x,y 的注释分析树以及依赖关系如图 8-13 所示。从图中可以看出,属性 dtype 的计算顺序是自底向上、自左向右,故是综合属性。

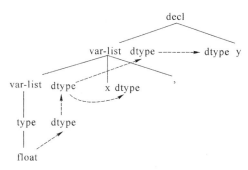

图 8-13　符号串 float x,y 分析树和依赖图

11. 考虑文法:

S→(L)|a,

L→L,S|S。

(1) 写一个打印括号对数的属性文法;

(2) 写一个翻译模式,它输出每个 a 的嵌套深度。例如,对于输入串(a,(a,a))的输出是 1,2,2。

(3) 写一个翻译模式,它打印出每个 a 在句子中的位置。例如,对于输入串(a,(a,a))的结果是 2,5,7。

【解答】

由于本题的(2)和(3)都给出了一个句子,所以在设计和验证语义规则或语义动作时,可以借助于分析树。特别是对于(3),利用分析树就可以算出哪个产生式是加 1,哪个加 2,初始值为什么设置为 1。

(1) 为 S 和 L 引入属性 num 表示其中的括号对数。

对于 S→(L),S 中的括号对数等于 L 中的括号对数加 1;

对于 S→a,S 中不含括号;

对于 L→L_1,S,S 中的括号对数等于 L_1 和 S 中的括号对数之和。

最终构造的属性文法如下:

文法规则	语义规则
S→(L)	S. num:= L. num + 1; print(S. num)
S→a	S. num:= 0
L→L,S	L. num:= L_1. num + S. num
L→S	L. num:= S. num

(2) 引入属性 deep 表示 a 的嵌套深度。由于 a 的嵌套要依据从外向里计算得到,所以 deep 是一个继承属性。为此,拓展文法增添一个产生式 S′→S,以便初始化 deep。所求得的翻译模式如下:

```
S′→       {S. deep:= 0;}   S
S→'('      {L. deep:= S. deep + 1;}   L   ')'
S→a        {print(S. deep);}
L→       {$L_1$. deep:= L. deep;}    $L_1$   ','   {S. deep:= L. deep;}    S
L→       {S. deep:= L. deep;}    S
```

(3) 引入属性 pos,得到的翻译模式如下:

```
S′→       {S. pos:= 1;}   S
S→'('   L   {L. pos:= S. pos + 1;}       ')'
S→a        {print(S. pos);}
L→       {$L_1$. pos:= L. pos;}   $L_1$   ','   {S. pos:= L. pos + 2;}   S
L→       {S. pos:= L. pos;}   S
```

属性 pos 初始化为 1,表示占据第 1 个位置,以后每个'('和','也都占 1 个位置。所以,在产生式 L→L,S 中的 S 的 pos 就比左部 L 后移了 2 个位置。

如图 8-14 和图 8-15 所示分别为问题(2)和(3)对串(a,(a,a))的注释分析树。带箭头的虚线表示属性的依赖关系,前序遍历分析树就可以打印出结果。

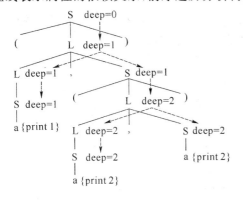

图 8-14 串(a,(a,a))属性 deep 的注释分析树

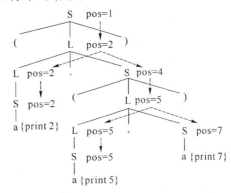

图 8-15 串(a,(a,a))属性 pos 的注释分析树

12. 下列文法由 S 符号开始产生一个二进制数,令综合属性 val 给出该数的值:

S→L. L|L,

L→LB|B,

L→0|1。

请设计求 S. val 的属性文法。其中 B 的唯一综合属性 c 给出由 B 产生的二进位的结果值。例如,输入 101. 101 时,S. val 是 5.625,其中第一个二进位的值是 4,最后一个二进位的值是 0.125。

【解答】

本题与 3 类似,结果如下表所示:

文法规则	语义规则
$S \to L_1 . L_2$	$S.val := L_1.val + L_2.val/2^{L_2.length}$;　print(S. val)
$S \to L$	$S.val := L.val$
$L \to L_1 B$	$L.val := L_1.val * 2 + B.c$;
	$L.length := L_1.length + 1$
$L \to B$	$L.val := B.c; L.length := 1$
$B \to 1$	$B.c := 1$
$B \to 0$	$B.c := 0$

13. 考虑下列类似于 C 语言包含赋值语句的表达式的文法:

S→E,

E→E:=E|E+E|(E)|id。

即 b:=c 表示把 c 的值赋给 b 的赋值表达式,而 a:=(b:=c)表示 c 的值赋给 b 后再赋给 a。试构造语义规则,检查表达式的左部是一个左值。(提示:用非终结符 E 的继承属性 side 表示生成的表达式出现在赋值运算符的左边还是右边。)

【解答】

解法 1:如果采取自顶向下的语法分析,则规定每个赋值语句的左边必须是左值,否则就出错。这样就可用继承属性 side 来完成检查工作,side 的取值范围是{left,right,any},其中 any 表示 E 可以是左值或右值。对于产生式 $E \rightarrow E_1 := E_2$,要求 E_1 必须是左值,E_2 随意;对于 $E \rightarrow E_1 + E_2$,无论 E_1 和 E_2 是否是左值,E 不能是左值。因而,得如下翻译模式:

$S \rightarrow \{E. side := S. side := any\}$ E

$E \rightarrow \{E_1. side := left\}$ $E_1 := \{E_2. side := any\}$ E

$E \rightarrow \{if\ E. side = left\ then\ report\ error;\ E_1. side := any\}$ $E_1 +$ $\{E_2. side := any\}$ E_2

$E \rightarrow \{E_1. side := E. side\}$ (E_1)

$E \rightarrow id$

解法 2:用综合属性 side 表示 E 的左值 left 或右值 right,自底向上地从每个表达式的结构可以分析它是否是左值表达式,然后在只能出现左值表达式的地方,检查表达式是否真的为左值。具体来讲,对于产生式 $E \rightarrow E_1 := E_2$,按照 C 语言的规定,E_1 必须是左值,整个赋值语句是右值;对于 $E \rightarrow E_1 + E_2$,则整个表达式必须是右值;显然,$E \rightarrow id$ 使得 E 是左值。因此,构造的语义规则如下:

文法规则	语义规则
$S \rightarrow E$	
$E \rightarrow E_1 := E_2$	$if(E_1. side = right)then\ report\ error;$ $E. side := right$
$E \rightarrow E_1 + E_2$	$E. side := right$
$E \rightarrow (E_1)$	$E. side := E_1. side$
$E \rightarrow id$	$E. side := left$

如图 8-16 和图 8-17 所示分别为两个解法对串 $a := (b := c) + d$ 的注释分析树。带箭头的虚线表示属性的依赖关系,前序遍历分析树就可以打印出结果。

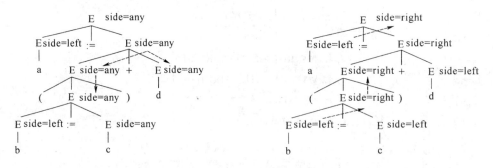

图 8-16 $a := (b := c) + d$ 继承属性的注释分析树   图 8-17 $a := (b := c) + d$ 综合属性的注释分析树

14. 请根据教材中例 8.5 的属性文法,

(1) 把语义规则翻译成 LR 属性求值器的栈操作代码(参考例 13);

(2) 建立对应的翻译模式(参考例 15);

(3) 消除基础文法的左递归,对新增的符号增加综合属性和继承属性,编写无左递归的翻译模式;

(4) 编写它的递归下降属性求值器。

【解答】

在 LR 分析方法中,通常使用一个栈来存放已经分析过的子树的信息。现在再增加一个属性值栈 val,或者在分析栈中增加一个子域,存放属性值。这个属性值栈和分析栈被同步地操作,每当分析栈发生移进或归约时,就根据语义规则计算新的属性值,并存放在属性值栈内 val 内。假设当前的栈顶由指针 top 指示,并假定综合属性刚好在每次归约前计算。例如产生式 A→XYZ 的语义规则是 A. a＝f(X. x,Y. y,Z. z),那么在 XYZ 归约成 A 之前,属性 Z. z 的值在栈顶,即 val[top],属性 Y. y 的值在 val[top－1],属性 X. x 的值在 val[top－2]。归约后,根据语义规则计算得到的 A 的值,先把 X、Y 和 Z 的属性从 val 栈消除,然后再把 A 的值放在 val 栈顶。

(1)把语义规则翻译成 LR 属性求值器的栈操作代码如表 8-1 第 3 列所示。

表 8-1　对算术表达式构造语法树的属性文法与语义分析代码段

文法规则	属性文法	语义分析代码段
E_1→E_2＋T	E_1. tree：＝mknode('＋',E_2. tree,T. tree)	val[top－2]：＝mknode(val[top－1],val[top],val[top－2])
E_1→E_2－T	E_1. tree：＝mknode('－',E_2. tree,T. tree)	val[top－2]：＝mknode(val[top－1],val[top],val[top－2])
E→T	E. tree：＝T. tree	
T_1→T_2＊F	T_1. tree：＝mknode('＊',T_2. tree,F. tree)	val[top－2]：＝mknode(val[top－1],val[top],val[top－2])
T→F	T. tree：＝F. tree	
F→(E)	F. tree：＝E. tree	val[top－2]：＝val[top－1]
F→num	F. tree：＝mkleaf(num,num. lexval)	

(2)对应的翻译模式,即语义动作如表 8-2 第 3 列所示。

表 8-2　对算术表达式构造语法树的翻译模式

文法规则	属性文法	语义动作
E_1→E_2＋T	E_1. tree：＝mknode('＋',E_2. tree,T. tree)	{E_1. tree：＝mknode('＋',E_2. tree,T. tree)}
E_1→E_2－T	E_1. tree：＝mknode('－',E_2. tree,T. tree)	{E_1. tree：＝mknode('－',E_2. tree,T. tree)}
E→T	E. tree：＝T. tree	{E. tree：＝T. tree}
T_1→T_2＊F	T_1. tree：＝mknode('＊',T_2. tree,F. tree)	{T_1. tree：＝mknode('＊',T_2. tree,F. tree)}
T→F	T. tree：＝F. tree	{T. tree：＝F. tree}
F→(E)	F. tree：＝E. tree	{F. tree：＝E. tree}
F→num	F. tree：＝mkleaf(num,num. lexval)	{F. tree：＝mkleaf(num,num. lexval)}

(3)消除左递归基础文法后得到 G[E]如下:

E→TN,

N→＋TN|－TN|ε,

T→FR,

R→＊FR|ε,

F→(E)|num。

为新的非终结符 N 分别引入继承属性 i 和综合属性 s,作用就是对产生式 N→ε,把 N 的

继承属性值传给其综合属性。同样,为 R 分别引入继承属性 i 和综合属性 s。得到如下翻译模式:

E→T　　　　{N.i:=T.tree}　N　{E.tree:=N.s}

N→+T　　　{N_1.i:=mknode('+',N.i,T.tree)　N　{N.s:=N_1.s}

N→-T　　　{N_1.i:=mknode('-',N.i,T.tree)　N　{N.s:=N_1.s}

N→ε　　　　{N.s:=N.i}

T→F　　　　{R.i:=F.tree}　R　{T.tree:=R.s}

R→*F　　　{R_1.i:=mknode('*',R.i,T.tree)　R　{R.s:=R_1.s}

R→ε　　　　{R.s:=R.i}

F→(E)　　 {F.tree:=E.tree}

F→num　　 {F.tree:=mkleaf(num,num.lexval)}

(4)翻译模式的基础文法是 LL(1)文法,适合自顶向下的分析和属性求值。非终结符 E,F,N,R 和 T 的函数声明如下,其中 E,F 和 T 没有继承属性。所以,它们的函数没有输入参数,Tree 表示语法分析树的类型。

function E:Tree;

function N(i:Tree):Tree;

function R(i:Tree):Tree;

function T:Tree;

function F:Tree;

设 getchar 超前搜索下一个符号并存入变量 *token*,函数 *isNumber* 判断输入参数是不是一个数值,过程 error 报告出现错误。根据(3)的属性文法,构造递归下降属性分析器如下。

```
function E:Tree;
    Tree i,s,st,se;           /* st 是 T 的属性,se 是 E 的属性 */
                              /* i 和 s 分别是 N 的继承属性与综合属性 */

begin
    st:=T;
    i:=st;                    /* 把语义动作复制过来,用临时变量取代属性 */
    s:=N(i);
    se:=s
    return se
end E;


function N(i:Tree):Tree;
    Tree i₁,i,s₁,s,st;        /* i₁ 和 i 分别是 N₁ 和 N 的继承属性 */
                              /* s₁ 和 s 分别是 N₁ 和 N 的继承属性,st 是 T 的属性 */
begin
    switch token of
    case'+':                  /* 对应产生式 N→+T N₁ */
        getchar;
```

```
                st: = T;
                i₁: = mknode('+',i,st);
                s₁: = N(i₁);
                s: = s₁;
        case'-':                    /* 对应产生式 N→-T N₁ */
                getchar;
                st: = T;
                i₁: = mknode('-',i,st);
                s₁: = N(i₁);
                s: = s₁;
        default:  s: = i;           /* 对应产生式 N→ε   */
        end switch;
        return s
end N;


function T: Tree;
        Tree i,s,sf,st;             /* sf 是 F 的属性,st 是 T 的属性 */
                                    /* i 和 s 分别是 R 的继承属性与综合属性 */
begin
        sf: = F;
        i: = sf;                    /* 把语义动作复制过来,用临时变量取代属性 */
        s: = R(i);
        st: = s
        return st
end T;


function R(i: Tree): Tree;
Tree i₁,i,s₁,s,sf;                  /* i 和 s 分别是 F 的继承属性与综合属性,sf 是 f 的
                                       属性 */
                                    /* i₁ 和 s₁ 分别是 R₁ 的继承属性与综合属性 */
begin
        if token = '*'then          /* 对应产生式 R→*TR₁ */
                getchar;
                sf: = F;
                i₁: = mknode('*',i,sf);
                s₁: = R(i₁);
                s: = s₁;
        else s: = i;                /* 对应产生式 N→ε */
        return s
```

```
end R;

function F: Tree;
Tree s,se,sn;                        /* s 是 F 的属性,se 是 E 的属性,sn 是 num 的属性 */
begin
    if token = '(' then              /* 对应产生式 F→(E) */
        getchar;
        se: = E;
        if token = ')' then
            getchar;
            s: = se;
        else error;
    else if isNumber(token)then      /* 对应产生式 F→num */
        getchar;
        sn: = lexval(num);
        s: = mkleaf(num,sn);
    else error;
    return s
end F;
```

15. 为下列类型写出类型表达式

(1) 指向实数的指针数组,下标范围从 1 到 100;

(2) 二维整型数组,行的下标从 1 到 10,列的下标从 −10 到 10;

(3) 一个函数,它的定义域是从整型到整型指针的函数,值域是一个实型和字符组成的记录。

【解答】

(1) array(1…100,pointer(real)),

(2) array(1…10,array(−10…10,integer)),

(3) 假设记录中的两个子域名分别是 r 和 c,得

$(integer \rightarrow pointer(integer)) \rightarrow record((r \times real) \times (c \times char))$。

16. 对下面 C 语言的声明:

```
typedef struct {
    int a,b;
} CELL, * PCELL;
CELL foo[100];
PCELL bar(x,y)int;
CELL y;
{…}
```

试为类型 foo 和函数 bar 写出类型表达式。

【解答】

采用教材上的类型表示方法,结果如下:

foo 的类型表达式为: $array(0\cdots99, record((a \times integer) \times (b \times integer)))$;

bar 的类型表达式为:

$(integer \times record((a \times integer) \times (b \times integer))) \rightarrow pointer(record((a \times integer) \times (b \times integer)))$。

17. 下列是一个包含文字串表的文法,其中符号的含义与教材中 224 页 G8.7 中的一样。只是增加了类型 list,它表示一个元素表,表中类型由 of 后面的类型 T 确定。试设计一个翻译模式/语义规则,确定表达式(E)和(L)的类型。

P→D;E,

D→D;D|id:T,

T→list of T|char|integer,

E→(L)|literal|num|id,

L→E;L|E。

【解答】

假设函数 $insert$(entry, dtype)把类型信息 dtype 填入符号表得 entry 栏目中,函数 $lookup$(entry)从符号表返回栏目是 entry 的类型信息。

文法规则	语义规则
P→D;E	
D→D;D	
D→id:T	insert(id. name, T. type)
T→list of T₁	T. type:= List(T₁. type)
T→char	T. type:= char
T→integer	T. type:= integer
E→(L)	E. type:= List(L. type)
E→id	E. type:= lookup(id. name)
E→literal	E. type:= char
E→num	E. type:= integer
L→E;L₁	L. type:= if L₁. type = E. type then L₁. type else type_error
L→E	L. type:= E. type

18. 修改教材中表 8.14 的语义规则,使之可以处理。

(1) 有值语句。赋值语句的值是赋值号:=右边表达式的值;条件语句和循环语句的值是语句体的值;顺序语句的值是该序列中最后一个语句的值;

(2) 布尔表达式。增加逻辑运算符 and,or 和 not 及关系运算符 ≠,<,≤,=,> 和 ≥,并且增加相应的翻译规则,给出这些表达式的类型。

【解答】

给定的语法是：

P→D;S,

D→D;D|id:T,

T→BT|ST,

BT→integer|boolean|real|char|void,

ST→array [num]of T|record D end| ↑ T|T′→′T,

S→id:=E|if E then S|while E do S|S;S,

E→true|num|id|E+E|E and E|E[E]| E↑|E(E)。

(1) 教材中表 8.14 的语义规则如表 8-3 所示，修改部分见注释。

表 8-3　对文法 G8.7 定义语言的类型检查的属性文法

文法规则	语义规则	注释
P→D;S	P. type:=if typeEqual(S. type,void)then void else type-error	
D→D;D		
D→id:T	insert(id. name,T. type)	
T→BT	T. type:=BT. type	
T→ST	T. type:=ST. type	
BT→integer	BT. type:=integer	
BT→boolean	BT. type:=boolean	
BT→real	BT. type:=real	
BT→char	BT. type:=char	
BT→void	BT. type:=void	
ST→array [num]of T	ST. type:=array(num. val,T. type)	
ST→record D end	ST. type:=record(D. type)	
ST→ ↑ T	ST. type:=pointer(T. type)	
ST→T_1′→′T_2	ST. type:=T_1. type→T_2. type	
S→id:=E	S. type:=if typeEqual(id. type,E. type)then E. type else type-error	修改部分
S→if E then S_1	S. type:=if E. type≡boolean then S_1. type else type-error	修改部分
S→while E do S_1	S. type:=if E. type≡boolean then S_1. type else type-error	修改部分
S→S_1;S_2	S. type:=if S_1. type≡type-error or S_2. type≡type-error then type-error else S_2. type	修改部分
E→true	E. type:=boolean	
E→num	E. type:=integer	
E→id	E. type:=lookup(id. name)	
E→E_1+E_2	E. type:=if E_1. type≡integer and E_2. type≡integer then integer else if E_1. type≡real and E_2. type≡real else type-error	

文法规则	语义规则	注释
$E \rightarrow E_1$ and E_2	E. type：＝if E_1. type≡boolean and E_2. type≡boolean then boolean else type-error	
$E \rightarrow E_1[E_2]$	E. type：＝if typeEqual(E_1. type, array(s,t)) and E_2. type≡integer then t else type-error	
$E \rightarrow E_1 \uparrow$	E. type：＝if typeEqual(E_1. type, pointer(t)) then t else type-error	
$E \rightarrow E_1(E_2)$	E. type：＝if typeEqual(E_2. type, s) and typeEqual(E_1. type, s→t) then t else type-error	

（2）对表达式扩充的布尔表达式和语义规则如下：

语法规则 语义规则

$E \rightarrow E_1$ and E_2　　if E_1. type≡boolean and E_2. type≡boolean
then E. type：＝boolean else E. type：＝type-error

$E \rightarrow E_1$ or E_2　　if E_1. type≡boolean and E_2. type≡boolean
then E. type：＝boolean else E. type：＝type-error

$E \rightarrow$ not E_1　　if E_1. type≡boolean then E. type：＝boolean else E. type：＝type-error

$E \rightarrow E_1 \neq E_2$　　if E_1. type≡E_2. type then E. type：＝boolean else E. type：＝type-error

$E \rightarrow E_1 - E_2$　　if E_1. type≡E_2. type then E. type：＝boolean else E. type：＝type-error

$E \rightarrow E_1 < E_2$　　if E_1. type≡E_2. type then E. type：＝boolean else E. type：＝type-error

$E \rightarrow E_1 \leqslant E_2$　　if E_1. type≡E_2. type then E. type：＝boolean else E. type：＝type-error

$E \rightarrow E_1 > E_2$　　if E_1. type≡E_2. type then E. type：＝boolean else E. type：＝type-error

$E \rightarrow E_1 \geqslant E_2$　　if E_1. type≡E_2. type then E. type：＝boolean else E. type：＝type-error

第9章 语法制导的中间代码翻译

9.1 基本知识总结

本章讨论如何使用语法制导翻译技术把高级程序语言的基本结构翻译成中间代码,主要知识点如下。

1. 典型的中间语言:后缀表达式、图形表示、字节码、三地址代码及其四元式。

2. 语法制导翻译的两种输出,对语言基本结构的中间代码翻译:

(1) 算术表达式、布尔表达式、数组、指针与记录数据的访问;

(2) 赋值语句;

(3) 说明语句,符号表的构造和访问;

(4) 条件语句、循环语句、转向语句。

3. 用"回填技术"把控制语句翻译成四元式。

重点:后缀表达式、三地址代码及其四元式的翻译、算术表达式、赋值语句、说明语句、条件语句、循环语句的语法制导翻译方法、两种输出形式、控制语句的"回填技术"。

难点:如何理解语言中各个控制结构的含义、用属性文法实现中间代码翻译、控制结构的"回填技术"。

9.2 典型例题解析

1. 给出下面语言结构的后缀表达式。

(1) a+b * (c-d)/e-f,

(2) a≥b+c∧a>d∨a+b≠e,

(3) x:=(a+b) * c+(a+b)/d,

(4) if A≠B then X:=X+C else X:=X-D。

【分析】 这类题目要求理解后缀式的定义与构造,正确理解语言结构的含义(如算符的优先级)、熟悉特殊结构的后缀表达方式。

【解答】

(1) 要正确理解算术运算符的优先级,结果是 abcd- * e/+f- 。

(2) 要正确理解布尔和算术表达式中算符的优先级,结果是 abc+≥ad>∧ab+e≠∨ 。

(3) 把赋值号当作一个运算符,而且其优先级最低,结果是 xab+c * ab+d/+:= 。

(4) 要理解条件转移的含义,需要辅助形式来表达转移的位置,结果是

AB≠L1GOTO XXC+:=L2 GOTO XXD-:= 。

L1 表示条件为假(即 A＝B)时转移的位置,即 XXD－:＝的首地址;L2 表示无条件转移到整个语句之后。

2. 写出下面算术表达式 a＋b*(c－d)＋e/(c－d)**n 的后缀式、无环有向图 DAG 及三地址代码和四元式。

【分析】 这是一道中间语言的综合练习题,要求掌握多种中间语言形式,需要细心。

【解答】

(1) 算术表达式 a＋b*(c－d)＋e/(c－d)**n 的后缀式:abcd－*＋ecd－n**/＋。

(2) 对于 a＋b*(c－d)＋e/(c－d)**n,首先构抽象语法树(如图 9-1(a)),然后合并公共子表达式 c－d,得无环有向图 DAG 如图 9-1(b)所示。

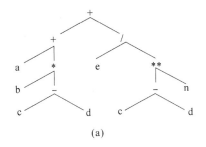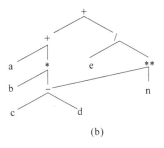

图 9-1 表达式 a＋b*(c－d)＋e/(c－d)**n 的语法树和 DAG

(3) 根据语法树可以得到三地址指令序列,基本算法是深度优先遍历语法树,如果计算的条件满足就产生三地址指令。在遍历树的过程中给每个根节点 r 增添一个临时变量,存储该子树的儿子按照根节点 r 的运算符得到的结果。算法描述如下:

```
function genCode(T: treenode): treenode
begin
    left: = genCode(T. left. value)        // T. left 表示 T 的左儿子的值
    if(T. op 是双目运算符)then              // T. op 表示节点的运算符
        right: = genCode(T. right. value);   // T. right 表示 T 的右儿子的值
        return calculate(left,T. op,right)   //函数 calculate 根据算符完成计算
    else    return calculate(left,T. op)
end genCode;
```

根据上述算法和如图 9-1(a)所示的语法树,得 a＋b*(c－d)＋e/(c－d)**n 的三地址代码如下:

$$t_1 := c－d,$$
$$t_2 := b * t_1,$$
$$t_3 := a＋t_2,$$
$$t_4 := c－d,$$
$$t_5 := t_4 ** n,$$
$$t_6 := e/t_5,$$
$$t_7 := t_3＋t_6。$$

(4) 根据(3)的三地址指令序列,得 $a+b*(c-d)+e/(c-d)**n$ 的四元式序列如下:

$$(-,c,d,t_1),$$
$$(*,b,t_1,t_2),$$
$$(+,a,t_2,t_3),$$
$$(-,c,d,t_4),$$
$$(**,t_4,n,t_5),$$
$$(/,e,t_5,t_6),$$
$$(+,t_3,t_6,t_7)。$$

3. 完成下列语法制导翻译

(1) 给出把中缀表达式翻译成前缀表达式的翻译,中缀表达式文法如下:

$$E \rightarrow E+T \mid T,$$
$$T \rightarrow T^* F \mid F,$$
$$F \rightarrow (E) \mid id。$$

(2) 把仅有加法和乘法运算的后缀表达式文法翻译成中缀表达式(不允许出现冗余括号),后缀表达式文法是:

$$E \rightarrow EE+,$$
$$E \rightarrow EE^*,$$
$$E \rightarrow id。$$

【分析】 这类题目要求读者理解属性及其语义规则的概念,根据文法完成翻译代码的语义动作。为了便于翻译,可以研究具体的例子,寻找解题思路。语法制导翻译的关键是理解程序结构,设计语义处理程序。语法制导翻译的一般设计步骤是:

① 根据给定的文法规则确定语法结构;

② 研究语法结构的语义;

③ 根据语法结构的语义设计相应的目标代码结构;

④ 根据目标代码结构,研究文法并作必要的等价变换;

⑤ 定义属性,必要时引入计算变量和函数;

⑥ 为每一个产生式构造语义过程;

⑦ 用例子验证属性文法。

本书对常见的语句结构给出了相应的语法制导翻译模式,本章的例题解析有助于读者深入理解语言结构的含义、学习和掌握构造过程。

【解答】

(1) 分析 $a^*(b+c)$ 的前缀式 $^*a+bc$ 可知:首先要写出运算符,然后再依次写出运算数的代码。令属性 code 表述文法中非终结符号的前缀形式,place 表示符号在符号表的位置,产生前缀表达式的翻译方案如下:

$E \rightarrow E_1 + T$	$\{E.code := gen('+' \mid\mid E_1.code \mid\mid T.code)\}$
$E \rightarrow T$	$\{E.code := T.code\}$
$T \rightarrow T_1 * F$	$\{T.code := gen('*' \mid\mid T_1.code \mid\mid F.code)\}$
$T \rightarrow F$	$\{T.code := F.code\}$
$F \rightarrow (E)$	$\{F.code := E.code\}$

F→id   {F. code：= id. place}

（2）要把后缀表达式翻译成中缀表达式，就需要为优先级别高的子表达式增加括号。题目要求只增加必须的括号，不能随意增加多余的括号。由于乘法运算的优先级比加法运算的高，所以在处理文法 E→$E_1 E_2$ * 时要注意考虑子表达式中是否包含了需要优先运算的子表达式，这就需要记录表达式 E 的运算符，用属性 op 表示。根据子表达式 E_1 和 E_2 的运算符的组合，有 4 种可能的中缀表达式：$(a+b)^* (a+b)$，$E^* (a+b)$，$(a+b)^* E$，$(a^* b)^* (a^* b)$。产生中缀表达式的翻译模式如下：

```
E→E₁E₂+     {E. code：= E₁. code|| ′+′ ||E₂. code；E. op：= ′+′}
E→E₁E₂*     {
    if(E₁. op = ′+′ AND E₂. op = ′+′)        //翻译后的中缀式模式(a+b)*(a+b)
    then E. code：= ′(′||E₁. code||′)′||′*′||′(′||E₂. code||′)′
        elseif(E₁. op = ′+′)                 //翻译后的中缀式模式(a+b)*E
        then E. code：= ′(′||E₁. code||′)′||′*′||E₂. code
            else if(E₂. op = ′+′)            //翻译后的中缀式模式E*(a+b)
            then E. code：= E₁. code||′*′||′(′||E₂. code||′)′
                else E. code：= E₁. code||′*′||E₂. code；
    E. op = ′*′
}
E→id     {E. code：= id. place；E. op = ′$′)}     //′$′表示优先级最低的运算符
```

4. Pascal 语言的标准将 for 语句

                    for v：= initial to final do stmt；

定义成和下面的代码序列有同样的含义：
```
begin
    t₁：= initial
    t₂：= final；
    if t₁ <= t₂ then begin
        v：= t₁；
        stmt；
        while v<>t₂ do begin
            v：= succ(v)；
            stmt；
        end
    end
end
```
请为 for 语句设计一种合理的中间代码结构，并写出产生中间代码的翻译模式。

【分析】 这类题目要求为语句构造出合适的语法，然后根据语义设计代码。关键是为每个文法符号赋予不同的属性,选择合适的语义子程序执行的时机。

【解答】

根据给出的 Pascal 语言 for 语句的语义,设计三地址代码结构如下:

```
        t₁: = initial
        t₂: = final;
        if t₁>t₂ goto L₁
        v: = t₁;
L₂: stmt;
        if v = t₂ goto L₁
        v: = v + 1;
        goto L₂;
L₁:
```

为了简化书写文法,用 V、E 和 S 分别表示变量、表达式和语句,得到描述 Pascal 语言 for 语句的文法及其翻译模式如下:

S→for V: = E₁ to E₂ do S₁

{　S. next: = newlabel;

　　S₁. begin: = newlabel;

　　S₁. next: = newlabel;

　　S. code: =

　　　　E₁. code||E₂. code||　　　　　　　　　　//产生 t₁: = initial 和 t₂: = final 的代码

　　　　gen('if'E₁. place'>'E₂. place'goto'S. next)||　　// if t₁>t₂ goto L₁ 的代码

　　　　gen(V. place ': = ' E₁. place(||　　　　　　　　// v: = t₁ 的代码

　　　　gen(S₁. begin':')||S₁. code||gen('goto'S₁. next)　　// L₂: S₁ 的代码

　　　　gen('if'V. place' = 'E₂. place'goto'S. next)||　　// if v = t₂ goto L₁ 的代码

　　　　gen(V. place': = 'V. place' + 1')||　　　　　　// v: = v + 1 的代码

　　　　gen('goto'S₁. begin)　　　　　　　　　　// goto L₁ 的代码

}

其中在 L₂:S₁ 的代码中增加了 gen('goto'S₁. next),主要是考虑语句 S₁ 中可能产生跳转到其后继语句。

5. 基本语句的语法制导翻译过程。

(1) 基本控制流语句的翻译模式如下:

文法规则	语义动作
S→if E then M S₁	{ backpatch(E. truelist,M. quad);
	S. nextlist: = merge(E. falselist,S₁. nextlist)}
M→ε	{ M. quad: = nextquad }
S→while M₁ E do M₂ S₁	{ backpatch(S₁. nextlist,M₁. quad);

	backpatch(E. truelist, M_2. quad);
	S. nextlist := E. falselist;
	emit('jump, − , − ,', M_1. quad)}
E→id_1 relop id_2	{ E. truelist := makelist(nextquad);
	E. falselist := makelist(nextquad + 1);
	emit ('j', relop. op,',', id_1. place,',', id_2. place,',','0');
	emit ('jump, − , − ,0')}
E→(E_1)	{ E. truelist := E_1. truelist;
	E. falselist := E_1. falselist }
E→id	{ E. truelist := makelist(nextquad);
	E. falselist := makelist(nextquad + 1);
	emit ('jnz',',', id. place,',',' − ',',','0');
	emit ('jump, − , − ,0')}
S→A	{ S. nextlist := makelist()}
A→id:=E	{ p := lookup(id. name);
	if p = null then error else emit(p,':=',E. place)}
E→E_1 + E_2	{ E. place := newtemp;
	emit(E. place,':=',E_1. place,'+',E_2. place)}
L→S	{ L. nextlist := S. nextlist }

请给出把语句 while(a>b)do if(c<d)then x:＝x*a 翻译成四元式的过程。

(2) 把下列语句翻译成四元式序列：

while A>B∧C<D do

    while A＝R∨B≠S do

        if R＝S then Y:＝Y+C else Y:＝Y−D;

【分析】　这类题目要求理解语法制导的翻译模式和翻译过程。语法制导的翻译过程中，语法分析和语义分析通常是穿插进行的。在自顶向下的语法分析中，若一个产生式成功地匹配输入串，或者在自底向上的语法分析中，若输入串对应一个产生式的右部而可以归约时，就执行该产生式对应的语义动作，执行有关的语义分析或者代码生成。通常有两种翻译方式：首先是在语法分析过程构造出语法树，把语义分析的代码存入文法符号的属性，然后再执行语义分析；或者是语法分析和语义分析同时在一趟中进行，这就需要回填技术，以便解决在跳转时还不能确定的跳转目标地址。

如果没有给出翻译规则，那就首先需要理解语句的语法成分及其语义，设计语句的目标代码结构，明确中间语言的特点，按照目标代码的结构构造各个语法成分的中间代码。

【解答】

(1) 本题给出了翻译模式，允许在自左向右地分析语法的同时，完成中间代码的翻译。设 while 语句的开始标号 nextquad 是 100，随后的语句标号在翻译时未知。如图 9-2 所示是这个语句的注释分析树，深度优先遍历分析树就产生四元式序列。

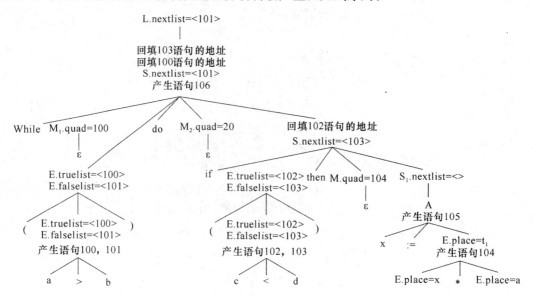

图 9-2　语句 while(a>b){if(c<d)then x：=x∗a}的分析过程

下面详细说明代码产生的过程。

当分析到 while 语句的布尔表达式 $a>b$ 时，产生了两条代码：

100：　(j>,a,b,0)

101：　(jump,－,－,0)

此时的代码标号 nextquad 为 102，是 S→while M_1 E do M_2 S_1 中 M_2. quad 的值。然后开始分析 if-then 语句。分析条件 $c<d$ 时产生了两条语句：

102：　(j<,c,d,0)

103：　(jump,－,－,0)

此时的代码标号 nextquad 为 104，即为 S→if E then M S_1 中 M. quad 的值。

接着分析 then 的语句序列。赋值语句 x：=c+d 产生了两条代码：

104：　(∗,x,a,t_1)

105：　(：=,t_1,－,x)

此时的代码标号 nextquad 为 106。

下面执行 S→if E then M S_1 的回填，即把 M. quad 的值作为 E. truelist 的跳转目标得：

102：　(j<,c,d,104)

接着是合并 S_1 和 E. falselist 链表，得 S. nextlist 是<103>。

然后执行 S→while M_1 E do M_2 S_1 对应的翻译动作：

① 回填 backpatch(S_1. nextlist,M_1. quad)，把标号 100 填入标号为 103 的四元式，得

103：　(jump,－,－,100)

② 回填 backpatch(E. truelist,M_2. quad)，结果是

100：　(j>,a,b,102)

③ 最后，产生一个转移指令

106：　(jump,－,－,100)

未来某个时候需要回填的四元式的链表的头存在于 S.nextlist 中,它只有一个四元式<101>。

下面就是得到的完整的四元式序列:

100:　　(j>,a,b,102)

101:　　(jump,-,-,0)

102:　　(j<,c,d,104)

103:　　(jump,-,-,100)

104:　　(*,x,a,t_1)

105:　　(:=,t_1,-,x)

106:　　(jump,-,-,100)

(2) 解答这类题目并不一定要牢记翻译模式,重要的是理解语言结构的语义,运用回填技术,首先完成翻译,然后再回填指令的地址标号。下面的翻译假设开始标号是 10。

生成的四元式序列	回填地址之后
10　(j>,A,B,0)	10　(j>,A,B,12)
11　(jump,-,-,0)	11　(jump,-,-,27)
12　(j<,C,D,0)	12　(j<,C,D,14)
13　(jump,-,-,0)	13　(jump,-,-,27)
14　(j=,A,R,0)	14　(j=,A,R,18)
15　(jump,-,-,0)	15　(jump,-,-,16)
16　(j≠,B,S,0)	16　(j≠,B,S,18)
17　(jump,-,-,0)	17　(jump,-,-,10)
18　(j=,R,S,0)	18　(j=,R,S,20)
19　(jump,-,-,0)	19　(jump,-,-,23)
20　(+,Y,C,T_1)	20　(+,Y,C,T_1)
21　(:=,T_1,-,Y)	21　(:=,T_1,-,Y)
22　(jump,-,-,0)	22　(jump,-,-,14)
23　(-,Y,D,T_2)	23　(-,Y,D,T_2)
24　(:=,T_2,-,Y)	24　(:=,T_2,-,Y)
25　(jump,-,-,0)	25　(jump,-,-,14)
26　(jump,-,-,0)	26　(jump,-,-,10)
27	27

9.3　练习与参考答案

1. 把下列表达式变换成后缀式:

(1) 2+3+a+b,

(2) a*b+2*c*d,

(3) (x:=x+3)*4,

(4) (x:=y:=2)+3*(x:=4)。

【解答】

(1) 2 3+a+b+,

(2) ab*2c*d*+,

(3) xx3+:=4*,

(4) xy2:=:=3x4:=*+。

2. 把下列表达式变换成后缀式:

(1) (not A and B)or(C or not D),

(2) (A or B)and(C or not D and E),

(3) if(x+y)*z=0 then(a+b)*c else(a*b)+b,

(4) a[a[i]]=b[j+2]。

【解答】

(1) A not B and CD not or or,

(2) AB or CD not E and or and,

(3) xy+z*0=10GOTOab+c*20GOTOab*b+,

其中10表示条件为真时转移到的标号,20表示条件为假时无条件转移到的标号。

(4) aa$i$[][]bj2+[]=。

3. 请把 do S while E 和 for(V=E_1;E_2;E_3)S 形式的循环语句写成后缀式。

【解答】

这道题目运用了后缀表达式的含义,并对程序构造进行了拓广。

(1) 语句 do S while E 的含义是:

S;L_1:if not E then goto L_2 else {S;goto L_1} L_2:

其中,L_1表示条件为真时转移到的标号,L_2表示条件为假时无条件转移到的标号。由此构造的后缀式为:

S L_1 E not L_2 GOTO S L_1 GOTO L_2

(2) 语句 for(V=E_1;E_2;E_3)S 的含义是:

V=E_1;

L_1:if not E_2 goto L_2 else {S;E_3;GOTO L_1}

L_2:

由此构造的后缀式为:

V E_1 = E_2 not L_2 GOTO S E_3 L_1 GOTO。

4. 如果允许处理过程递归,还需要改变教材中表 9.7 的翻译模式,在产生式 D→proc id;N D_1;S 的 S 之前执行语义动作,把 id 插入其直接外围过程的符号表。请通过引入非终结符 R 及其 ε 产生式,修改教材中表 9.7 的语义动作,使它能够处理递归过程调用。

【解答】

为了便于讨论,写出完整的文法如下:

P→D S,

D→D;D|id：T|proc id;D;S。

该文法允许过程嵌套,但不能递归调用。教材中表 9.7 示意的翻译方案完成程序中符号表的建立,包括作用域信息、变量的相对地址分配。

若允许过程递归,则需要改变教材中表 9.7 的翻译模式。在产生式 D→proc id;N D_1;S 的语义动作中,过程 id 是在处理完过程体之后才进入符号表的。若在 S 中有直接递归调用,就可能在符号表中查询不到 id 的有关信息。一种改变方法是在 S 之前引入非终结符 R 及其 ε 产生式,让它的动作把 id 插入其直接外围过程的符号表,这样在处理 S 时就可以访问到过程 id 的信息了。允许递归过程调用的翻译模式如下:

文法规则	语义动作
P→MDS	{ addwidth(top(tblptr),top(offset));
	pop(tblptr);pop(offset)}
M→ε	{ t：=mktable(null,0);
	push(t,tblptr);push(0,offset)}
D→D_1;D_2	
D→proc id;N D_1;R S	
D→id：T	{ enter (top(tblptr),id. name,T. type,top(offset));
	top(offset)：= top(offset) + T. width }
N→ε	{ t：= mktable(top(tblptr),top(offset));
	push(t,tblptr);push(0,offset)}
R→ε	{t：= top(tblptr);
	wide：= top(offset);
	addwidth (t,wide);
	pop(tblptr);pop(offset);
	top(offset)：= top(offset) + wide;
	enterproc(top(tblptr),id. name,t)
	}

上面的翻译规则使用了两个数据结构:一个是保存外层过程的符号表指针的指针栈 tblptr,另一个是对应的存放外层过程相对地址的偏移栈 offset。指针栈 tblptr 的栈顶 top (tblptr)总是指向当前符号表,偏移栈 offset 的栈顶保存了当前已经处理过的声明的偏移量之和。编译器为每个过程都建立一个活动记录和一张独立的符号表,每个符号表都有自己的符号表指针 tableptr、基址 base 及表内的当前偏移量 offset。

翻译规则还使用了下列操作:

函数 *SymbolTable* * *mktable*(SymbolTable* previous,Integer base),它创建一张新的符号表,填入基址,把参数指针 previous 放在该表的首部,表示指向已创建的一个符号表,比如最近包围嵌入过程的符号表;并返回指向这张新表的指针。符号表的信息还可以包含局部变量所需要的存储单元个数等。

过程 void enter(SymbolTable* table,String name,DType type,Integer offset),它在指针 table 指向的符号表中为变量名 name 建立一个新项,类型信息是 type,在该表中的相对

地址是 offset。

过程 void addwidth(SymbolTable* table,Integer width)，它把符号表 table 中所有项的累加宽度记录在该表的首部。

过程 void enterproc(SymbolTable* table,String name,SymbolTable* newtable)，它在 table 指向的符号表中为过程名 name 建立一个新项，指针 newtable 指向其符号表。

把嵌入的过程声明 D→proc id;D_1;S 改成 D→proc id;N D_1;RS。首先，在扫描到嵌入的过程 D_1 之前，为它建立一个空的符号表：让它的指针 tblptr 指向直接外围过程 D 的符号表，把它的 offset 初始化为 0，其基址就是直接外围过程 D 所有条目（变量、过程）宽度的总和。这些都由对应 N→ε 的语义动作完成。

在扫描到过程体 S 之前，执行 R→ε 的语义动作：首先把 D_1 的所有声明的宽度存入它的符号表内（此时放在栈顶的都是有关 D_1 的值），退掉指针栈 tblptr 和偏移栈 offset 的栈顶项，表示结束嵌入过程，使得过程 id 成为当前过程。接着处理过程 id 的声明：把 D 的当前条目宽度加上 D_1 所有声明的宽度，为这个嵌入过程的名字 id 建立符号表条目。这样，在处理 S 时，如果递归地调用了过程 id，由于已经存在过程 id 的符号表，就可以访问到过程 id 的内部数据。

由于是有关符号表的操作，所以产生式 D→proc id;D_1;S 本身无需任何语义动作。

5. 请根据教材中表 9.7 的语义动作，补充图 9-4 中符号表的构造过程，画出符号表及 tblptr 和 offset：

（1）当编译扫描完 quicksort 的局部变量说明 var k,v: integer;时；

（2）当编译扫描完 partition 的声明、在局部变量说明 var i,j: integer;之前；

（3）当编译扫描完 partition 的整个过程时。

【解答】

符号表的首部包含 3 个子域：左域是指向直接外围过程符号表的指针，主程序 sort 的左域为空 null；中域保存该表的基址；右域记录了该过程的声明所占存储单元的总数（累加宽度之和）。符号表记录了变量名、类型及其在过程中的相对地址。假设 tblptr 栈和 offset 栈向下增长，整形数据占 4 个字节，过程参数已经存在于过程的符号表中。

当扫描完 quicksort 的局部变量说明 var k,v: integer;时（对应图 9-3 中步骤 1），在主程序中已经记录了 readarray 和 exchange 的符号表。这时，首先执行 N→ε 对应的动作，得到基址 56，tblptr 的栈顶是指向 quicksort 符号表的指针；然后执行 D→id:T 对应的动作，在 quicksort 的符号表中存入变量的信息，还没把局部声明的累加宽度填入符号表和 offset 栈。

当扫描完 partition 的声明、在局部变量说明 var i,j: integer 之前（对应图 9-2 中步骤 2），根据教材中表 9.7 的语义动作，执行了 N 对应的语义动作，建立了 partition 的空表，使得 partition 和 quicksort 可以通过指针互相访问。为简化起见，图中只画出了 partition 和 quicksort 的符号表，没有画出 sort,readarray 和 exchange 的符号表。

当编译扫描完 partition 的整个过程时（对应图 9-3 中步骤 3），相当于已经执行完产生式 D→proc id;ND_1;S 中递归过程 D_1 的说明，还没有执行 quicksort 的语句。这时已经执行了 N 和 D_1 对应的语义动作，建立了 partition 的表，填入变量信息。而且已经执行完 D_1 对应的动作，即把 D_1 产生的所有声明的宽度存入它的符号表内，并为这个嵌入过程的名字 partition 在

quicksort 中建立符号表条目。为简化起见,图中只画出了 partition 和 quicksort 的符号表,
没有画出 sort,readarray 和 exchange 的符号表。

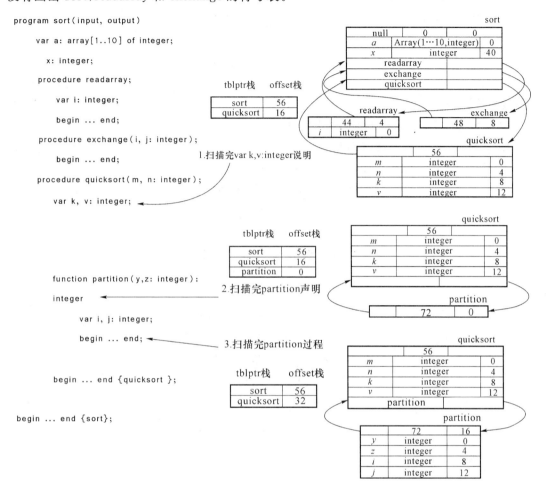

图 9-3　快速排序的 Pascal 代码及其嵌套过程符号表的构造

6. 把下列表达式翻译成三地址代码:

(1) x:=y*(−a+b),

(2) i:=(j+k)*(10+m)。

【解答】

(1) $T_1:=-a$,　　　　　　　　　　(2) $T_1:=j+k$,

　　$T_2:=T_1+b$,　　　　　　　　　　$T_2:=10+m$,

　　$T_3:=y^*T_2$,　　　　　　　　　　$T_3:=T_1^*T_2$,

　　$x:=T_3$;　　　　　　　　　　　　$i:=T_3$。

7. 一般而言,程序设计语言都把算术表达式中不同类型的运算数进行转换,通常的规
则是把整数转换成实数,然后进行运算。为了区别不同类型的运算,可以在运算符前加上类
型,如实数加法的符号是 $real^+$,整数乘法的符号是 int^*。

(1) 请利用单目转换符 inttoreal 以及表示类型的运算符,修改教材中表 9.9 文法中加

法表达式翻译规则,插入必要的类型转换。(提示:参考教材中 9.3.4 节所给的翻译规则,使用 E 的属性 type 和 place)

(2) 把下列程序段的执行语句翻译成三地址代码:

float x,y;

int a,b;

x:=y+a*b

【解答】

为了便于解答,下面列出提到的部分语义动作:

文法规则	语义动作

$E \rightarrow E_1 + E_2$ { E. place:=newtemp;

               emit(E. place,':=',E_1. place,'+',E_2. place)}

$E \rightarrow E_1$ op E_2 if E_1. type = real and E_2. type = real

           then E. type:=real;

               E. val:=E_1. val op E_2. val

              else if E_1. type = real and E_2. type = integer

                 then E. type:=real;

                     E_2. val:=setvalue(E_2. entry,real(E_2. val))

                     E. val:=E_1. val op E_2. val

             else if E_1. type = integer and E_2. type = real

                 then E. type:=real;

                     E_1. val:=setvalue(E_1. entry,real(E_1. val))

                     E. val:=E_1. val op E_2. val

             else if E_1. type = integer and E_2. type = integer

                 then E. type:=integer;

                     E. val:=E_1. val op E_2. val

             else type -error

(1) 利用单目转换符 inttoreal 实现的加法运算中类型转换的语义规则如下:

{   E. place:=newtemp;

     if E_1. type = int and E_2. type = int then

     begin

         emit(E. place':=',E_1. place'int+',E_2. place);

         E. type:=int;

     end

     else if E_1. type = real and E_2. type = real then

     begin

         emit(E. place,':=',E_1. place,'real+',E_2. place);

         E. type:=real;

     end

     else if E_1. type = int and E_2. type = real then

```
            begin
                u: = newtemp;
                emit(u,´: = ´,´inttoreal´,E₁. place)
                emit(E. place,´: = ´,u´,real + ´,E₂. place);
                E. type: = real;
            end
            else if E₁. type = real and E₂. type = int then
            begin
                u: = newtemp;
                emit(u,´: = ´,´inttoreal´,E₂. place)
                emit(E. place´: = ´,E₁. place,´real + ´,u);
                E. type: = real;
            end
            else E. type: = type_error
    }
```

（2）程序段中执行语句的翻译过程如下：

```
a * b            E₁. place: = newtemp;
                 emit(E₁. place,´: = ´,a. place,´int + ´,b. place)
                 E₁. type = int;
y + a * b        E₂. place: = newtempl
                 t = newtemp;
                 emit(t,´: = ´,´inttofloat´,E₁. place)
                 emit(E₂. place,´: = ´,y. place,´float + ´,t);
x: = y + a * b   p: = lookup(x. name);
                 if p≠nil then emit(p,´: = ´,E₂. place);
```

最终的三地址代码如下：

$t_1 : = a\ int * b;$

$t_3 : = inttofloat\ t_1;$

$t_2 : = y\ float + t_3;$

$x : = t_2$

8. 用 3 节所给的翻译模式，把下列赋值语句翻译成三地址代码：

（1）a[i+j]: ＝a[i]＋a[j] * 10，

（2）A[i,j]: ＝B[i,j]＋C[A[k,1]]＋D[i+1]。

【解答】

本题要求理解基于语法分析的翻译过程，按照翻译模式就可以产生代码。

（1）对 a[i+j]: ＝a[i]＋a[j] * 10 的翻译如下：

$T_1 : = a[i];$

$T_2 : = a[j];$

$T_3 := T_2 * 10$；

$T_4 := T_1 + T_3$；

$T_5 := i + j$；

$a[T_5] := T_4$

（2）设 A 是 $M \times N$，B 是 $P \times Q$ 的数组，并且每个元素在存储空间都是占 w 个字节。

$T_1 := i * Q$；

$T_1 := T_1 + j$；

$T_2 := B - (Q+1) * w$；

$T_3 := w * T_1$；

$T_4 := T_2[T_3]$；

$T_5 := k * N$；

$T_5 := T_5 + j$；

$T_6 := A - (N+1) * w$；

$T_7 := w * T_5$；

$T_8 := T_6 + T_7$；

$T_9 := C[T_8]$；

$T_{10} := T_4 + T_9$；

$T_{11} := i + 1$；

$T_{11} := D[T_{11}]$；

$T_{12} := T_{10} + T_{11}$；

$T_{13} := i * N$；

$T_{13} := T_{13} + j$；

$T_{14} := A - (N+1) * w$；

$T_{15} := w * T_{13}$；

$T_{16} := T_{14}[T_{15}]$；

$T_{16} := T_{12}$

9. 按照教材中表 9.11 翻译模式把下列布尔表达式翻译成三地址码（假设语句起始标号是 10）：

（1）a＜b or c＜d and e＜f，

（2）a≠b and not c or d＞c。

【解答】

（1）对 a＜b or c＜d and e＜f 的翻译结果如下：

10：	if a＜b goto 13；
11：	$T_1 := 0$；
12：	goto 14；
13：	$T_1 := 1$；
14：	if c＜d goto 17；
15：	$T_2 := 0$；
16：	goto 18；

17： $T_2 := 1$；

18： if e<f goto 21；

19： $T_3 := 0$；

20： goto 22；

21： $T_3 := 1$；

22： $T_4 := T_2$ and T_3；

23： $T_5 := T_1$ or T_4

（2）对 a≠b and not c or d>c 的翻译结果如下：

10： if a≠b goto 13；

11： $T_1 := 0$；

12： goto 14；

13： $T_1 := 1$；

14： if not c goto 17；

15： $T_2 := 0$；

16： goto 18；

17： $T_2 := 1$；

18： $T_3 := T_2$ and T_1；

19： if d>c goto 22；

20： $T_4 := 0$；

21： goto 23；

22： $T_4 := 1$；

23： $T_5 := T_3$ or T_4

10. 按照教材中表 9.12 的翻译模式把题目 9 中的布尔表达式翻译成三地址码。

【解答】

（1）对 a<b or c<d and e<f 的翻译结果如下：

    if a<b goto Ltrue

    goto L_1

L_1： if c<d goto L_2

    goto Lfalse

L_2： if e<f goto Ltrue

    goto Lfalse

其中，Ltrue 和 Lfalse 分别表示该布尔表达式为真值、为假值时转移的目标语句。

（2）对 a≠b and not c or d>c 的翻译结果如下：

    if a≠b goto L_1

    goto L_2

L_1： if not c goto Ltrue

```
        goto L₂
L₂ : if d>c goto Ltrue
     goto Lfalse
```

11. 利用回填技术把题目 9 中的布尔表达式翻译成四元式,假设语句起始标号是 10,真值出口是 100,假值出口是 200。

【解答】

(1) 对 a<b or c<d and e<f 的翻译结果如下:

回填前	回填后
10 (j<,a,b,_)	10 (j<,a,b,100)
11 (j,_,_,_)	11 (j,_,_,12)
12 (j< ,c,d,_)	12 (j< ,c,d,14)
13 (j,_,_,_)	13 (j,_,_,200)
14 (j< ,e,f,_)	14 (j< ,e,f,100)
15 (j,_,_,_)	15 (j,_,_,200)

(2) 对 a≠b and not c or d>c 的翻译结果如下:

回填前	回填后
10 (j≠,a,b,_)	10 (j≠,a,b,12)
11 (j,_,_,_)	11 (j,_,_,14)
12 (jnot ,c,_,_)	12 (jnot ,c,_,100)
13 (j,_,_,14)	13 (j,_,_,14)
14 (j> ,d,c,_)	14 (j> ,d,c,100)
15 (j,_,_,_)	15 (j,_,_,200)

12. 根据教材中 9.4.2 节的翻译规则,把下列语句翻译成抽象的三地址代码:

(1) while a <b do
        if c<d then x:=y+z;
        else x:=y-z;

(2) while a <b and c>d do
        if a=1 then c:=c+1 else
        while a<=d do begin d:=d*2;c:=c-d end;

【解答】

```
(1) L₁ : if a<b goto L₂
         goto Lnext
    L₂ : if c<d goto L₃
         goto L₄
    L₃ : T₁ := y + z
         x := T₁
```

186

$$\text{goto } L_1$$

L_4: $T_2 := y - z$

$x := T_2$

$\text{goto } L_1$

Lnext：

(2) L_1: if $a < b$ goto L_2

goto Lnext

L_2: if $c > d$ goto L_3

goto Lnext

L_3: if $a = 1$ goto L_4

goto L_5

L_4: $T_1 := c + 1$

$c := T_1$

goto L_1

L_5: if $a <= d$ goto L_6

goto L_1

L_6: $T_2 := d * 2$

$d := T_2$

$T_3 := c - d$

$c := T_3$

goto L_5

Lnext：

13. 利用回填技术,分别把题目 12 中的语句翻译成四元式的形式。

【解答】

(1) 假设标号从 10 开始

10 $(j<, a, b, 12)$

11 $(j, \_, \_, 20)$

12 $(j<, c, d, 14)$

13 $(j, \_, \_, 17)$

14 $(+, y, z, T_1)$

15 $(:=, T_1, \_, x)$

16 $(j, \_, \_, 100)$

17 $(-, y, z, T_2)$

18 $(:=, T_2, \_, x)$

19 $(j, \_, \_, 100)$

20

(2) 假设标号从 10 开始

10 $(j<, a, b, 12)$

11 (j,_,_,26)

12 (j<,c,d,14)

13 (j,_,_,26)

14 (j=,a,1,16)

15 (j,_,_,18)

16 (+,c,1,T_1)

17 (:=,T_1,_,c)

18 (j<=,a,d,20)

19 (j,_,_,24)

20 (*,d,2,T_2)

21 (:=,T_2,_,d)

22 (-,c,d,T_3)

23 (:=,T_3,_,c)

24 (j,_,_,18)

25 (j,_,_,10)

26

14. C 语言中的 for 语句的一般形式是

for(E_1;E_2;E_3)S;

含义如下：

    E_1;

    while(E_2)do begin

        S;

        E_3;

    end;

试构造一个把 C 语言 for 语句翻译成三地址码的翻译模式。

【解答】

本题类似于典型例题 4,可以首先构造中间代码结构,如图 9-4 所示。

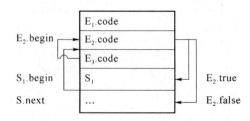

图 9-4　C 语言 for 语句的中间代码结构

方法 1:首先构造一个比较直观的翻译模式如下:

S→for(E_1;E_2;E_3)S_1

{ E_2.begin:=newlabel;

E_2. true: = newlabel;

S. next: = newlabel;

E_3. begin: = newlabel;

S. code: = E_1. code||gen(E_2. begin´:´)||E_2. code||E_3. code

gen(E_2. true´:´)||S_1. code||gen(´goto´E_3. begin)

}

方法 2：利用"回填技术"构造一个可以单趟扫描的翻译模式。为此，需要改造文法，增加一些空产生式，用 M_1 记录 E_2. begin，用 M_2 记录 E_3. begin，用 N 产生跳转到 E_2. begin，它必须在 S_1 之前产生。最后的结果如下：

S→for(E_1；M_1 E_2；M_2 E_3)N S_1

{　emit(´goto´M_2. next)；

backpatch(E_2. truelist,N. next)；

backpatch(S_1. nextlist,M_2. next)；

backpatch(N. nextlist,M_1. next)；

S. nextlist: = E_2. falselist

}

M→ε　　{M. next: = nextstmt}

N→ε

{　N. nextlist: = makelist(nextstmt)；

emit(´goto_´)；

N. next: = nextstmt

}

15. 给出描述下面语句的翻译模式。

repeat S until E；

【解答】

首先需要给出上述语句的文法，然后根据语义构造目标代码。Pascal 的 repeat 语句的文法是：

S→repeat S_1 until E。

该语句的含义是：首先运行语句 S_1 一次，然后计算布尔表达式 E 的值，若为假则继续执行语句 S_1，否则执行 S 语句的后继语句。其目标代码结构如下：

L_1：　S_1. code

E. code

if not E goto L_1

L_2

由于生成语句 S_1 的代码在 E 为假，是转移指令的目标，所以要将 S_1 的首地址保存起来,以便产生 E 的跳转指令知道的目的地址。

利用"回填技术"把文法改造如下：

R→repeat,

P→R S,

Q→P until,

S→Q E。

于是,给出 repeat 语句各产生式的翻译模式为：

R→repeat   {R. quad: = nextstmt}

P→R S   {R. next: = S. next}

Q→P until   {Q. quad: = P. quad; backpatch(Q. next,nextstmt)}

S→Q E   {backpatch(E. falselist,P. quad); S. next: = E. truelist}

第10章 目标代码生成

10.1 基本知识总结

本章讨论设计代码生成器的关键问题和简单算法,主要知识点如下。

1. 代码生成器设计的基本问题:

(1)目标机器模型、指令选择、寄存器分配和计算次序;

(2)目标程序的主要形式有绝对机器代码、可重定位机器代码、汇编语言代码。

2. 语法制导的目标代码生成技术。

3. 代码生成基础:

(1) 一个虚拟计算机模型,指令集合与寻址方式;

(2) 程序基本块、流图、待用信息、活跃变量、寄存器描述与内存地址描述。

4. 一个简单代码生成器,包括寄存器分配算法。

重点:设计代码生成的关键问题、寄存器分配的含义、常用的指令与寻址方式、基本块和流图的构造、待用信息与活跃变量、寄存器描述、地址描述、简单代码生成算法、寄存器分配算法。

难点:综合运用上述知识使用简单代码生成算法产生目标代码。

10.2 典型例题解析

1. 把下面的代码划分为基本块并作出其程序流图。

b:=0;

L_1 : a:=0;

  if a<10 goto L_3 ;

L_2 : U:=V+X;

  V:=Y*X;

L_3 : if V=0 goto L_4 ;

  write V;

  goto L_5 ;

L_4 : a:=a+1;

  if a<10 goto L_2 ;

L_5 : b:=b+1;

  if b<=5 goto L_1 ;

  Halt

【分析】 把程序代码划分成基本块,并构造出程序流图是程序等价变换的基本技术。编译器可以根据流图完成目标代码的生成,对基本块内的代码进行局部优化,根据流图对程序进行全局优化。同时,流图也在程序的数据流和控制流分析、在程序理解和维护中得到广泛应用。

这种类型的题目解答一般包含两个步骤:① 划分代码的基本块;② 构造流图。划分基本块的关键是找出每个基本块的入口语句。构造流图的要点是寻找一个基本块的后继。

满足下列条件的三地址代码就是基本块的入口语句:

(1) 程序的第一个语句;

(2) 条件语句或无条件语句的转移目标语句;

(3) 紧跟在条件语句之后的语句。

对每一个入口语句,它所在的基本块就是由它开始到下一个入口语句之前,或者到一转移语句之前,或到程序结束的其他所有语句。

凡是未被纳入某一基本块的语句,都是程序控制流无法到达的语句,因而也是不会被执行的语句,可以把它们删除。

【解答】

根据定义,首先找到入口语句,它们是程序的第 1 条语句 b:=0,转移语句的目标语句,即标号是 L_1、L_2、L_3、L_4 和紧跟在条件转移语句之后的语句:U:=V+X,write V,b:=b+1 和 Halt。

然后,选择两个入口语句之间,但不包含下一入口语句的语句序列,就是一个基本块。结果如图 10-1 所示。

2. 把下面的四元式序列划分为基本块流。

【解答】

本题要求理解中间语言的四元式格式。可以看出,基本块的入口分别是:100,102,103,104,105,108。再根据两个入口之间

的代码构成一个基本块的定义,得原程序的基本块流如图 10-2 所示。

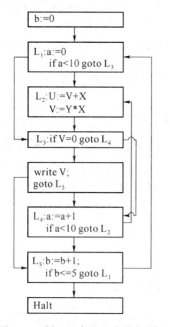

图 10-1　例 1 程序的基本块与流图

```
100 (:=,1,-,i)
101 (j,-,-,103)
102 (+,i,1,i)
103 (j>,i,n,105)
104 (j,-,-,108)
105 (+,m,i,t)
106 (:=,t,-,m)
107 (j,-,-,102)
108          ⋮
```

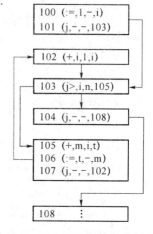

图 10-2　例 2 程序的基本块与流图

3. 对于下面的中间代码：

$$T_1 := A * B;$$
$$T_2 := T_1 + C;$$
$$T_3 := T_2 * T_1;$$
$$T_4 := T_1 + T_3;$$
$$T_5 := T_3 - E;$$
$$E := T_4 + T_5$$

根据下列条件，用简单代码生成算法生成目标代码，同时列出代码生成过程中的寄存器描述和地址描述。假设 E 是基本块出口的活跃变量。

可用寄存器为 R_0 和 R_1。

只有一个寄存器 R_0 可用，结果如何？

【分析】　本题要求理解简单代码生成算法，恰当分配寄存器，最简化地生成机器代码，需要理解寄存器描述、地址描述及活跃变量等概念。根据可用寄存器的个数、变量是否在基本块以外活跃，算法可能产生不同的目标代码。

代码产生算法的关键是分配寄存器，目标是让后面还要使用的变量尽可能长久地占用寄存器，即延迟释放寄存器直到由于没有可用的寄存器而不得不释放它，这是由于一般的计算机系统必须有寄存器作为目的数据源参与运算。对于在出口处活跃的变量，即在基本块之外还要引用的变量，必须在基本块出口处把变量的值存入内存。

【解答】

（1）生成的目标代码以及寄存器描述和地址描述过程如表 10-1 所示。

表 10-1　使用两个寄存器的目标代码序列与寄存器和地址描述

中间代码	目标代码	RVALUE	AVALUE
$T_1 := A * B$	MOV A,R_0 MUL B,R_0	R_0 含 T_1	T_1 在 R_0
$T_2 := T_1 + C$	MOV C,R_1 ADD R_0,R_1	R_0 含 T_1 R_1 含 T_2	T_1 在 R_0 T_2 在 R_1
$T_3 := T_2 * T_1$	MUL R_1,R_0	R_0 含 T_1 R_1 含 T_3	T_1 在 R_0 T_3 在 R_1
$T_4 := T_1 + T_3$	ADD R_1,R_0	R_0 含 T_4 R_1 含 T_3	T_4 在 R_0 T_3 在 R_1
$T_5 := T_3 - E$	SUB E,R_1	R_0 含 T_4 R_1 含 T_5	T_4 在 R_0 T_5 在 R_1
$E := T_4 + T_5$	ADD R_1,R_0 MOV R_0,E	R_0 含 E	E 在 R_0 E 在内存

（2）由于需要使用寄存器完成各种运算，若只有一个寄存器 R_0 可使用，则需要不断地把计算的结果存入内存中，在需要时再取出来，生成目标代码的过程如表 10-2 所示。

表 10-2 只使用一个寄存器的目标代码序列与寄存器和地址描述

中间代码	目标代码	RVALUE	AVALUE
$T_1:=A*B$	MOV A,R_0 MUL B,R_0	R_0 含 T_1	T_1 在 R_0
$T_2:=T_1+C$	MOV R_0,T_1 ADD C,R_0	R_0 含 T_2	T_1 在内存 T_2 在 R_0
$T_3:=T_2*T_1$	MUL T_1,R_0	R_0 含 T_3	T_3 在 R_0 T_1 在内存

$T_4:=T_1+T_3$	MOV R_0,T_3
	ADD T_1,R_0
	MOV R_0,T_4
		R_0 含 T_4	T_4 在 R_0
			T_3 在内存
			T_4 在内存

$T_5:=T_3-E$	MOV T_3,R_0 SUB E,R_0	R_0 含 T_5	T_5 在 R_0 T_3 在内存 T_4 在内存
$E:=T_4+T_5$	ADD T_4,R_0 MOV R_0,E	R_0 含 E	E 在 R_0 E 在内存

10.3 练习与参考答案

1. 一个编译程序的代码生成工作需要考虑哪些因素?

【解答】

(1) 保证输出正确的目标代码,完成且只完成源程序的全部功能;

(2) 保证目标代码的高效性,即目标代码应该能充分利用目标机器,争取合理地占用计算、存储和通信等资源,还要考虑指令选择、寄存器分配和计算次序等;

(3) 目标代码的设计目标还包括易于实现、测试和维护等。

2. 利用语法制导的翻译技术把下列程序段翻译成目标代码:

(1) $x:=(a+b)*c-a$,

(2) $a>b$ and $c=d$ or $e<f$。

【解答】

根据教材中 10.3 节的语法制导翻译技术,得到如下结果。

(1)

```
MOV    a,R₀
MOV    b,R₁
ADD    R₀,R₁
MOV    c,R₂
MUL    R₁,R₂
SUB    R₂,R₀
MOV    R₀,x
```

(2)

```
        MOV      a, t₁
        CMP      t₁, b
        CJ>      L₁
        J        B. false
L₁:     MOV      c, t₂
        CMP      t₂, d
        CJ=      L₂
        J        B. false
L₂:     MOV      e, t₃
        CMP      t₃, f
        CJ<      B. true
        J        B. false
```

其中, B. true 和 B. false 需要应用这个布尔条件的语句确定。

3. 请把以下程序划分为基本块并作出其程序流图。

```
        read C
        A:=0
        B:=1
L₁:     A:=A+B
        if B≥C goto L₂
        B:=B+1
        goto L₁
L₂:     write A
```

【解答】

根据定义,首先求出每个基本块的入口语句,基本块有 4 个,分别是 read C、标号是 L_1 和 L_2 的语句及跟在转移语句之后的 B:=B+1。4 个基本块和流图如图 10-3 所示。

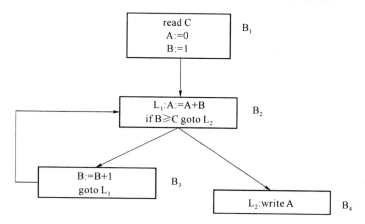

图 10-3　练习 3 的程序流图

4. 请把以下程序划分为基本块并作出其程序流图。

$$i := m$$

$$j := n$$

$$a := u_1$$

$$L_1: \quad i := i + 1$$

$$j := j - 1$$

$$\text{if } i > j \text{ goto } L_2$$

$$a := u_2$$

$$L_2: \quad i := u_3$$

$$\text{goto } L_1$$

【解答】

得到的 3 个基本块和流图如图 10-4 所示。

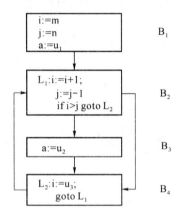

图 10-4　练习 4 的程序流图

5. 对下列中间代码序列:

（1）　　$T_1 := B - C;$　　　　　　（2）　　$T_1 := A + B;$

　　　　$T_2 := A * T_1;$　　　　　　　　　$T_2 := T_1 - C;$

　　　　$T_3 := D + 1;$　　　　　　　　　$T_3 := T_2 * T_1$

　　　　$T_4 := E - F;$　　　　　　　　　$T_4 := T_1 + T_3$

　　　　$T_5 := T_3 * T_4;$　　　　　　　　$T_5 := T_3 - E$

　　　　$W := T_2 / T_5$　　　　　　　　　$E := T_4 * T_5$

　　　W 是基本块出口的活跃变量　　　　　E 是基本块出口的活跃变量

假设可用寄存器为 R_0 和 R_1,用简单代码生成算法生成目标代码,同时列出代码生成过程中的寄存器描述和地址描述。对于（2）小题,如果只有一个寄存器 R_0 可用,结果如何?

【解答】

(1) 生成的目标代码以及寄存器描述和地址描述过程如表 10-3 所示。

表 10-3　目标代码序列与寄存器和地址描述

中间代码	目标代码	RVALUE	AVALUE
$T_1 := B - C$	MOV B,R_0 SUB C,R_0	R_0 含 T_1	T_1 在 R_0
$T_2 := A * T_1$	MUL A,R_0	R_0 含 T_2	T_2 在 R_0
$T_3 := D + 1$	MOV D,R_1 INC R_1	R_0 含 T_2 R_1 含 T_3	T_2 在 R_0 T_3 在 R_1

$T_4 := E - F$	MOV R_0,T_2
	MOV E,R_0
	SUB F,R_0
		R_0 含 T_4	T_2 在内存
			T_4 在 R_0

$T_5 := T_3 * T_4$	MUL R_0,R_1	R_0 含 T_4 R_1 含 T_5	T_2 在内存 T_4 在 R_0 T_5 在 R_1

$W := T_2 / T_5$	MOV T_2,R_0
	DIV R_1,R_0
	MOV R_0,W
		R_0 含 W
		R_1 含 T_5
			W 在内存
			W 在 R_0
			T_5 在 R_1

(2) 生成目标代码的过程以及寄存器描述和地址描述如表 10-4 所示。

表 10-4　目标代码序列与寄存器和地址描述

中间代码	目标代码	RVALUE	AVALUE
$T_1 := A + B$	MOV A,R_0 ADD B,R_0	R_0 含 T_1	T_1 在 R_0
$T_2 := T_1 - C$	MOV R_0,R_1 SUB C,R_1	R_0 含 T_1 R_1 含 T_2	T_1 在 R_0 T_2 在 R_1
$T_3 := T_2 * T_1$	MUL R_0,R_1	R_0 含 T_1 R_1 含 T_3	T_1 在 R_0 T_3 在 R_1
$T_4 := T_1 + T_3$	ADD R_1,R_0	R_0 含 T_4 R_1 含 T_3	T_4 在 R_0 T_3 在 R_1
$T_5 := T_3 - E$	SUB E,R_1	R_0 含 T_4 R_1 含 T_5	T_4 在 R_0 T_5 在 R_1
$E := T_4 * T_5$	MUL R_1,R_0 MOV R_0,E	R_0 含 E	E 在 R_0 E 在内存

若只有寄存器 R_0,则要把中间计算结果存储,并在需要时取出来,过程如表 10-5 所示。

表 10-5　目标代码序列与寄存器和地址描述

中间代码	目标代码	RVALUE	AVALUE
$T_1 := A+B$	MOV A,R_0 ADD B,R_0	R_0 含 T_1	T_1 在 R_0
$T_2 := T_1-C$	MOV R_0,T_1 SUB C,R_0	R_0 含 T_2	T_1 在内存 T_2 在 R_0
$T_3 := T_2 * T_1$	MUL T_1,R_0	R_0 含 T_3	T_3 在 R_0 T_1 在内存

$T_4 := T_1+T_3$	MOV R_0,T_3
	ADD T_1,R_0
	MOV R_0,T_4
		R_0 含 T_4	T_4 在 R_0
			T_4 在内存
			T_3 在内存

$T_5 := T_3-E$	MOV T_3,R_0 SUB E,R_0	R_0 含 T_5	T_5 在 R_0 T_4 在内存
$E := T_4 * T_5$	MUL T_4,R_0 MOV R_0,E	R_0 含 E	E 在 R_0 E 在内存

6. 对于下列基本块，假设只有寄存器 R_1 和 R_2 可用，开始的时候没有值在寄存器中，A 和 B 的值在内存中，L 是基本块出口的活跃变量，而且假设目标代码的算术运算不满足交换率。请用简单代码生成算法生成其目标代码，同时列出代码生成过程中的寄存器描述和地址描述。

$$T_1 := A-B;$$
$$T_2 := A/T_1;$$
$$T_3 := 3 * T_1;$$
$$L := T_3+T_2$$

【解答】

由于假设运算符不满足交换律，所以在语句 $T_3 := 3 * T_1$ 中不能调换 3 和 T_1 的位置。同样的情况出现在语句 $L := T_3+T_2$ 中。这样就需要把临时结果存入内存，并且在计算需要时再取出来。生成目标代码过程的以及寄存器描述和地址描述如表 10-6 所示。

表 10-6　目标代码序列与寄存器和地址描述

中间代码	目标代码	RVALUE	AVALUE
$T_1 := A-B$	MOV A,R_1 SUB B,R_1	R_1 含 T_1	T_1 在 R_1
$T_2 := A / T_1$	MOV A,R_2 DIV R_1,R_2	R_1 含 T_1 R_2 含 T_2	T_1 在 R_1 T_2 在 R_2

$T_3 := 3 * T_1$	MOV R_2,T_2
	MOV ♯3,R_2
	MUL R_1,R_2
		R_2 含 T_3
		R_1 含 T_1
			T_2 在内存
			T_1 在 R_1
			T_3 在 R_2

中间代码	目标代码	RVALUE	AVALUE

$L_:=T_3+T_2$	MOV T_2,R_1
	ADD R_1,R_2
	MOV R_2,L
		R_2 含 L	L 在 R_2
			L 在内存

7. 分别把下列 C 语句首先转换成三地址代码,然后产生目标代码,假定 3 个可用的寄存器 R_0,R_1 和 R_2。

(1) X = A [i] + 1;

(2) A[i] = B[C[i]];

(3) A[i] = A[i] + A[j];

(4) if(i>j)A = j+1;else A = i+1。

【解答】

(1) 三地址代码： B:=A[i]

X:=B+1

目标代码： MOV i,R_0

MOV A(R_0),R_1

ADD #1,R_1

MOV R_1,X

(2) 三地址代码： D:=A[i]

E:=C[i]

F:=B[E]

D:=F

目标代码： MOV i,R_0

MOV A(R_0),R_1

MOV C(R_1),R_2

MOV B(R_2),R_0

(3) 三地址代码： B:=A[i]

C:=A[j]

B:=B+C

目标代码： MOV i,R_0

MOV A(R_0),R_1

MOV j,R_0

MOV A(R_0),R_2

ADD R_2,R_1

(4) 三地址代码： if i>j goto L_1

T_1:=i+1

A:=T_1

goto L_2

$$L_1 : \quad T_2 := j + 1$$
$$A := T_2$$
$$L_2 :$$

目标代码：   MOV i, R_0

            CMP   j, R_0

            CJ$>$ L_1

            MOV i, R_0

            INC R_0

            MOV R_0, A

            J L_2

L_1 : MOV   j, R_0

            INC R_0

            MOV R_0, A

L_2 :

第11章 代码优化

11.1 基本知识总结

本章简单介绍代码优化的基本原理和技术,主要知识点如下。

1. 代码优化的基本概念:

(1) 基本原则:等价原则、有效原则和经济原则;

(2) 影响代码优化的主要因素:目标机器相关性、优化范围、优化语言级别。

2. 中间代码优化的 6 类基本技术:

(1) 删除公共子表达式;

(2) 复写传播;

(3) 删除无用代码;

(4) 代码外提;

(5) 强度消弱;

(6) 删除归纳变量。

3. 基本块的局部优化:

(1) 基于等价变换的优化;

(2) 有向无环图 DAG 的构造;

(3) 基于 DAG 的局部优化。

4. 机器指令的窥孔优化技术。

重点:理解代码优化的概念、删除公共子表达式、复写传播、删除无用代码、代码外提、强度消弱、简单指令的 DAG 构造与优化应用、窥孔优化的概念。

难点:基本优化技术的综合应用、根据 DAG 构造进行优化。

11.2 典型例题解析

1. 利用 DAG 为下面的基本块进行优化:

(1) $T_1 := A/B$;

(2) $T_2 := 3 * 2$;

(3) $T_3 := T_2 + T_1$;

(4) $M := T_3$;

(5) $C := 4$;

(6) $T_4 := A/B$;

(7) $C := 3$;

(8) $T_5 := 12 - C$;

(9) $T_6 := T_4 + T_5$;

(10) $N_: = T_6$

如果假设基本块内的临时变量在基本块之外不再使用,结果又如何?

【分析】 解这类题目主要有两个步骤:① 构造基本块的 DAG;② 根据 DAG 节点的构造顺序完成部分代码优化。基本块 DAG 的构造就是按照顺序,逐条语句地构造一个子树,同时避免构造相同节点甚至相同子树,可以完成已知量的合并、删除公共子表达式、删除无用代码等代码优化。利用 DAG 的构造算法可以完成代码优化的原理如下。

① 对于块中执行数值运算的指令,若其中的运算对象在编译时为已知量,则在 DAG 构造中已经将其直接计算,并产生了以运算结果为标记的叶节点,而不再产生执行运算的内部节点,即完成已知量的合并。

② 若同一运算的指令多次出现,仅在其第一次出现时产生节点,随后的出现不再产生新的节点,只需把存储该运算结果的各个变量名加到那个节点的附加标识符集合即可,从而完成了删除公共子表达式。

③ 在块内被赋值的变量,若在它被引用前再次被赋值,则 DAG 构造算法除了把此变量名添加到当前所产生的节点之外,还把它从以前节点的附加标识符集合中删除,即自动完成了消除无用赋值语句的优化。

若从该 DAG 按照节点的构造顺序重写基本块语句,并且删除多余的指令,便能生成优化的基本块。

【解答】

为该基本块构造 DAG 的过程如图 11-1 所示,其中每个子图对应了为当前所有指令建立的 DAG,子图 11-1(j)即是最终的 DAG。

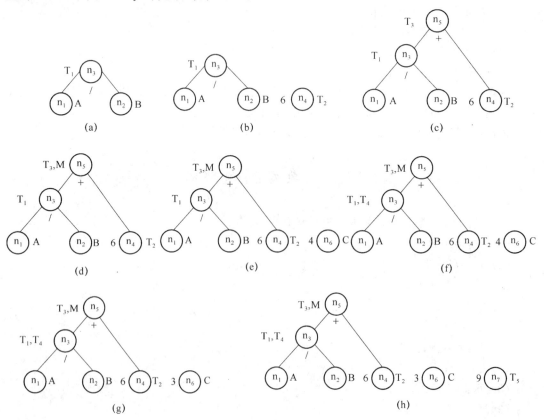

(a)　　　　　(b)　　　　　(c)

(d)　　　　　(e)　　　　　(f)

(g)　　　　　　　　　(h)

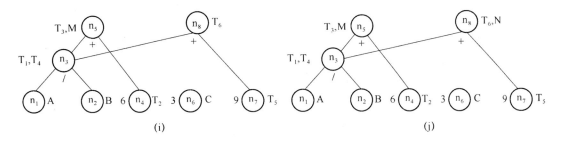

图 11-1 例 1 的 DAG

DAG 的构造完成了常量计算和无用语句(5)的删除,根据节点的构造顺序得语句如下:

(1) $T_1 := A/B$;

(2) $T_2 := 6$;

(3) $T_3 := 6 + T_1$;

(4) $M := T_3$;

(6) $T_4 := T_1$;

(7) $C := 3$;

(8) $T_5 := 9$;

(9) $T_6 := T_1 + 9$;

(10) $N := T_6$

如果基本块内的临时变量在基本块之外不再使用,则可以删除所有不参加计算的临时变量。从后向前倒序地逐条检查指令:合并(9)与(10)并删除(9),去掉语句(6)和(8),合并(3)和(4),并删除(3)和(2),得:

(1) $T_1 := A/B$;

(4) $M := 6 + T_1$;

(7) $C := 3$;

(10) $N := T_1 + 9$

2. 对于下面的基本块:

(1) $X = B * C$,

(2) $Y = B/C$,

(3) $Z = X + Y$,

(4) $W = 9 * Z$,

(5) $G = B * C$,

(6) $T = G * G$,

(7) $W = T * G$,

(8) $L = W$,

(9) $M = L$。

① 应用 DAG 对该基本块进行优化,给出优化后的代码序列。

② 给出只有 L 在基本块出口为活跃的优化结果。

【解答】

为了便于说明,给每条语句加了编号。

① 为该基本块构造的 DAG 如图 11-2 所示:

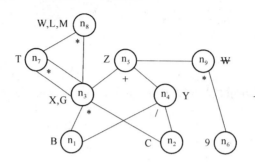

图 11-2　例 11.2 的 DAG

根据 DAG 中节点的构造顺序,删除无用赋值语句(节点 n_9 中标识符 W),得到优化的代码如下:

(1) X = B * C,

(5) G = X,

(2) Y = B/C,

(3) Z = X + Y,

(6) T = G * G,

(7) W = T * G,

(8) L = W,

(9) M = L。

其中,n_7 中的 W 是无用语句。

② 若只有 L 在基本块出口为活跃的,则删除一切在出口处对 L 值没有影响的语句。从后向前倒序地逐条检查指令:去掉语句(9),合并(8)和(7),并删除(7),合并语句(1)和(5),去掉语句(1)~(4),得到优化的代码如下:

(5) G = B * C,

(6) T = G * G,

(8) L = T * G。

3. 试对基本块:

(1) $T_1 := 2$;

(2) $T_2 := 5/T_1$;

(3) $T_3 := X - A$;

(4) $T_4 := X + A$;

(5) $Y := T_1/T_4$;

(6) $B := Y$;

(7) $T_5 := 5/T_2$;

(8) $T_6 := X + A$;

(9) $T_7 := T_5/T_6$;

(10) $B := T_7 * T_3$

① 应用 DAG 进行优化；

② 假定只有 B 和 Y 在基本块出口是活跃的,写出优化后的三元式序列；

③ 假设只有两个寄存器 R_1 和 R_2 可使用,写出优化后三元式代码的目标代码。

【解答】

本题的第③问综合了教材中第 10 章和第 11 章的内容,要求理解活跃变量的概念和寄存器的分配。

① 为该基本块构造的 DAG 如图 11-3 所示：

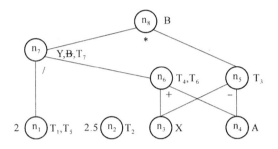

图 11-3 例 3 的 DAG

DAG 的构造完成了常量计算、复写传播和删除无用赋值语句(节点 n_7 中附加标识符 B),根据 DAG 中节点的构造顺序得到优化的结果如下：

(1) $T_1 := 2$;

(7) $T_5 := 2$;

(2) $T_2 := 2.5$;

(3) $T_3 := X - A$;

(4) $T_4 := X + A$;

(8) $T_6 := T_4$;

(5) $Y := 2/T_4$;

(9) $T_7 := Y$;

(10) $B := T_7 * T_3$

② 假定只有 B 和 Y 在基本块出口是活跃的,在上面基础上还可以删除与它们的计算无关的语句和变量。从后向前倒序地逐条检查指令:合并(9)和(10),并删除(9),去掉语句(8)、(7)、(2)和(1),得出优化后的三元式序列为：

(3) $T_3 := X - A$;

(4) $T_4 := X + A$;

(5) $Y := 2/T_4$;

(10) $B := Y * T_3$

③ 若有两个寄存器 R_1 和 R_2 可使用,则上述优化后代码的目标代码是:

```
MOV     X,R₁
SUB     A,R₁
MOV     T₃,R₁        //把 X-A 的值存入 T₃ 供最后一条语句使用
MOV     X,R₁
ADD     A,R₁
MOV     ♯2,R₂
DIV     R₁,R₂
MOV     Y,R₂         //把 Y 的值存入内存,因为它在基本块出口是活跃的
MUL     T₃,R₂
MOV     R₂,B         //把 B 的值存入内存,因为它在基本块出口是活跃的
```

11.3 练习与参考答案

1. 何谓代码优化? 代码优化需要什么样的基础?

【解答】

所谓优化就是对代码进行等价变换,使得变换后的代码运行速度加快、占用存储空间减少。优化可以在编译的各个阶段进行,在不同的阶段,优化的程序范围和方式也有所不同;在同一范围内,也可以进行多种优化。

在设计和实现编译程序代码优化时应该遵循下列原则。

(1) 等价原则:经过优化后的代码应该保持程序的输入输出,不应改变程序运行的结果。

(2) 有效原则:优化后的代码应该在占用空间、运行速度这两个方面,或者其中的一个方面得到改善。

(3) 经济原则:代码优化需要占用计算机和编译程序的资源,代码优化取得的效果应该超出优化工作所付出的代价。否则,代码优化就失去了意义。

2. 编译过程中可以进行的优化是如何分类的?

【解答】

常见的分类方法有 3 种。

(1) 按照与机器相关的程度,可以分为: ① 与机器相关的代码优化,一般有寄存器的优化、多处理器的优化、特殊指令的优化及无用指令的消除等技术;② 与机器无关的代码优化。

(2) 根据优化的范围,可以划分为局部优化和全局优化两类。考查一个基本块中的代码序列就可以完成的优化,称为局部优化;而全局优化则必须在考查基本块之间的相互联系与交互的基础上才能完成。

(3) 优化语言级别:代码优化总是在内部的中间代码和目标代码上进行的。在通常的编译程序中,代码优化往往是在中间代码这一级执行的。

3. 常用的代码优化技术有哪些？

【解答】

（1）与机器无关的、在中间代码语言级的代码优化主要包括：删除公共子表达式、复写传播、删除无用代码、代码外提、强度消弱和删除归纳变量。其中，最后 3 种是专门针对循环语句的优化。

（2）与机器有关的优化有：寄存器优化、多处理器优化、特殊的指令优化、无用的指令消除 4 类。

4. 使用基本的代码优化技术对下面的代码进行优化：

  x＝1；

  …

  y＝0；

  …

  if(y)x：＝0；

  …

  if(x)y＝1；

  …

【解答】

把上面的代码改造成如下形式：

  x＝1；

  (1)…

  y＝0；

  (2)…

  if(y)x：＝0；

  (3)…

  if(x)y＝1；

  (4)…

如果在(2)后的指令没有改变 y 的值，那么指令 if(y)x：＝0 就不可能执行，可以省去，变成如下的形式：

  x＝1；

  (1)…

  y＝0；

  (2)…

  (3)…

  if(x)y＝1；

  (4)…

5. 对以下基本块 B_1 和 B_2:

B_1 1:   A: = B * C;

          2:     D: = B/C;

          3:     E: = A + D;

          4:     F: = 2 * E;

          5:     G: = B * C;

          6:     H: = G * G;

          7:     F: = H * G;

          8:     L: = F;

          9:     M: = L

B_2 1:   B: = 3;

          2:     D: = A + C;

          3:     E: = A * C;

          4:     F: = D + E;

          5:     G: = B * F;

          6:     H: = A + C;

          7:     I: = A * C;

          8:     J: = H + I;

          9:     K: = B * 5;

        10:     L: = K + J;

        11:     M: = L

分别构造出 DAG,然后应用 DAG 就以下两种情况分别写出优化后的三地址中间代码:

(1) 假设变量 G、L 和 M 在基本块之后还要被引用;

(2) 假设只有变量 L 在基本块之后还要被引用。

【解答】

这类问题的解答可以分成两步完成。

第 1 步:根据构造 DAG 节点的顺序,重建基本块语句的时候就完成了部分优化;

第 2 步:根据题目的条件,去掉与要求无关的语句,得到更加优化的指令。

(1) 构造 B_1 的 DAG 过程如图 11-4 所示,子图 11-4(i) 就是所求的 DAG。

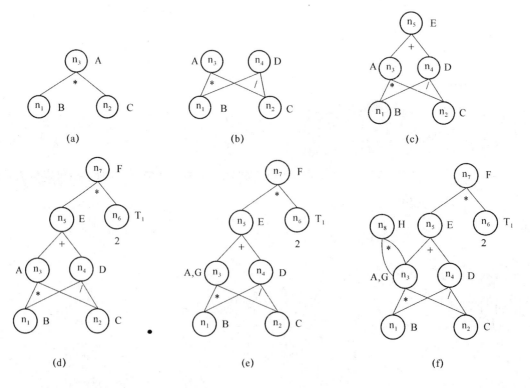

(a)   (b)   (c)

(d)   (e)   (f)

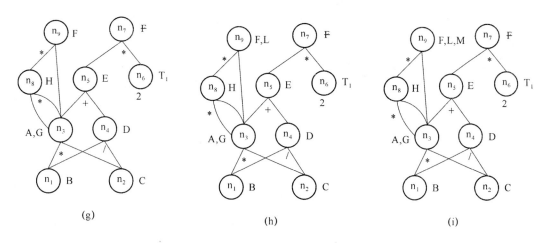

图 11-4 构造 B_1 的 DAG 过程

① 执行优化的第 1 步:

删除无用赋值语句(4),即标识符为 F 的节点 n_7,根据图 11-4(i)所示 DAG 节点的构造顺序,重写基本块语句序列如下:

1:A:=B*C;

5:G:=A;

2:D:=B/C;

3:E:=A+D;

6:H:=G*G;

7:F:=H*G;

8:L:=F;

9:M:=L

② 执行优化的第 2 步:

由于变量 G、L 和 M 在基本块之后还要被引用,所以只需要保留相关变量。从后向前倒序地逐条检查指令:合并语句(8)和(7),并删除(7),删除(3)和(2),合并语句(1)和(2),并删除(1),得到优化代码如下:

5:G:=B*C;

6:H:=G*G;

8:L:=H*G;

9:M:=L

③ 由于变量 G 和 M 在基本块之后不被引用,还可以删除语句(9),得到优化代码如下:

5:G:=B*C;

6:H:=G*G;

8:L:=H*G

(2) 对于 B_2,其 DAG 过程如图 11-5 所示,子图 11-5(k)是所求的 DAG。

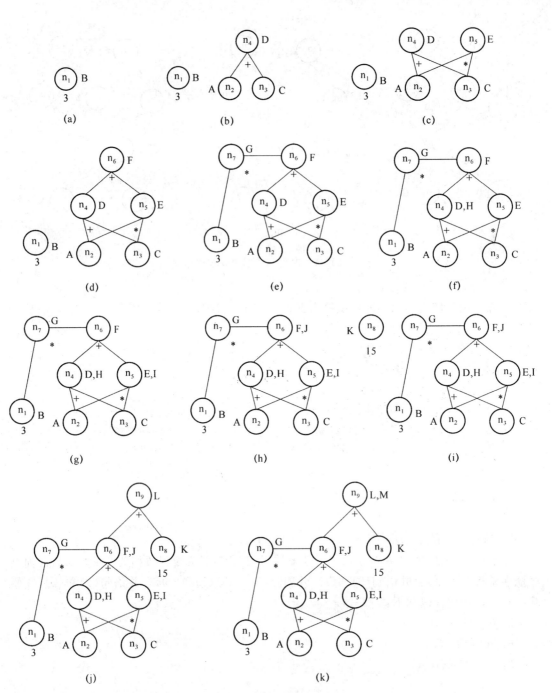

图 11-5　构造 B_2 的 DAG 过程

① 执行优化的第 1 步：

根据图 11-5(k)所示 DAG 节点的构造顺序，重写基本块语句序列如下：

2：D：＝A＋C；

6：H：＝D；

3：E：＝A＊C；

7：I：＝E；

4：F：＝D＋E；

8：J：= F；

5：G：= 3 * F；

10：L：= 15 + J；

11：M：= L

② 代码优化的第 2 步：

由于变量 G、L 和 M 在基本块之后还要被引用，所以只需要保留相关变量。变量 H 和 I 不再被引用，故可以删除语句(6)和(7)。把(10)中的 J 换成 F 就可删除语句(8)。优化后的代码结果如下：

2：D：= A + C；

3：E：= A * C；

4：F：= D + E；

5：G：= 3 * F；

10：L：= 15 + F；

11：M：= L

③ 由于变量 G 和 M 在基本块之后不被引用，故可以删除语句(5)和(11)，得到优化代码如下：

2：D：= A + C；

3：E：= A * C；

4：F：= D + E；

10：L：= 15 + F

6. 下面的 C 语言程序：

    p = 0；

    for (i = 0；i ＜ = 20；i ++) { p = p + a[i] * b[i] }；

经过编译得到的中间代码如下：

(1) p：= 0；

(2) i：= 1；

(3) t_1：= 4 * i；

(4) t_2：= addr(a) - 4；

(5) t_3：= t_2[t_1]；

(6) t_4：= 4 * i；

(7) t_5：= addr(b) - 4；

(8) t_6：= t_5[t_4]；

(9) t_7：= t_3 * t_6；

(10) p：= p + t_7；

(11) i：= i + 1；

(12) if i ≤ 20 goto(3)

① 把上述三地址程序划分为基本块并做出流图；

② 将每个基本块的公共子表达式删除，

③ 找出流图中的循环，将循环不变量计算移出循环；

④ 找出每个循环中的归纳变量，并在可能之处删除它们。

【解答】

① 流图如图 11-6 所示。

② 基本块 B_2 中的语句 (6) $t_4 := 4 * i$ 可以改成 $t_4 := t_1$。

③ 基本块 B_2 中的 (4)、(7) 两条语句可以移到 B_1 中。

④ 临时变量 t_2 和 t_5 在基本块 B_2 内是常量，可以提出，放在基本块 B_1 中。基本块 B_2 中的变量 t_1 是归纳变量，随变量 i 呈线性关系，可以进行强度消弱的变换：把乘法移到循环之外，在循环内进行加法运算。另外，t_4 可以用 t_1 代替，因而语句 (6) 可以删除，在语句 (8) 中把 t_4 替换成 t_1。优化后的流图如图 11-7 所示。

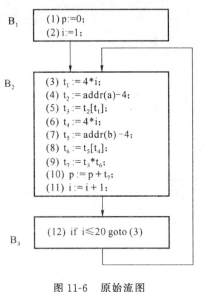

图 11-6　原始流图

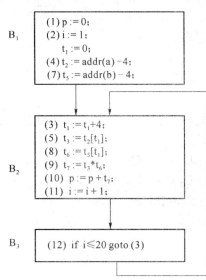

图 11-7　优化后的流图

7. 请用窥孔优化技术对下列指令进行优化，其中 R_1 和 R_2 不一定是同一寄存器。

MOV　　R_1, L；

MOV　　L, R_2；

【解答】

如果 R_1 和 R_2 是同一个寄存器，可以删除第 2 条指令。若它们不是同一寄存器，窥孔技术假设变量 L 不保存寄存器 R_1 的值，可以采用执行代价更小的寄存器之间的数据传输：

MOV　　R_1, R_2；

8. 窥孔优化经常使用模式变量描述，用一条规则表示一类优化，例如：

MUL　#2,%R　⇒　ADD　%R, %R；

表示任何寄存器乘以 2 都可以用寄存器自身的加法代替（这里用%R 匹配任意的寄存器）。

请考虑如何在窥孔优化器中实现这种模式匹配。

【解答】

可以在窥孔优化器中增加语义规则完成这种模式匹配。

9. 请利用代码优化的思想(代码外提和强度消弱),优化下列 C 语言程序,写出优化后的 C 程序。

```
main()
{
    int i,j;
    int r[20][10];
    for (i=0;i<20;i++) {
        for (j=0;j<10;j++){
            r[i][j]=10*i*j;
        }
    }
}
```

【解答】

本题用到的代码优化技术主要有代码外提和强度消弱。$10*i$ 在内循环是不变计算,可以外提,于是在外循环有 $k=10*i$,在内循环有 $r[i][j]=k*j$;然后把这两个乘法进行轻度消弱,在循环中使用加法,k 在外循环每次加 10,$r[i][j]$ 在内循环每次加 k。

C 语言中允许使用指针访问数组的首地址,二维数组在存储区域是按行排列。这样,通过指针的加法运算就可以访问数组元素,避免在循环内部寻址的重复运算。优化后的 C 语言程序如下:

```
main()
{
    int i,j,m,n,k;
    int* p;
    int r[20][10];

    p=&r[0][0];
    n=0;
    for (i=0;i<20;i++) {
        k=n;
        n+=10;
        m=0;
        for(j=0;j<10;j++){
            *p=m;
            p++;
            m+=k;
        }
    }
}
```

第 12 章 实 验 指 导

12.1 实 验 概 述

编译原理和技术作为高等学校计算机科学与技术及相关专业的专业必修课,主要介绍计算机程序语言编译程序的基本原理、设计方法和实现技术,这门课不仅要求掌握理论,对实践性的要求也非常高。根据编译原理与技术课程的教学计划,为帮助学生深入理解编译原理与技术的理论知识,提高学生的动手实践能力,笔者结合实验教学的经验,设计了编译原理实验安排与指导,供相关读者参考使用。

本实验指导共设计了 5 个实验(如表 12-1 所示),每个实验包括若干个子问题,任课教师可以根据教学需要,挑选其中的部分实验,指导学生完成。

表 12-1 编译实验安排

序号	实验名称	实验内容	课时数
1	根据状态转换图编写词法分析器	用高级语言编程实现教材中图 2.6 所示的小语言的词法扫描器	2
2	LEX 的使用	(1)熟悉 LEX 的基本语法语义 (2)编写简单的 LEX 程序	2~4
3	YACC 的使用	(1)熟悉 YACC 的基本语法语义 (2)编写简单的 YACC 程序	4~6
4	QTiny 的实现	分别使用 LEX 和 YACC 实现 QTiny 语言	6~8
5	综合实习	阅读 Ansi C 的 LEX 和 YACC 源程序并进行部分修改	6~8

实验一要求学生理解词法分析器的设计以及状态转化图的作用,并根据状态转换图编写词法分析器。

实验二和实验三要求学生理解词法分析和语法分析,掌握 LEX 和 YACC 的基本使用方法,能够熟练使用 LEX 和 YACC 编写词法和语法分析程序。

实验四提供了一个小型高级语言 QTiny,要求学生在掌握 LEX 和 YACC 的基础上编写 QTiny 语言的词法分析和语法分析程序,并实现该语言。

实验五要求学生阅读 Ansi C 的 LEX 和 YACC 源程序,分析 Ansi C 的语法规则,并作出修改。

为配合 LEX 和 YACC 的学习和使用,附录 A 和 B 分别介绍了 LEX 和 YACC 的基础知识与使用,供读者参考。

目前,在 Windows 操作系统平台下,较为流行的 LEX 和 YACC 的工具是 FLEX 和 BISON。ftp://ftp.gnu.org 提供了 FLEX 和 BISON 的下载,http://www.gnu.org/software对这两种工具作了详尽的介绍。

12.2 实验一:根据状态转换图编写词法分析器

12.2.1 实验目的

1. 理解词法分析器的基本功能和设计;
2. 理解状态转换图及其实现;
3. 能够编写简单的词法分析器。

12.2.2 实验内容

用高级语言编程实现如图 12-1(教材中图 2.6)所示的小语言的词法扫描器。

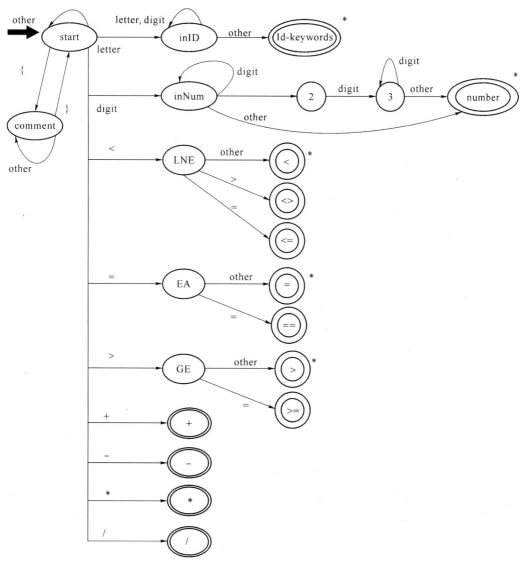

图 12-1 一个简单语言的状态转换图

12.3 实验二:LEX 的使用

12.3.1 实验目的

1. 熟悉 LEX 的基本语法和语义;
2. 了解 LEX 的实现方法;
3. 能够编写简单的 LEX 程序。

12.3.2 实验内容

1. 理解 LEX 的正规式,编写 LEX 程序,实现以下功能:
(1) 将输入串中大写字母变成对应的小写字母;
(2) 输入一个无符号整数,输出其模 3 的余数;
(3) 分析输入串,将输入串分为字符串、整数、浮点数 3 类,并分别输出类别名称 'string'、'integer'、'float'。

2. 理解 LEX 的动作序列,编写 LEX 程序,实现以下功能:
(1) 统计输入串的字符个数及字母个数,其中字符包括空格、制表符,不包括换行符;
(2) 统计输入串的单词个数。

3. 编写 LEX 程序,删除 Pascal 语言中的注释。

4. 利用辅助定义编写 LEX 程序,识别 C 语言中的整数、浮点数、字符串和操作符,并以二元组形式输出。例如,C 语言输入串为:

```
void main()
{
    int i = 0;
    i++;
}
```

输出为:

```
1    (keyword, void)
2    (keyword, main)
3    (operator,()
4    (operator,))
5    (operator, {)
6    (keyword, int)
7    (var, i)
8    (operator, =)
9    (const, 0)
10   (operator, ;)
11   (integer, i)
```

```
12    (operator, ++)
13    (operator, ;)
14    (operator, })
```

12.3.3　实验指导

本实验中第 1 题和第 2 题属于基础部分;第 3 题需要读者认真分析 Pascal 语言的注释规则,给出其正确的正规式定义;第 4 题需要读者理解 C 语言中的整数、浮点数、字符串和操作符的定义形式,并给出对应的恰当动作。

12.4　实验三:YACC 的使用

12.4.1　实验目的

1. 熟悉 YACC 的基本语法和语义;
2. 了解 YACC 的实现方法及基本用法;
3. 能够编写简单的 YACC 程序;
4. 体会 YACC 与 LEX 的结合使用。

12.4.2　实验内容

1. 编写 YACC 程序,实现简单的整数计算器的功能。计算器具备加、减、乘、除、幂等计算功能。其中词法分析部分在用户程序段部分写出。
2. 改写第 1 题中的 YACC 程序的词法分析,使用 LEX 编写词法分析程序。
3. 编写 YACC 程序,其输入是算术表达式的中缀形式,输出是对应的后缀表达式。
4. 给定如下语法规则:

$M \rightarrow N$,

$N \rightarrow Qa \mid bQc \mid dc \mid bda$,

$Q \rightarrow D$。

编写 YACC 程序,分析输入符号串,如果接受则输出其语法树,否则报错。

12.4.3　实验指导

本实验的第 1 题和第 2 题实现简单的整数计算器,关键在于给出计算器正确的文法规则,并且要注意二义性的问题;第 3 题主要考查读者对 YACC 语义动作的理解;第 4 题综合地考查读者对 YACC 程序段各部分的理解。

12.5　实验四:QTiny 语言的实现

12.5.1　实验目的

1. 深入理解 LEX 和 YACC 的工作方式;

2. 熟练使用 LEX 和 YACC 实现编译程序；

3. 理解编译程序的工作原理。

12.5.2 QTiny 语言的文法表示

Program	→	BEGIN StatementList END
StatementList	→	StatementList Statement
	|	Statement
Statement	→	Ident = Expr ;
	|	READ (IdList) ;
	|	WRITE (ExprList);
IdList	→	IdList , Ident
	|	Ident
ExprList	→	ExprList , Expr
	|	Expr
Expr	→	Expr Op Factor
	|	Factor
Factor	→	(Expr)
	|	Ident
	|	INT
Op	→	+
	|	-
Ident	→	ID

下面是用 QTiny 语言编写的一个程序例子：

```
BEGIN
    READ (X, AB);
    Z = (AB + (X + 1));
    WRITE (X, AB, Z, X - AB, X + AB, X + 1);
END
```

12.5.3 实验内容

1. 阅读和理解 QTiny 语言的文法，分析 QTiny 语言的基本功能，确定 QTiny 语言中的终结符和非终结符。

2. 确定 QTiny 语言的词法分析所用的正规式及其对应的动作序列，用 LEX 编写 QTiny 的词法分析程序。

3. 分析 QTiny 文法中的各条规则，为其添加相应的语义动作，使其输出如下代码。

(1) 中间代码：逆波兰式、三地址代码、四元式或语法树；

(2) 汇编代码。

4. 确定 QTiny 语言中可能遇到的错误类型。

5. 使用 YACC 编写 QTiny 的语法分析程序。

6. 分析 LEX 和 YACC 生成的 QTiny 分析程序,并编译生成 QTiny 语言编译器。

7. 编写 QTiny 语言的示例源程序,测试 QTiny 语言编译器。

12.5.4 实验指导

通过本次实验,使读者熟练地使用 LEX 和 YACC 实现一个简单语言。QTiny 是一个简单的教学语言,主要功能包括赋值、输入和输出这 3 种语句。读者在实现 QTiny 语言时,应认真分析 QTiny 语言的词法规则、语法规则及其对应的语义动作,然后结合前面实验中对 LEX 和 YACC 的理解,写出 LEX 和 YACC 代码,就会生成一个非常漂亮的 QTiny 语言编译程序的前端。

12.6 实验五:综合实验

12.6.1 实验目的

1. 进一步理解 LEX 和 YACC 的工作原理;

2. 认识并理解 Ansi C 的文法规则;

3. 深入理解编译程序的编写方法。

12.6.2 实验内容

本组实验包括有关 Ansi C 方面的 3 个小题。

1. 阅读 Ansi C 的 LEX 源程序,分析 Ansi C 的词法规则:

```
D          [0-9]
L          [a-zA-Z_]
H          [a-fA-F0-9]
E          [Ee][+ -]?{D} +
FS         (f|F|l|L)
IS         (u|U|l|L)*

%{
#include <stdio.h>
#include 'y. tab. h'
void count();
%}

%%
'/*'                { comment();}                //处理块注释
//以下部分为关键字处理部分
'auto'              { count();return(AUTO);}
```

```
'break'              { count();return(BREAK);}
'case'               { count();return(CASE);}
'char'               { count();return(CHAR);}
'const'              { count();return(CONST);}
'continue'           { count();return(CONTINUE);}
'default'            { count();return(DEFAULT);}
'do'                 { count();return(DO);}
'double'             { count();return(DOUBLE);}
'else'               { count();return(ELSE);}
'enum'               { count();return(ENUM);}
'extern'             { count();return(EXTERN);}
'float'              { count();return(FLOAT);}
'for'                { count();return(FOR);}
'goto'               { count();return(GOTO);}
'if'                 { count();return(IF);}
'int'                { count();return(INT);}
'long'               { count();return(LONG);}
'register'           { count();return(REGISTER);}
'return'             { count();return(RETURN);}
'short'              { count();return(SHORT);}
'signed'             { count();return(SIGNED);}
'sizeof'             { count();return(SIZEOF);}
'static'             { count();return(STATIC);}
'struct'             { count();return(STRUCT);}
'switch'             { count();return(SWITCH);}
'typedef'            { count();return(TYPEDEF);}
'union'              { count();return(UNION);}
'unsigned'           { count();return(UNSIGNED);}
'void'               { count();return(VOID);}
'volatile'           { count();return(VOLATILE);}
'while'              { count();return(WHILE);}

//处理标识符,函数 check_type()检查标识符的类型
{L}({L}|{D})*        { count();return(check_type());}
0[xX]{H}+{IS}?       { count();return(CONSTANT);}        //十六进制数
0{D}+{IS}?           { count();return(CONSTANT);}        //八进制数
{D}+{IS}?            { count();return(CONSTANT);}        //十进制数
L?'(\\.|[^\\'])+'    { count();return(CONSTANT);}
```

//浮点数
```
{D} + {E}{FS}?               { count();return(CONSTANT);}
{D} * '.'{D} + ({E})? {FS}?   { count();return(CONSTANT);}
{D} + '.'{D} * ({E})? {FS}?   { count();return(CONSTANT);}
```

//字符串常量
```
L? \'(\\.|[^\\\']) * \'       { count();return(STRING_LITERAL);}
```

//以下部分为运算符处理部分
```
'...'                    { count();return(ELLIPSIS);}
'>>='                    { count();return(RIGHT_ASSIGN);}
'<<='                    { count();return(LEFT_ASSIGN);}
'+='                     { count();return(ADD_ASSIGN);}
'-='                     { count();return(SUB_ASSIGN);}
'*='                     { count();return(MUL_ASSIGN);}
'/='                     { count();return(DIV_ASSIGN);}
'%='                     { count();return(MOD_ASSIGN);}
'&='                     { count();return(AND_ASSIGN);}
'^='                     { count();return(XOR_ASSIGN);}
'|='                     { count();return(OR_ASSIGN);}
'>>'                     { count();return(RIGHT_OP);}
'<<'                     { count();return(LEFT_OP);}
'->'                     { count();return(PTR_OP);}
'&&'                     { count();return(AND_OP);}
'||'                     { count();return(OR_OP);}
'<='                     { count();return(LE_OP);}
'>='                     { count();return(GE_OP);}
'=='                     { count();return(EQ_OP);}
'!='                     { count();return(NE_OP);}
';'                      { count();return(';');}
('{'|'<%')               { count();return('{');}
('}'|'%>')               { count();return('}');}
','                      { count();return(',');}
':'                      { count();return(':');}
'='                      { count();return('=');}
'('                      { count();return('(');}
')'                      { count();return(')');}
('['|'<:')               { count();return('[');}
(']'|':>')               { count();return(']');}
```

`'.'`	`{ count();return('.');}`
`'&'`	`{ count();return('&');}`
`'!'`	`{ count();return('!');}`
`'~'`	`{ count();return('~');}`
`'-'`	`{ count();return('-');}`
`'+'`	`{ count();return('+');}`
`'*'`	`{ count();return('*');}`
`'/'`	`{ count();return('/');}`
`'%'`	`{ count();return('%');}`
`'<'`	`{ count();return('<');}`
`'>'`	`{ count();return('>');}`
`'^'`	`{ count();return('^');}`
`'|'`	`{ count();return('|');}`
`'?'`	`{ count();return('?');}`

```
[ \t\v\n\f]              { count();}          //删除无用的多余字符

%%
yywrap()
{return(1);}
//注释处理函数
comment()
{
    char c, c₁;
loop:while((c=input())!='*'&& c!=0)
        putchar(c);
        if((c₁=input())!='/'&& c!=0)
        {   unput(c₁);goto loop;}
        if(c!=0)
            putchar(c₁);
    }
    int column=0;
    //计算当前位置
    void count()
    {
        int i;
        for(i=0;yytext[i]!='\0';i++)
            if(yytext[i]=='\n')
                column=0;
```

```
            else if(yytext[i] == '\t')
                column + = 8 - (column % 8);
            else
                column ++ ;
        ECHO；
    }
```

2. 阅读 Ansi C 的 YACC 源程序，分析 Ansi C 的文法：
//定义终结符
%token IDENTIFIER CONSTANT STRING_LITERAL SIZEOF
%token PTR_OP LEFT_OP RIGHT_OP LE_OP GE_OP EQ_OP NE_OP
%token AND_OP OR_OP MUL_ASSIGN DIV_ASSIGN MOD_ASSIGN ADD_ASSIGN
%token SUB_ASSIGN LEFT_ASSIGN RIGHT_ASSIGN AND_ASSIGN
%token XOR_ASSIGN OR_ASSIGN TYPE_NAME

%token TYPEDEF EXTERN STATIC AUTO REGISTER
%token CHAR SHORT INT LONG SIGNED UNSIGNED FLOAT DOUBLE CONST VOLATILE
VOID
%token STRUCT UNION ENUM ELLIPSIS
%token CASE DEFAULT IF ELSE SWITCH WHILE DO FOR GOTO CONTINUE BREAK
RETURN
%start translation_unit
%%

primary_expression   :   IDENTIFIER
                            | CONSTANT
                            | STRING_LITERAL
                            | '('expression')'

                            ;
postfix_expression   :   primary_expression
                            | postfix_expression'['expression']'
                            | postfix_expression'('')'
                            | postfix_expression'('argument_expression_list')'
                            | postfix_expression'.'IDENTIFIER
                            | postfix_expression PTR_OP IDENTIFIER

                            ;
argument_expression_list   :   assignment_expression   // 参数列表
                                | argument_expression_list','assignment_expression
```
```

```
                                ;
unary_expression              : postfix_expression          // 单操作数运算
                              | unary_operator cast_expression
                              | SIZEOF unary_expression
                              | SIZEOF´(´type_name´)´
                                ;
unary_operator                : ´&´
                              | ´*´
                              | ´+´
                              | ´-´
                              | ´~´
                              | ´!´
                                ;
cast_expression               : unary_expression          // 强制转换
                              | ´(´type_name´)´cast_expression
                                ;
multiplicative_expression     : cast_expression        // 处理乘法、除法、取余运算
                              | multiplicative_expression´*´cast_expression
                              | multiplicative_expression´/´cast_expression
                              | multiplicative_expression´%´cast_expression
                                ;
additive_expression           : multiplicative_expression    // 处理加法、减法运算
                              | additive_expression´+´multiplicative_expression
                              | additive_expression´-´multiplicative_expression
                                ;
shift_expression              : additive_expression          // 处理移位运算
                              | shift_expression LEFT_OP additive_expression
                              | shift_expression RIGHT_OP additive_expression
                                ;
relational_expression         : shift_expression          // 处理关系运算
                              | relational_expression´<´shift_expression
                              | relational_expression´>´shift_expression
                              | relational_expression LE_OP shift_expression
                              | relational_expression GE_OP shift_expression
                                ;
equality_expression           : relational_expression    // 处理相等、不相等运算
                              | equality_expression EQ_OP relational_expression
                              | equality_expression NE_OP relational_expression
```

```
                                    ;
and_expression            :  equality_expression      // 处理按位与运算
                          |  and_expression´&´equality_expression
                                    ;
exclusive_or_expression   :  and_expression           // 处理按位异或运算
                          |  exclusive_or_expression´^´and_expression
                                    ;
inclusive_or_expression   :  exclusive_or_expression      // 处理按位或运算
                          |  inclusive_or_expression´|´exclusive_or_expression
                                    ;
logical_and_expression    :  inclusive_or_expression      // 处理逻辑与运算
                          |  logical_and_expression AND_OP inclusive_or_expression
                                    ;
logical_or_expression     :  logical_and_expression      // 处理逻辑或运算
                          |  logical_or_expression OR_OP logical_and_expression
                                    ;
conditional_expression    :  logical_or_expression      // 处理条件运算表达式
                          |  logical_or_expression´?´expression´:´conditional_
                             expression
                                    ;
assignment_expression     :  conditional_expression      // 处理赋值表达式
                          |  unary_expression assignment_operator assignment
                             _expression
                                    ;
assignment_operator       :  ´=´
                          |  MUL_ASSIGN
                          |  DIV_ASSIGN
                          |  MOD_ASSIGN
                          |  ADD_ASSIGN
                          |  SUB_ASSIGN
                          |  LEFT_ASSIGN
                          |  RIGHT_ASSIGN
                          |  AND_ASSIGN
                          |  XOR_ASSIGN
                          |  OR_ASSIGN
                                    ;
expression                :  assignment_expression
```

```
                              |  expression','assignment_expression
                              ;
constant_expression           :  conditional_expression
                              ;
declaration                   :  declaration_specifiers';'        // 声明
                              |  declaration_specifiers init_declarator_list';'
                              ;
declaration_specifiers        :  storage_class_specifier
                              |  storage_class_specifier declaration_specifiers
                              |  type_specifier
                              |  type_specifier declaration_specifiers
                              |  type_qualifier
                              |  type_qualifier declaration_specifiers
                              ;
init_declarator_list          :  init_declarator
                              |  init_declarator_list','init_declarator
                              ;
init_declarator               :  declarator
                              |  declarator'='initializer
                              ;
storage_class_specifier       :  TYPEDEF
                              |  EXTERN
                              |  STATIC
                              |  AUTO
                              |  REGISTER
                              ;
type_specifier                :  VOID
                              |  CHAR
                              |  SHORT
                              |  INT
                              |  LONG
                              |  FLOAT
                              |  DOUBLE
                              |  SIGNED
                              |  UNSIGNED
                              |  struct_or_union_specifier
                              |  enum_specifier
                              |  TYPE_NAME
                              ;
```

```
struct_or_union_specifier :   struct_or_union IDENTIFIER'{'struct_declaration_list'}'
                          |    struct_or_union'{'struct_declaration_list'}'
                          |    struct_or_union IDENTIFIER
                          ;
struct_or_union    :   STRUCT
                   |   UNION
                   ;
struct_declaration_list    :   struct_declaration
                           |   struct_declaration_list struct_declaration
                           ;
struct_declaration         :   specifier_qualifier_list struct_declarator_list';'
                           ;
specifier_qualifier_list   :   type_specifier specifier_qualifier_list
                           |   type_specifier
                           |   type_qualifier specifier_qualifier_list
                           |   type_qualifier
                           ;
struct_declarator_list     :   struct_declarator
                           |   struct_declarator_list','struct_declarator
                           ;
struct_declarator          :   declarator
                           |   ':'constant_expression
                           |   declarator':'constant_expression
                           ;
enum_specifier             :   ENUM'{'enumerator_list'}'
                           |   ENUM IDENTIFIER'{'enumerator_list'}'
                           |   ENUM IDENTIFIER
                           ;
enumerator_list            :   enumerator
                           |   enumerator_list','enumerator
                           ;
enumerator                 :   IDENTIFIER
                           |   IDENTIFIER'='constant_expression
                           ;
type_qualifier             :   CONST
                           |   VOLATILE
                           ;
declarator                 :   pointer direct_declarator
                           |   direct_declarator
```

```
                              ;
direct_declarator         :   IDENTIFIER
                          |   '('declarator')'
                          |   direct_declarator'['constant_expression']'
                          |   direct_declarator'['']'
                          |   direct_declarator'('parameter_type_list')'
                          |   direct_declarator'('identifier_list')'
                          |   direct_declarator'('')'
                          ;
pointer                   :   '*'
                          |   '*'type_qualifier_list
                          |   '*'pointer
                          |   '*'type_qualifier_list pointer
                          ;
type_qualifier_list       :   type_qualifier
                          |   type_qualifier_list type_qualifier
                          ;
parameter_type_list       :   parameter_list
                          |   parameter_list','ELLIPSIS
                          ;
parameter_list            :   parameter_declaration
                          |   parameter_list','parameter_declaration
                          ;
parameter_declaration     :   declaration_specifiers declarator
                          |   declaration_specifiers abstract_declarator
                          |   declaration_specifiers
                          ;
identifier_list           :   IDENTIFIER
                          |   identifier_list','IDENTIFIER
                          ;
type_name                 :   specifier_qualifier_list
                          |   specifier_qualifier_list abstract_declarator
                          ;
abstract_declarator       :   pointer
                          |   direct_abstract_declarator
                          |   pointer direct_abstract_declarator
                          ;
direct_abstract_declarator:   '('abstract_declarator')'
                          |   '['']'
```

```
                              |   '['constant_expression']'
                              |   direct_abstract_declarator'['']'
                              |   direct_abstract_declarator'['constant_expression']'
                              |   '('')'
                              |   '('parameter_type_list')'
                              |   direct_abstract_declarator'('')'
                              |   direct_abstract_declarator'('parameter_type_list')'
                              ;

initializer              :   assignment_expression
                              |   '{'initializer_list'}'
                              |   '{'initializer_list','''}'
                              ;

initializer_list        :   initializer
                              |   initializer_list','initializer
                              ;

statement               :   labeled_statement
                              |   compound_statement
                              |   expression_statement
                              |   selection_statement
                              |   iteration_statement
                              |   jump_statement
                              ;

labeled_statement       :   IDENTIFIER':'statement
                              |   CASE constant_expression':'statement
                              |   DEFAULT':'statement
                              ;

compound_statement      :   '{'''}'
                              |   '{'statement_list'}'
                              |   '{'declaration_list'}'
                              |   '{'declaration_list statement_list'}'
                              ;

declaration_list        :   declaration
                              |   declaration_list declaration
                              ;

statement_list          :   statement
                              |   statement_list statement
                              ;

expression_statement    :   ';'
                              |   expression';'
```

```
                               ;
selection_statement        :   IF'('expression')'statement
                           |   IF'('expression')'statement ELSE statement
                           |   SWITCH'('expression')'statement
                               ;
iteration_statement        :   WHILE'('expression')'statement
                           |   DO statement WHILE'('expression')'';'
                           |   FOR' ('expression_statement expression_statement')'
                               statement
                           |   FOR'('expression_statement expression_statement ex-
                               pression')'statement
                               ;
jump_statement             :   GOTO IDENTIFIER';'
                           |   CONTINUE';'
                           |   BREAK';'
                           |   RETURN';'
                           |   RETURN expression';'
                               ;
translation_unit           :   external_declaration          // 开始符号
                           |   translation_unit external_declaration
                               ;
external_declaration       :   function_definition
                           |   declaration
                               ;
function_definition        :   declaration_specifiers declarator declaration_list com-
pound_statement
                           |   declaration_specifiers declarator compound_statement
                           |   declarator declaration_list compound_statement
                           |   declarator compound_statement
                               ;
%%
#include <stdio.h>
extern char yytext[];
extern int column;
yyerror(char * s)
{
    fflush(stdout);
    printf('\n%*s\n%*s\n', column, '^', column, s);
}
```

3. 在分析 Ansi C 的词法分析程序和语法分析程序的基础上,对 Ansi C 的语法作出改进:

(1) 添加'++'和'－－'操作符;

(2) 限定标识符长度为 32 个字符,超过 32 个字符部分无效,并给出警告信息。

12.6.3 实验指导

Ansi C 语言的 LEX 源程序和 YACC 源程序是目前为止较长的 LEX 和 YACC 源程序,读者刚开始会感到无从下手。其实阅读这两段程序并不难,关键在于把握 LEX 和 YACC 的基本语法语义。对于 LEX 源程序,从每个正规式的定义及其对应的动作序列入手,Ansi C 的词法规则也就一目了然了;而就 YACC 源程序来说,只要从开始符号入手,依次分析清楚每条文法规则,Ansi C 的语法层次性也就呈现在读者面前了。

添加'++'和'－－'操作符时,应该在词法分析程序段中添加正规式,同时在 YACC 程序的前缀表达式和后缀表达式中添加相应的文法规则;也可以只在 YACC 程序段中添加文法规则。

对于标识符长度的限制,读者需要在词法分析程序段中添加计算标识符长度的函数,并根据计算结果做出相应的处理。

附录 A　词法分析生成器 LEX 的使用

A.1　LEX 概述

LEX 是一种描述词法分析器的语言,是用于生成词法分析源程序代码的语言,又称为词法分析程序生成器。LEX 的源程序是由一组正规式以及与每个正规式相应的一个动作或动作序列组成的。LEX 源程序经过 LEX 处理,并经过编译,可以生成一个词法分析器。这个词法分析器的作用就好像有限自动机一样,可以用来识别和产生单词符号。LEX 的作用如图 A-1 所示:

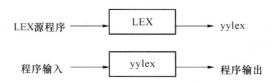

图 A-1　词法分析程序生成器 LEX 的工作流程

如图 A-1 表示的一样,LEX 将用户输入的表达式和动作序列转化为宿主语言的源程序,经过编译后的程序即是词法分析程序,被称为 yylex。这个词法分析器 yylex 又可以去识别符合实现定义的语言词法的字符串。

LEX 不是一种完整的语言,但是它可以嵌入到其他程序设计语言的源程序中。嵌入到 LEX 中的程序设计语言被称为宿主语言。宿主语言用来处理 LEX 的输出代码,同时也可以由用户添加一些必要的代码辅以词法分析。目前,LEX 支持的宿主语言通常是 C 语言。

LEX 可以用来做简单的字符转换,也可以进行词法意义上的分析、统计。除此之外,LEX 常常和 YACC 一起使用,进行较为完整的编译程序设计。

A.2　LEX 源程序

首先请看下面一个简单的 LEX 源程序:
```
% {
# include <stdio. h>
int lineno = 1;
% }
line          . * \n
% %
{line}        {printf('%5d %s', lineno ++ , yytext);}
% %
```

```
main()
{
    yylex();
    return 0;
}
```

LEX 源程序通常是由声明部分、规则部分和用户程序部分 3 部分组成的,各部分之间用 '％％'分开,如下所示:

```
{声明部分}
％％
{规则部分}
％％
{用户程序部分}
```

其中,声明部分和用户程序部分都可省略,如果省略了用户程序部分,则第 2 个'％％'也可以省略。所以,最小的合法 LEX 源程序如下:

```
％％
{规则部分}
最小的完整 LEX 程序
％％
```

没有声明部分,也没有用户程序,就连基本的规则部分也是空的。这个程序完成的功能是将输入程序照原样输出。

声明部分用于定义正规式的名字,名字写在行首,其后是对应的正规式,两者之间用空格分隔,如例子中的

line   .*\n

定义了正规式 line,目的是匹配一个新行。LEX 中有关正规式的约定将在后面详细描述。

声明部分还可以加入需要放在词法分析源程序开头的一些语句,如 C 语言的头文件、包含语句♯include 等。使用这些语句时,要用分隔符'％{'和'％}'把它们括起来。LEX 在生成词法分析程序时只是简单地去掉分隔符,然后把其中的内容原样写入词法分析程序的开头。

在 LEX 源程序中,规则部分是核心。规则是由一个规则列表组成的,表中左侧是一系列正规式,右侧是在对应的正规式匹配时的动作序列。例如:

integer   printf('found keyword INT')

就是一个完整的规则定义,它寻找输入符号串中的'integer',当字符串与'integer'匹配时,显示信息'found keyword INT'。动作序列是用一条或多条宿主语言语句组成的。如果动作序列中只包含一条宿主语言语句,则可以直接列在右侧;如果是多条语句,应使用'{'和'}'将其组合在一起。再看下面的这些规则:

```
colour             {printf('colour');c_no ++ ;}
mechanise          {printf('mechanize');m_no ++ ;}
petrol             {printf('gas');p_no ++ ;}
```

实现了将 colour,mechanise,petrol 这 3 个英式英语单词向美式英语的转换。

用户在用户程序部分放入需要的宿主语言函数。LEX 对这部分不作任何处理,只是简单地把它复制到输出文件中。

A.3　LEX 的正规表达式

LEX 中的正规表达式包括文字字符和操作符,文字字符直接匹配与其相同的字符串。字母和数字通常是文字字符,例如上面提到的正规式

integer

匹配输入符号串中的字符串 integer,而正规式

ax9D71Y

将在输入符号串中匹配字符串 ax9D71Y。

LEX 正规式中的操作符包括:

′,\,[,],^,−,.,?,*,+,|,(,),$,/,{,},%,<,>。

当这些操作符当作文字字符使用的时候,要结合转义符一起使用。通常使用′′表明引号内的字符作为文字字符。例如:

xyz′++′

匹配字符串 xyz++。在操作符前面使用符号′\′也可以表示转义,如上面的正规式也可以表示成

xyz\+\+。

字符集通常使用操作符[]来表示。正规式[abc]可以匹配字母 a,b,c 中的任一字符。在字符集中,操作符′\′,′−′和′^′的意义是特殊的。其中操作符′\′表示转义。特别是,如果转义操作符′\′后接的是数字,就表示 ASCII 码为此数字的字符。例如:

[\40-\68]

表示 ASCII 码为 40～68 的字符组成的集合。′-′操作符表示一个范围。例如:

[a-z]

表示所有的小写字母组成的字符集。′-′操作符的两边必须是相同性质的字符,如[0-c],[A-g]都是无法被识别的。如果字符集包括操作符′-′,那么′-′必须放在字符集的最左面。例如:

[−+0-9]

表示所有的数字和正负号。

在字符集中,操作符′^′必须出现在最左面,用来表示补集。例如:

[^abc]

表示 ASCII 字符集中除字母 a,b,c 的任一字符。又如:

[^a-zA-Z]

表示不是字母的任一字符。

操作符′.′代表除新行外的所有字符。操作符′?′代表此操作符前面的表达式是可选的。例如:

ab?c

可以匹配字符串 ac 或者 abc。操作符′*′和操作符′+′用来表示此操作符前面的表达式是重复的。其中,′*′表示任意次重复,包括 0 次,而′+′表示至少 1 次的重复。例如:

$$[a\text{-}z]+$$

表示小写字母组成的字符串,而

$$[A\text{-}Za\text{-}z][A\text{-}Za\text{-}z0\text{-}9]^*$$

表示以字母开头,字母和数字组成的字符串,这通常就是程序设计语言中标识符的定义。

操作符′|′表示"或"的关系,如正规式

$$ab|cd$$

可以匹配字符串 ab 或者 cd。操作符′(′和′)′用在复杂的正规式中。例如:

$$(abc|d+)?\ (efg)^*$$

可以匹配 abc,abcefg,dddefg,dd,efgefg 等字符串。

操作符′/′用在 LEX 处理上下文相关时。例如:

$$ab/cd$$

当且仅当 ab 后紧接 cd 时匹配字符串 ab。操作符′$′与′/ \n′的意义是相同的,用在正规式的末尾表示当正规式后为回车符时才匹配。例如:

$$aaaa\$$$

和

$$aaaa/\ \backslash n$$

的意义是相同的。

类似的,操作符′<′和′>′也是用来处理上下文相关,表示相关的条件。

操作符′{′和′}′有两重意义,重复和定义。例如:

$$a\{1,5\}$$

表示字符 a 的 1~5 次重复,′{}′内表示重复的次数。又如:

$$\{digit\}$$

表示已经定义为 digit 的正规式。

上面介绍了 LEX 正规式操作符的基本用法,表 A-1 是 LEX 正规式的一些常见例子。

表 A-1　LEX 正规式的一些例子

格　式	含　义	格　式	含　义
a	字符 a	[a-e]	字符 a~e 中的任意一个
′abc′	字符串 abc,abc 可以是元字符	[^a]	除了 a 之外的任何字符
\a	当 a 是元字符时,表示字符 a	[^a-zA-Z]	不是字母的任何字符
a*	a 的零次或多次重复	[\100-\110]	ASCII 码值从 100~110 的字符
a+	a 的一次或多次重复	.	除了新行以外的任意字符
a?	一个可选的 a	ab/xy	当且仅当 ab 后跟 xy 时,才识别 ab
a|b	a 或 b	abcd$	出现在行尾的 abcd
(a)	a 本身,一般意义上的括号	abcd/ \n	出现在行尾的 abcd
[ac]	字符 a,c 中的任意一个	{name}	名字 name 表示的正规式

A.4 LEX 的动作序列

当一个正规式被成功匹配的时候，LEX 将执行与其对应的动作序列。LEX 中有默认的动作序列，就是将输入复制到输出。若字符串不与正规式列表中的任一正规式相匹配时，LEX 将默认执行此动作。

一个最简单的动作就是删除输入。例如：

```
[\b\t\n]        ;
```

将输入符号串中的空格、制表符和回车换行符全部删除。

当多个正规式对应同一组动作序列时，通常使用符号'|'来表示。例如，上面的规则也可以表示成

```
\b     |
\t     |
\n        ;
```

通常情况下，在处理规则时总是希望将输入中的部分字符输出。例如，设计一个 LEX 规则，使输入符号串中的所有小写字母原样输出，忽略其余字符，就可以写成

```
[a-z]+        printf('%s',yytext);
```

其中，*yytext* 是 LEX 提供的字符数组变量，用来存储所匹配的正规式中的字符串。同样的，ECHO 动作可以轻松地完成上面的规则，它将匹配正规式中的字符串输出到标准输出设备。因此，上面的规则也可以写成

```
[a-z]+        ECHO;
```

LEX 还为用户提供了一个变量 *yyleng*，用以表示所匹配的正规式中字符串的长度。例如规则：

```
[a-zA-Z]+        {words++;chars+=yyleng;}
```

统计了输入符号串中的单词个数和字母数。

A.5 两个 LEX 的例子

例 1：编写 LEX 程序，将输入文件中 7 的倍数加 3 输出，其余整数直接复制。

```
%%
    int k;
    [0-9]+     {
        k=atoi(yytext);
        if (k%7==0)      printf('%d',k+3);
        else                printf('%d',k);
    }
```

程序中,正规表达式[0-9]+识别数字字符串,*atoi*函数将数字字符串转换成为整数并存放在 k 中,通过 if-else 语句可以将 7 的倍数加 3 输出。简单来看,这个程序可以基本实现题目的要求,但是考虑输入字符串 49.63 或者 ABC7 将会被输出成 52.66 或者 ABC10,这就不符合题目要求了。为了避免这些矛盾,可以增加几条规则,改进后的程序如下:

```
%%
    int k;
    -? [0-9]+    {
                    k = atoi(yytext);
                    printf('%d', k % 7 == 0? k+3 : k);
                }
    -? [0-9.]+                   ECHO;
    [A-Z a-z][A-Z a-z 0-9]+      ECHO;
```

例 2:使用 LEX 编写一个小型计算器程序,实现对整型数或浮点数的加、减、乘、除。

```
1              %{
2                  #include <ctype.h>
3                  #include <string.h>
4                  #include <math.h>
5                  #include <stdlib.h>
6                  #define false 0
7                  #define true 1
8                  #include 'myyacc.tab.h'
9                  extern int lexverbose;
10                 extern int linecount;
11             %}
12         digit    [0-9]
13         letter   [a-zA-Z]
14             %%
15         {digit}+\.{digit}*   {
16                 yylval.real = (float)atof(yytext);
17                 if(lexverbose)
18                    printf('real:%g\n', yylval.real);
19                 return(number);
20                 }
21         \+       {
22                 yylval.chr = yytext[0];
23                  if(lexverbose)
24                 printf('opterator:%c\n', yylval.chr);
25                 return('+');
```

```
26                    }
27        \-          {
28                    yylval.chr = yytext[0];
29                    if(lexverbose)
30                      printf('oprator:%c\n',yylval.chr);
31                    return('-');
32                    }
33        \*          {
34                    yylval.chr = yytext[0];
35                    if(lexverbose)
36                    printf('oprator:%c\n',yylval.chr);
37                      return('*');
38                    }
39        \/          {
40                    yylval.chr = yytext[0];
41                    if(lexverbose)
42                      printf('oprator:%c\n',yylval.chr);
43                    return('/');
44                    }
45        '('         {
46                    yylval.chr = yytext[0];
47                    if(lexverbose)
48                      printf('separator:%c\n',yylval.chr);
49                    return('(');
50                    }
51        ')'         {
52                    yylval.chr = yytext[0];
53                    if(lexverbose)
54                      printf('separtor:%c\n',yylval.chr);
55                    return(')');
56                    }
57        :
                      return(:);

60        \n          {
61                    printf('line %d\n',linecount);
62                            /* linecount++; */
63                    return('\n');
```

```
64                              }
65          [\t]+              {
66                              printf('lexical analyzer error\n');
67                              }
68          quit               {
69                              printf('Bye! \n');
70                              exit(0);
71                              }
72          % %
73          int yywrap()
74          {
75          return(1);
76          }
```

程序中 1～13 行是程序的声明部分,其中 2～10 行给出了程序用到的头文件、宏定义和外部变量,LEX 将其直接复制到生成的文件中,12 和 13 行定义了正规式 digit 和 letter,分别标识数字和字母。

程序中 15～71 行是程序的规则部分,使用 BNF 描述了数,$+$,$-$,$*$,$/$,$($,$)$,$;$ 和行等正规式匹配时的操作,如 15～20 行说明了当词法分析程序搜索匹配为一个数时,将该数的值送入 $yylval$,并打印、返回终结符 number。

程序中 73～76 行给出了用户程序部分,定义了函数 $int\ yywrap()$,标志着对输入串处理的结束。

附录 B   语法分析生成器 YACC 的使用

B.1   YACC 概述

形式语言都有严格定义的语法结构,对它们进行处理时首先要分析其语法结构。严格地说 LEX 也是一个形式语言的语法分析程序的自动产生器。不过 LEX 所能处理的语言仅限于正规语言,而高级语言的词法结构恰好可用正规式表示,因此 LEX 只是一个词法分析程序的产生器。YACC 是一个语法分析程序的自动产生器,它可以处理能用 LALR(1)文法表示的上下文无关语言,具有一定的解决语法的二义性的功能。

YACC 主要用于程序设计语言的编译程序的自动构造上。例如可移植的 C 语言的编译程序就是用 YACC 来写的,许多数据库查询语言是用 YACC 实现的。因此,YACC 又叫做"编译程序的编译程序(A Compiler Compiler)"。YACC 的工作示意图如图 B-1 所示:

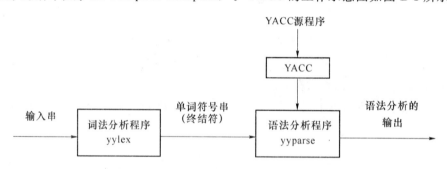

图 B-1   YACC 工作原理示意图

其中,"YACC 源程序"是用户用 YACC 提供的一种类似 BNF 的语言对要处理语言的语法描述。YACC 自动地将这个源程序转换成用 LR 方法进行语法分析的语法分析程序 yyparse,同 LEX 一样,YACC 的宿主语言也是 C,因此 yyparse 是一个 C 语言的程序,用户在主程序中通过调用 yyparse 进行语法分析。

语法分析必须建立在词法分析的基础之上,所以生成的语法分析程序还需要有一个词法分析程序与它配合工作。yyparse 要求这个词法分析程序的名字为 yylex。可以借助于 LEX 编写 yylex 程序。因为 LEX 产生的词法分析程序的名字正好是 yylex,所以 LEX 与 YACC 配合使用很方便,这将在后面详细介绍。注意,词法分析程序也可以包含在 YACC 源程序中。

YACC 源程序中除了语法规则外,还要包括当这些语法规则被识别出来时,即用它们进行归约时要完成的语义动作。语义动作也是用 C 语言写的程序段。语法分析的输出可能是一棵语法树,或生成的目标代码,或就是关于输入串是否符合语法的信息。需要什么样的输出都是由语义动作和程序部分的程序段来实现的。

B.2 YACC源程序

一个 YACC 源程序一般包括 3 部分:说明部分、语法规则部分和程序段部分。这 3 部分内容依次按下面的格式组织在一起:

〔说明部分〕

％％

〔语法规则部分〕

％％

〔程序段部分〕

其中,说明部分和程序段部分在不需要时可以省去,当没有程序段部分时,第 2 个％％也可以省去。但是,一个 YACC 源程序必须有第 1 个％％。

B.3 YACC源程序说明部分

YACC 源程序的说明部分定义语法规则中要用的终结符号、语义动作中使用的数据类型、变量、语义值的联合类型及语法规则中运算符的优先级等。这些内容的组织方式如下:

％{

头文件表

宏定义

数据类型定义

全局变量定义

％}

语法开始符定义

语义值类型定义

终结符定义

运算符优先级及结合性定义

B.3.1 头文件表

由于 YACC 直接把这部分定义抄到所生成的 C 语言程序 y. tab. c 中去,所以要按 C 语言的语法规定来写。头文件表是一系列 C 语言的引用语句＃include,要从每行的第 1 列开始写。例如:

％{

＃include ＜stdio. h＞

＃include ＜math. h＞

＃include ＜ctype. h＞

＃include ′header. h′

％}

B.3.2 宏定义

这部分用 C 语言的 #define 语句定义程序中要使用的宏。例如：

```
%{
#define EOF 0
#define max(x,y)   ((x>y)? x:y)
%}
```

B.3.3 数据类型定义

这部分定义语义动作中或程序段部分中要用到的数据类型。例如：

```
%{
typedef struct interval
{
double lo, hi;
}INTERVAL;
%}
```

B.3.4 全局变量定义

外部变量和 YACC 源程序中要用到的全局变量都在这部分定义。例如：

```
%{
extern int nfg;
double dreg[26];
INTERVAL vreg[26];
%}
```

另外，非整型函数的类型声明也包含在这部分中。

上述 4 部分括在 $'\%\{'$ 和 $'\%\}'$ 之间的内容是由 YACC 原样照抄到 y.tab.c 中去的，所以必须完全符合 C 语言文法。同时，界符 $'\%\{'$ 和 $'\%\}'$ 最好各自独占 1 行，即最好不写成

```
%{ int x;%}
```

B.3.5 语法开始符定义

上下文无关文法的开始符号是一个特殊的非终结符，所有的推导都从这个非终结符开始，在 YACC 中，语法开始符定义语句是：

```
% start    非终结符……
```

如果没有上面的说明，YACC 自动将语法规则部分中第 1 条语法规则左部的非终结符作为语法开始符。

B.3.6 语义值类型定义

YACC 生成的语法分析程序 yyparse 用的是 LR 分析方法，它在作语法分析时除了有一个状态栈外，还有一个语义值栈，存放它所分析到的非终结符和终结符的语义值。这些语义

值有的是从词法分析程序传回的,有的是在语义动作中赋予的。这些在介绍语义动作时再详细说明。

如果没有对语义值定义类型,那么 YACC 认为它是整型(int),即所有语法符号如果赋予了语义值,则必须是整型的,否则会出现类型错误。用户会使用类型比较复杂的语义值,如双精度浮点数、字符串或树节点的指针。这时就可以用语义值类型定义进行说明。因为不同的语法符号的语义值类型可能不同,所以语义值类型说明就是将语义值的类型定义为一个联合(Union),这个联合包括所有可能用到的类型(各自对应一个成员名)。为了使用户不必在存取语义值时每次都指出成员名,在语义值类型定义部分还要求用户说明每一个语法符号(终结符和非终结符)的语义值是哪一个联合成员类型。下面举例说明:

```
% union{
int ival
double dval
INTERVAL vval;
}
% token <ival>      DREG VREG
% token <dval>      CONST
% type <dval>       dexp
% type <vval>       vexp
```

在上述定义中,以%union 开始的行定义了语义值的联合类型,共有 3 个成员类型分别取名为 ival, dval, vval。

以%token 开始的行定义终结符 DREG,VREG 和 CONST(详见 B.3.7),尖括号中的名字就是这些终结符的语义值的具体类型,如 DREG 和 VREG 这两个终结符的语义值是整型(int),成员名是 ival。

以%type 开始的行说明非终结符语义值的类型,如非终结符 dexp 的语义值是双精度浮点类型。请注意,在 YACC 中非终结符不必特别声明,但是当说明部分有对语义值类型定义,而且某非终结符的语义值将被存取的时候,就必须用上面的方法定义它的类型。

B.3.7 终结符定义

在 YACC 源程序语法规则部分中出现的所有终结符(文字字符 literal 除外)都必须定义,形式如下例:

```
% token DIGIT LETTER
% token VARIABLE CONSTANT
```

每个终结符定义行以%token 开头,注意%与 token 之间没有空格。一行中可以定义多个终结符,之间用空格分开,终结符名可以由字母、数字、下划线组成,但必须用字母开头。非终结符名的组成规则与此相同。

YACC 规定每个终结符都有一个唯一的编号(Token Number)。按照上面形式定义的终结符,编号由 YACC 内部决定,编号规则是从 257 开始依次递增,每次加 1。但这个规则不适用于文字字符(literal)的终结符。例如在语法规则:

```
stats: stats';'stats;
expr: expr'+'expr;
```

中,′+′和′;′就是文字字符终结符。

文字字符终结符在规则中出现时用单引号括起来,它们不需要用％token语句定义。YACC对它们的编号就采用该字符在其字符集(如 ASCII)中的值。注意,上面两条语法规则末尾的分号是YACC元语言的标点符号,不是文字字符终结符。

YACC也允许用户自己定义终结符的编号,格式如下:

％token 终结符名　　整数

其中,"终结符名"就是要定义的终结符,"整数"就是该终结符的编号,每一个行定义一个终结符。特别注意不同终结符的编号不能相同。例如:

％token BEGIN　　　11
％token END　　　　12
％token IF　　　　　13
％token THEN　　　30

　...

在附录 B.3.6 中提到过,如果用户定义语义值的类型,那么终结符的语义值的类型要用Union中的成员名来说明,除了已经介绍的定义方法外,还可以把终结符的定义和其语义值的类型说明分开。例如:

％token DREG VREG CONST
％type ＜ival＞　　　DREG VREG
％type ＜dval＞　　　CONST

B.3.8　运算符优先级及结合性定义

请看下面的关于表达式的文法:

```
％token ID
expr      :  expr′+′expr
          |  expr′-′expr
          |  expr′*′expr
          |  ID
          ;
```

这个文法是二义性的。例如,句子 a＋b＊c 可以解释成(a＋b)＊c,也可以解释成a＋(b＊c)。

YACC允许用户规定运算符的优先级和结合性,这样就可以消除上述文法的二义性。例如,规定′+′和′-′具有相同的优先级,都是左结合,这样 a＋b－c 就唯一地解释为(a＋b)－c。再规定′＊′的优先级大于′+′和′-′,则 a＋b＊c 就正确地解释为a＋(b＊c)了。因此,上述文法的正确形式应是:

```
％token ID
％left ′+′  ′-′
％left ′*′
％%
```

```
expr  :  expr′+′expr
      |  expr′−′expr
      |  expr′*′expr
      |  ID
      ;
```

在说明部分中以％left 开头的行定义算符的结合性。％left 表示其后的算符遵循左结合性，％right 表示右结合性，而％nonassoc 则表示其后的算符没有结合性。说明部分中的优先级是隐含的，排在前行的算符较后行的算符优先级低，排在同一行中的算符优先级相同。所以，上述文法表示′+′和′−′的优先级相同，都小于′*′，3 个算符都是左结合性的。

表达式中有时要用到一元运算符，而且它可能与某个二元运算符是同一个符号。例如，一元运算符负号′−′就与减号′−′相同，显然一元运算符的优先级应该比相应的二元运算符的优先级高，至少应该与′*′的优先级相同，这可以用 YACC 的％prec 子句来定义，请看下面的文法：

```
％token ID
％left ′+′   ′−′
％left ′*′   ′/′
％％
expr   :  expr′+′expr
       |  expr′−′expr
       |  expr′*′expr
       |  expr′/′expr
       |  ′−′expr   ％prec′*′
       |  ID
       ;
```

在上述文法中，为使一元′−′的优先级与′*′相同，使用了子句
％prec′*′
它说明所在的语法规则中最右边的运算符或终结符的优先级与％prec 后面符号的优先级相同，注意％prec 子句必须出现在某语法规则结尾处分号之前，％prec 子句并不改变′−′作为二元运算符时的优先级。

上面介绍的 8 项定义，不需要的部分都可以省去。

B.4　YACC 源程序语法规则部分

语法规则部分是 YACC 源程序的核心部分，这一部分定义了要处理的语言的语法及要采用的语义动作。下面首先介绍语法规则和语义动作的写法，YACC 解决二义性冲突的具体措施，最后介绍错误处理。

B.4.1 语法规则的书写格式

每条语法规则包括一个左部和一个右部,左右部之间用冒号':'来分隔,规则结尾处要用分号';'标记,所以一条语法规则的格式如下:

nonterminal:BODY;

其中,nonterminal 是一个非终结符,右部的 BODY 是一个由终结符和非终结符组成的串,可以为空,请看几个例子:

```
stat    :   WHILE bexp DO stat
;
stat    :   IF bexp THEN stat
;
stat    :   /* empty */
;
```

上面第 3 条语法规则的右部为空,用'/*'和'*/'括起来的部分是注解。

可以把左部非终结符相同的语法规则集中在一起,规则间用短线'|'分隔,最后一条规则之后才用分号。例如,上面的语法规则可以写成:

```
stat    :   WHILE bexp DO stat
        |   IF bexp THEN stat
        |   /* empty */
        ;
```

对语法规则部分的书写有几条建议:

1. 用小写字母串表示非终结符,用大写字母串表示终结符。

2. 像上例一样将左部相同的产生式集中在一起。

3. 各条规则的右部尽量对齐。例如,都从第 1 个 tab 处开始,按这样的风格写 YACC 源程序,清晰、可读性强,而且易修改和检查错误。

4. 如果产生式(语法规则)需要递归,尽可能使用左递归方式,因为用左递归方式可以使语法分析器尽可能早地进行归约,不致使状态栈溢出。

B.4.2 语义动作

当语法分析程序识别出某个句型时,即用相应的语法规则进行归约。YACC 在进行归约之前,先完成用户提供的语义动作,这些语义动作可以是返回语法符号的语义值,也可以是求某些语法符号的语义值,或者是其他适当的动作如建立语法树、产生目标代码、打印有关信息等。

终结符的语义值是通过词法分析程序返回的,这个值由全局变量(YACC 自动定义的) *yylval* 带回。如果用户在词法分析程序识别出某终结符时,给 *yylval* 赋予相应的值,这个值就自动地作为该终结符的语义值。当语义值的类型不是 int 时,要注意 *yylval* 的值的类型须与相应的终结符的语义值类型一致。

语义动作是用 C 语言的语句写成的,跟在相应的语法规则后面,用花括号括起来。例如:

```
A        :  ´(´B´)´
         {hello(l,´abc´);}
XXX:    YYY ZZZ
         { printf(´a message\n´);flag = 25;}
```

要存取语法符号的语义值,用户要在语义动作中使用以 \$ 开头的伪变量,这些伪变量是 YACC 内部提供的,用户不用定义。

伪变量 \$\$ 代表产生式左部非终结符的语义值,产生式右部各语法符号的语义值按从左到右的次序为 \$1, \$2, …。例如下面的产生式:

```
A   :   B C D;
```

其中,A 的语义值为 \$\$;B,C,D 的语义值依次为 \$1, \$2, \$3。

为说明伪变量的作用,请看下面的产生式:

```
expr  :  ´(´expr´)´;
```

左边 expr 的值应该等于右边 expr 的值,表示这个要求的语义动作为

```
expr     :      ´(´expr´)´;
{ $$ = $2; }

;
```

如果在产生式后面的语义动作中没有为伪变量 \$\$ 赋值,YACC 自动把它置为产生式右部第 1 个语法符号的值(即 \$1)。

B.5   YACC 源程序程序段部分

程序段部分主要包括以下内容:主程序 main()、错误信息执行程序 yyerror(s)、词法分析程序 yylex()、用户在语义动作中用到的子程序。

B.5.1   主程序

主程序的主要作用是调用语法分析程序 yyparse(),yyparse() 是 YACC 从用户写的 YACC 源程序自动生成的,在调用语法分析程序 yyparse() 之前或之后,用户往往需要作一些其他的处理,这些也在 main() 中完成。如果用户只需要在 main() 中调用 yyparse(),也可以使用 Unix 的 YACC 库中提供的 main(),而不必自己写。库里的 main() 如下:

```
main(){
return(yyparse());
}
```

B.5.2   错误信息报告程序

YACC 的库也提供了一个错误信息报告程序,其源程序如下:

```
#include <stdio. h>
    yyerror(char * s){
    fprintf(stderr, ´%s\n´,s);
}
```

如果用户觉得这个 yyerror(s) 太简单,也可以自己提供一个,如在其中记住输入串的行号,并当 yyerror(s) 被调用时,可以报告出错行号。

B.5.3　词法分析程序

词法分析程序必须由用户提供,其名字必须是 yylex,词法分析程序向语法分析程序提供当前输入的单词符号。yylex 提供给 yyparse 的不是终结符本身,而是终结符的编号,即 token number,如果当前的终结符有语义值,yylex 必须把它赋给 *yylval*。

下面是一个词法分析程序例子的一部分。

```
yylex(){
    extern int yylval
    int c;
    …
    c = getchar();
    …
    switch(c){
    case     '0':
    …
    case     '9':
    yylval = c - '0'
    return(DIGIT);
    break;
    case     'a':
    …
    case     'z':
            yylval = c - 'a';
            return(UPPER);
            break;
    }
}
```

上述词法分析程序碰到数字时将与其相应的数值赋给 *yylval*,并返回 DIGIT 的终结符编号,注意 DIGIT 代表它的编号(如可以通过宏来定义)。遇到字母时,返回大写字母。

用户也可以用 LEX 为工具编写词法分析程序。如果这样,在 YACC 源程序的程序段部分就只需要用下面的语句来代替词法分析程序:

＃include 'lex. yy. c'

在 Unix 系统中,假设 LEX 源程序名叫 pl0.1,YACC 源程序名叫 pl0. y,则从这些源程序得到可用的词法分析程序中的语法分析程序,依次使用下述 3 个命令:

lex pl0. l,

yacc pl0. y,

cc y. tab. c -ly-ll。

第 1 条命令从 LEX 源程序 pl0.1 产生词法分析程序,文件名为 lex.yy.c;第 2 条命令从 YACC 源程序 pl0.y 产生语法分析程序,文件名为 y.tab.c;第 3 条命令将 y.tab.c 这个 C 语言的程序进行编译得到可运行的目标程序。第 3 条命令中-ll 是调用 LEX 库,-ly 是调用 YACC 库,如果用户在 YACC 源程序的程序段部分自己提供了 main() 和 yyerror(s) 这两个程序,则不必使用-ly。

另外,如果在第 2 条命令中使用选择项-v,如

$$yacc\text{-}v \ pl0.y,$$

则 YACC 除产生 y.tab.c 外,还产生一个名叫 y.output 的文件,其内容是被处理语言的 LR 状态转换表,这个文件对检查语法分析器的工作过程很有用。

B.5.4 YACC 源程序举例

附录 A 的第 5 节中,已经用 LEX 实现了一个小型的计算器。下面使用 YACC 的功能来描述一个功能更为强大的计算器。这个计算器有 26 个寄存器,标签为小写字母 $'a' \sim 'z'$,并接受算术表达式,允许的操作符有 $+,-,*,/$,一元-和=(赋值)。这个计算器可以理解整型变量,也可以理解浮点常量和区间,其中区间可以写为

$$(x, y)。$$

这里的 x 小于等于 y,并用大写字母 $'A' \sim 'Z'$ 表示区间变量。如果顶层的表达式是个赋值,则不打印这个值;否则打印。

```
1       % {
2            # include <stdio.h>
3            # include <ctype.h>
4            typedef struct interval {
5              double lo, hi;
6            }INTERVAL;

7            INTERVAL vmul(), vdiv();

8            double atof();

9            double dreg[ 26 ];
10           INTERVAL vreg[ 26 ];
11      % }

12      % start   lines
13      % union   {
14           int ival;
15           double dval;
16           INTERVAL vval;
17      }
18      % token <ival> DREG VREG   // 终结符,分别表示寄存器 dreg 和 vreg 的标号
```

```
19      % token <dval> CONST        // 终结符,表示浮点型常量

20      % type <dval> dexp          // 说明非终结符 dexp 的类型

21      % type <vval> vexp          // 说明非终结符 vexp 的类型


22      //定义运算符的优先级
23      % left ′+′ ′−′
24      % left ′*′ ′/′
25      % left  UMINUS


26      % %


27      lines       :       /*空*/
28                  |       lines line
29                  ;


30      line        :       dexp′\n′
31                          { printf(′%15.8f\n′, $1);}
32                  |       vexp′\n′
33                          { printf(′(%15.8f , %15.8f)\n′, $1.lo, $1.hi);}
34                  |       DREG′=′dexp′\n′
35                          { dreg[$1]= $3; }
36                  |       VREG′=′vexp′\n′
37                          { vreg[$1]= $3; }
38                  |       error′\n′
39                          { yyerrok;}
40                  ;


41      dexp        :       CONST
42                  |       DREG
43                          { $$ =dreg[$1]; }
44                  |       dexp′+′dexp
45                          { $$ = $1+ $3; }
46                  |       dexp′−′dexp
47                          { $$ = $1− $3; }
48                  |       dexp′*′dexp
49                          { $$ = $1 * $3; }
50                  |       dexp′/′dexp
```

```
51                          {  $$ = $1 / $3; }
52      |               |   ' - 'dexp % prec UMINUS
53                          {  $$ = - $2; }
54                      |   '('dexp')'
55                          {  $$ = $2; }
56                      ;

57      vexp        :   dexp
58                          {  $$.hi = $$.lo = $1; }
59                      |   '('dexp','dexp')'
60                          {
61                          $$.lo = $2;
62                          $$.hi = $4;
63                          if( $$.lo > $$.hi){
64                                  printf('interval out of order\n');
65                                  YYERROR;
66                                  }
67                              }
68                      |   VREG
69                          {   $$ = vreg[ $ 1]; }
70                      |   vexp' + 'vexp
71                          {   $$.hi = $1.hi + $3.hi;
72                              $$.lo = $1.lo + $3.lo;}
73                      |   dexp' + 'vexp
74                          {   $$.hi = $1 + $3.hi;
75                              $$.lo = $1 + $3.lo;}
76                      |   vexp' - 'vexp
77                          {   $$.hi = $1.hi - $3.lo;
78                              $$.lo = $1.lo - $3.hi;}
79                      |   dexp' - 'vexp
80                          {   $$.hi = $1 - $3.lo;
81                              $$.lo = $1 - $3.hi; }
82                      |   vexp' * 'vexp
83                          {   $$ = vmul( $ 1.lo, $ 1.hi, $ 3);}
84                      |   dexp' * 'vexp
85                          {   $$ = vmul( $ 1, $ 1, $ 3);}
86                      |   vexp'/'vexp
87                          {   if(dcheck( $ 3))  YYERROR;
88                              $$ = vdiv( $1.lo, $1.hi, $3);}
```

```
89              |    dexp′/′vexp
90                   {  if(dcheck($3))   YYERROR;
91                       $$ = vdiv($1, $1, $3); }
92              |    ′− vexp %prec UMINUS
93                   {  $$.hi = −$2.lo; $$.lo = −$2.hi;}
94              |    ′(′vexp′)′
95                   {  $$ = $2; }
96                   ;


97      %%

98      #define BSZ 50    // 定义浮点数缓冲区大小

99      //词法分析部分
100     yylex(){
101             register c;

102             while((c = getchar()) == ′′) /* 跳过空白字符 */

103             if( isupper( c )){
104                     yylval.ival = c − ′A′;
105                     return(VREG);
106                     }
107             if( islower(c)){
108                     yylval.ival = c -′a′;
109                     return(DREG);
110                     }
111             if( isdigit(c) || c == ′.′){
112                     char buf[BSZ + 1], * cp = buf;
113                     int dot = 0, exp = 0;
114                     for(;(cp-buf)<BSZ; ++cp,c = getchar()){
115                             * cp = c;
116                             if( isdigit(c)) continue;
117                             if(c == ′.′){
118                                     if(dot ++ || exp) return(′.′);
119                                     continue;
120                                     }
121                             if(c == ′e′){
122                                     if(exp ++) return(′e′);
```

```
123                              continue;
124                                 }
125                        / * 数的分析结束 * /
126                            break;
127                     }//end for
128                     * cp = '\0';
129                     if ((cp-buf) > = BSZ) printf ('constant  too  long:
truncated\n');
130                        else ungetc(c, stdin); / * 字符回退 * /
131                        yylval. dval = atof(buf);
132                        return(CONST);
133                        }
134                 return(c);
135       }

136     INTERVAL hilo(a,b,c,d)double a, b, c, d; {
137             / * returns the smallest interval containing a, b, c, and d * /
138             / * used by * , / routines * /
139             INTERVAL v;

140             if(a>b){v. hi = a;v. lo = b;}
141             else {v. hi = b;v. lo = a;}

142             if(c>d) {
143                     if(c>v. hi)   v. hi = c;
144                     if(d<v. lo)   v. lo = d;
145                     }
146             else {
147                     if(d>v. hi)   v. hi = d;
148                     if(c<v. lo)   v. lo = c;
149                     }
150             return(v);
151                 }

152     INTERVAL vmul(a, b, v)double a, b; INTERVAL v;{
153             return(hilo(a* v. hi, a* v. lo, b* v. hi, b* v. lo));
154                 }

155     dcheck(v) INTERVAL v; {
```

```
156        if(v. hi >= 0 && v. lo <= 0){
157                     printf( 'divisor interval contains 0. \n');
158                     return(1);
159                     }
160             return(0);
161             }

162     INTERVAL vdiv(a, b, v)   double a, b;   INTERVAL v; {
163             return(hilo( a/v. hi, a/v. lo, b/v. hi, b/v. lo));
164     }
```

上述程序中,1~25 行是程序的说明部分。其中,2~3 行说明了头文件;4~6 行定义了结构体 INTERVAL,有两个 double 型的分量分别表示区间的上下界;9~10 行说明了两个数组 dreg,vreg,分别存储整数和区间变量;12 行定义了文法的开始符 lines;13~21 行说明了各终结符的语义值类型;22~25 行定义了＋,－,＊,/和一元运算符 UMINUS 的优先级和结合性。

27~96 行是 YACC 程序的语法规则部分。各条语法规则是按照 LALR(1)文法的要求定义的,并为其添加了相应的语法规则,如 30~40 行描述了非终结符 line 的文法,并且当符号栈中为 dexp'\n'或 vexp'\n'时,在规约为非终结符 line 的同时,打印对应的 dexp 或 vexp 的值。

98~164 行是程序段部分。定义了词法分析程序和语法规则中用到的一些函数,其中 100~135 行给出了词法分析程序的定义。

参 考 文 献

[1] 李劲华,丁洁玉. 编译原理与技术[M]. 北京:北京邮电大学出版社,2006.

[2] 姚文琳,徐建良,魏爱敏. 编译原理习题解答与考试指导[M]. 北京:清华大学出版社,2004.

[3] 陈意云,张昱. 编译原理习题精选[M]. 合肥:中国科技大学出版社,2002.

[4] 伍春香. 编译原理——考点精要与解题指导[M]. 北京:人民邮电出版社,2002.

[5] LEVINE J R,MASON T,BROWN D. Lex 与 Yacc[M]. 2 版. 杨作梅,张旭东,译. 北京:机械工业出版社,2003.

[6] 霍林. 编译技术课程设计与上机指导[M]. 重庆:重庆大学出版社,2001.